Einfluss der Dehnrate auf die Zahnfußtragfähigkeit schnelllaufender Zahnradgetriebe

Impact of the Strain Rate on the Tooth Root Strength of High-Speed Gearboxes

Von der Fakultät für Maschinenwesen
der Rheinisch-Westfälischen Technischen Hochschule Aachen
zur Erlangung des akademischen Grades eines
Doktors der Ingenieurwissenschaften
genehmigte Dissertation

vorgelegt von

Moritz Johannes Zalfen geb. Trippe

Berichter/in:

Univ.-Prof. Dr.-Ing. Christian Brecher
Prof. Dr.-Ing. Manuel Oehler

Tag der mündlichen Prüfung: 25. August 2025

ERGEBNISSE AUS DER PRODUKTIONSTECHNIK

Moritz Zalfen

Einfluss der Dehnrate auf die Zahnfußtragfähigkeit schnelllaufender Zahnradgetriebe

Herausgeber:
Prof. Dr.-Ing. Dipl.-Wirt. Ing. G. Schuh
Prof. Dr.-Ing. C. Brecher
Prof. Dr.-Ing. R. H. Schmitt

Band 18/2025

WZL | RWTH AACHEN UNIVERSITY

Fraunhofer IPT

Bibliografische Information der Deutschen Nationalbibliothek
Die Deutsche Nationalbibliothek verzeichnet diese Publikation in der Deutschen Nationalbibliografie; detaillierte bibliografische Daten sind im Internet über https://portal.dnb.de abrufbar.

Moritz Zalfen:

Einfluss der Dehnrate auf die Zahnfußtragfähigkeit schnelllaufender Zahnradgetriebe

1. Auflage, 2025

Gedruckt auf holz- und säurefreiem Papier, 100% chlorfrei gebleicht.

Wissenschaftsverlag des Instituts für Industriekommunikation und Fachmedien an der RWTH Aachen
Steinbachstr. 25, 52074 Aachen, Deutschland
Internet: www.apprimus-verlag.de, E-Mail: info@apprimus-verlag.de

Druck: CPI Druckdienstleistungen GmbH
Ferdinand-Jühlke-Straße 7 I 99095 Erfurt I Deutschland

ISBN 978-3-98555-308-2

Vorwort

Die vorliegende Dissertation entstand während meiner Tätigkeit als wissenschaftlicher Mitarbeiter im Forschungsbereich Getriebetechnik am Lehrstuhl für Werkzeugmaschinen am Werkzeugmaschinenlabor (WZL) der RWTH Aachen. An dieser Stelle möchte ich mich bei allen Personen bedanken, die mich bei der Erstellung dieser Arbeit unterstützt haben.

Mein besonderer Dank gilt Herrn Prof. Dr.-Ing. Christian Brecher, dem Leiter des Lehrstuhls für Werkzeugmaschinen am WZL, für die Unterstützung während meiner Arbeit und die konstruktiven Diskussionen im Rahmen meines Promotionsvorhabens. Des Weiteren möchte ich mich bei Herrn Prof. Dr.-Ing. Manuel Oehler, dem Leiter des Lehrstuhls für Antriebstechnik an der Ruhr-Universität Bochum, für die Übernahme des Korreferats und die Hinweise zur vorliegenden Arbeit bedanken. Herrn Prof. Dr.-Ing. Achim Kampker, dem Leiter des Lehrstuhls für Production Engineering of E-Mobility Components, danke ich für die Übernahme des Prüfungsvorsitzes sowie des Prüfungsbeisitzes.

Für die finanzielle Unterstützung möchte ich der Deutschen Forschungsgemeinschaft (DFG) und der Clean Aviation JU der Europäischen Union danken. Weiterhin bedanke ich mich bei den Mitgliedern des WZL-Getriebekreises für die fachliche und finanzielle Förderung.

Insbesondere möchte ich mich bei den Kolleginnen und Kollegen der Getriebeabteilung für den fachlichen Austausch, das großartige Arbeitsklima und die gemeinsame Zeit während und außerhalb der Arbeit bedanken. Ohne die Diskussionen und die Unterstützung bei der Prüfstandsentwicklung und Verzahnungsfertigung wäre die Dissertation in dieser Form nicht entstanden. Ein besonderer Dank gilt Herrn Dr.-Ing Peter Gerards, der meine Anfangszeit am WZL wesentlich geprägt hat und die Basis für meinen weiteren beruflichen Werdegang gelegt hat. Hervorheben möchte ich darüber hinaus Herrn Dr.-Ing. Dieter Mevissen, der mich als Vorgesetzter stets unterstützt und gefördert hat. Außerdem möchte ich mich stellvertretend für die Getriebeabteilung bei Frau Dr.-Ing. Mareike Davidovic und den Herren Dr.-Ing. Fabian Goergen, Dr.-Ing. Philipp Scholzen, Dr.-Ing. Mubarik Ahmad, Christian Eggert, Christian Westphal, Laurenz Roth, Johannes Lövenich, Oscar Malinowski, Gerrit Hellenbrand, Johannes Rolzhäuser und Marius Willecke für die zahlreichen fachlichen Diskussionen und die unvergessliche Arbeitsatmosphäre bedanken.

Weiterhin bedanke ich mich bei den festangestellten Kollegen Egon Winkler, Andreas Schuhmacher, Christoph Braun, Rico Gros, Jonas Baumgärtner, Lukas Vonberg, Stephan Henschel, Jürgen Krause, Ingmar Emonts, Lothar Emonts, Rainer Stephan, Kevin Broch, Timo Schönenberg und Christian May für ihren technischen Einsatz in den Bereichen Verzahnungsfertigung, Prüfstandsaufbau, Programmierung und Unterstützung bei der Realisierung meines Forschungsvorhabens.

Ebenfalls danke ich meinen ehemaligen Abschlussarbeitern für ihre Unterstützung und ihren Einsatz. Ein besonderer Dank gilt meinen ehemaligen wissenschaftlichen Hilfskräften Christian Bergmann und Christoph Gallo, die mit hohem persönlichem Engagement meine Forschungsarbeiten unterstützt haben.

Besonders dankbar bin ich meiner Familie und meinen Freunden. Hervorheben möchte ich insbesondere meine Eltern, die immer in mein Können vertraut haben und mir die Freiheit bei sämtlichen wichtigen Lebensentscheidungen gelassen haben. Mein letzter und größter Dank gilt meiner Frau Lena, die mir stets den Rücken freigehalten, mich bei Rückschlägen motiviert und mit ihrer Unterstützung wesentlich zur Fertigstellung dieser Arbeit beigetragen hat, sowie unserer Tochter Ella, die unser Leben jeden Tag aufs Neue verzaubert.

Erftstadt, im September 2025

Kurzzusammenfassung

Die Zahnfußtragfähigkeit ist eine Grundvoraussetzung für den sicheren Betrieb eines Getriebes, da ein Zahnfußbruch in der Regel zum Totalausfall führt. Die aktuellen Bestrebungen zur Reduktion der Auswirkungen des globalen Klimawandels erfordern die Optimierung der Leistungsdichte, um den Ressourcenbedarf bei der Fertigung und dem Betrieb von Zahnradgetrieben zu reduzieren. In der Folge werden die Betriebsdrehzahlen gesteigert oder die Betriebszeit verlängert. Die geforderte Lebensdauer für die Verzahnungsauslegung übersteigt dadurch häufig Grenzlastspielzahlen von $N_G = 10^9$ bis 10^{10} Lastwechsel. Bisherige Auslegungskennwerte sind in der Regel auf eine Grenzlastspielzahl von $N_G = 10^7$ Lastwechsel begrenzt und werden mithilfe von statistischen Annahmen oder Sicherheitsfaktoren extrapoliert. Die Erweiterung der Materialkennwerte auf den VHCF- und UHCF-Bereich bei vergleichbarer Prüfdauer erfordert die Entwicklung von Prüfständen mit höheren Drehzahlen bzw. Prüffrequenzen. Dabei muss der Einfluss der Drehzahl bzw. Dehnrate auf die Zahnfußtragfähigkeit bekannt sein und berücksichtigt werden. Das Ziel der vorliegenden Arbeit war eine validierte Methode zur Berechnung der lokalen und zeitlichen Beanspruchung sowie der Dehnrate im Zahnfuß für schnelldrehende Antriebsstränge.

Die Originalität der Methode besteht in der Überführung der Zahnkontaktanalyse in den Zeitbereich zur Berechnung der Dehnrate im Zahnfuß unter Berücksichtigung dynamischer Zusatzlasten und der Quantifizierung des Einflusses der Dehnrate auf die Zahnfußtragfähigkeit an einsatzgehärteten Zahnrädern. Die wirtschaftlich-technische Bedeutung liegt im Aufbau eines Hochdrehzahl-Verspannungsprüfstands zur effizienten Untersuchung der Zahnfußtragfähigkeit im VHCF-Bereich sowie bei hohen Drehzahlen. Ausgehend von den Ergebnissen wurde ein Konzept eines Analogieversuchs zur Realisierung von applikationsnahen Dehnraten bewertet.

Das Forschungsziel wurde durch die Validierung des zeitlichen Zahnfußspannungsverlaufs mit im Betrieb gemessenen Zahnfußspannungen erreicht. Auf Grundlage der Methode wurde ein vereinfachtes Verfahren zur Abschätzung der Dehnrate im Zahnfuß entwickelt und eine erstmalige Einordnung der Dehnraten an Zahnrädern in den Stand der Technik vorgenommen. Bei heutigen und zukünftigen Zahnradanwendungen ist demzufolge mit einem Einfluss der Dehnrate zu rechnen. Darauf aufbauend wurde ein Hochdrehzahl-Verspannungsprüfstand entwickelt, aufgebaut und in Betrieb genommen, der die Untersuchung der Zahnfußtragfähigkeit bei $n_1 = 12.000\ min^{-1}$ ermöglicht. Es wurden Versuche zur Zahnfußtragfähigkeit im VHCF-Bereich bei $n_1 = 3.000\ min^{-1}$ und $n_1 = 12.000\ min^{-1}$ für unterschiedliche Härtetiefenzustände durchgeführt. Der Vergleich der Zahnfußtragfähigkeit zeigt, dass die Dehnrate in Abhängigkeit der Härte einen signifikanten Einfluss auf die Tragfähigkeit sowie auf die kritische Schadensart hat. Die Machbarkeitsbewertung eines Analogieversuchs zur Prüfung realitätsnaher Dehnraten im Zahnfuß zeigt, dass heutige Universalprüfmaschinen die notwendigen Prüffrequenzen nicht erreichen können. Dementsprechend ist die Untersuchung derzeit nur im Laufversuch möglich.

Abstract

The tooth root strength is a basic requirement for the safe operation of a gearbox, as a tooth root fracture usually leads to total failure. Current efforts to reduce the effects of global climate change require the optimization of power density in order to reduce the resources required for the production and operation of gearboxes. As a result, the operating speeds are being increased or the operating time extended. As a result, the required service life for the gear design often exceeds the limit load cycles of $N_G = 10^9$ to 10^{10} load cycles. Previous design parameters are generally limited to a limit load cycle number of $N_G = 10^7$ load cycles and are extrapolated using statistical assumptions or safety factors. The extension of the material characteristics to the VHCF and UHCF range with a comparable test duration requires the development of test rigs with higher speeds or test frequencies. The influence of the speed or strain rate on the tooth root strength must be known and taken into account. The aim of the present work was to develop a validated method for calculating the local and temporal stress as well as the strain rate in the tooth root for high-speed drive trains.

The originality of the method lies in the transfer of the tooth contact analysis into the time domain to calculate the strain rate in the tooth root, taking into account additional dynamic loads and the quantification of the influence of the strain rate on the tooth root strength of case-hardened gears. The economic and technical relevance lies in the construction of a high-speed test rig for the efficient investigation of the tooth root strength in the VHCF range and at high speeds. Based on the results, a concept of an analogy test for the realization of application-related strain rates was evaluated.

The research objective was achieved by validating the calculated tooth root stress in the time domain with strain gauge measurements during operation. Based on the method, a simplified procedure for estimating the strain rate in the tooth root was developed and the strain rates on gears were categorized in the state of the art for the first time. Consequently, an influence of the strain rate can be expected in current and future gear applications. Based on this, a high-speed test rig was developed, constructed and put into operation, which enables the investigation of the tooth root strength at $n_1 = 12000\ min^{-1}$. Tests were carried out on tooth root strength in the VHCF range at $n_1 = 3000\ min^{-1}$ and $n_1 = 12000\ min^{-1}$ for different hardening depth conditions. The comparison of the tooth root strength shows that the strain rate has a significant influence on the strength and the critical damage type depending on the hardness. The feasibility assessment of an analogy test for testing realistic strain rates in the tooth root shows that today's universal testing machines cannot achieve the necessary test frequencies. Accordingly, the investigation is currently only possible in a running test.

Inhaltsverzeichnis

Content

Formelzeichen und Abkürzungsverzeichnis

Formula Symbols and Abbreviations

Buchstaben

A	-	Genauigkeitsklasse nach ISO 1328
a	mm	Achsabstand
$A_{30°\text{-}Tangente}$	mm²	Zahnfußquerschnitt an der 30°-Tangente
$A_{90\,\%}$	mm²	hochbeanspruchte Querschnittsfläche 90 %
a_{min}	mm	minimaler Achsabstand
a_{Puls}	m/s²	Beschleunigung Pulsator
b	mm	Verzahnungsbreite
b_{M1}	mm	Startwert Auswertebereich Breitenrichtung
b_{M2}	mm	Endwert Auswertebereich Breitenrichtung
b_{gem}	mm	gemeinsame Zahnbreite
c	N/m	Federsteifigkeit
c'	N/(mm µm)	Einzelfedersteifigkeit
CHD_{550HV1}	mm	Einsatzhärtetiefe bei 550 HV1
c_{Vz}	N/(mm µm)	Verzahnungssteifigkeit
$c_{Keilwelle}$	Nm/rad	Torsionssteifigkeit Keilwellenverbindung
$c_{Öl}$	kJ/kgK	Wärmekapazität Öl
$c_{Passfeder}$	Nm/rad	Torsionssteifigkeit Passfederverbindung
C_V	µm	Verschränkung
C_α	µm	Profilballigkeit
C_β	µm	Breitenballigkeit
d	mm	Teilkreisdurchmesser
d_B	mm	Durchmesser am Eingriffspunkt B
d_d	mm	Durchmesser am Eingriffspunkt D
d_{M1}	mm	Startdurchmesser Auswertebereich Profilrichtung
d_{M2}	mm	Enddurchmesser Auswertebereich Profilrichtung
d_a	mm	Kopfkreisdurchmesser
d_b	mm	Grundkreisdurchmesser
d_{Puls}	mm	Durchmesser Berührlinie Pulsatorversuch

d_W	mm	Wälzkreisdurchmesser
d_{Welle}	mm	Wellendurchmesser
$d_{Zylinder}$	mm	Durchmesser einer zylindrischen Standardprobe
E	N/mm²	Elastizitätsmodul
E_{Feder}	J	Federenergie
E_{kin}	J	Kinetische Energie
E_{Puls}	J	Gesamtenergie im Pulsatorversuch
f	Hz	Frequenz
F_0	N	Klemmkraft im Pulsatorversuch
F_{bN}	N	Normalkraft am Grundkreis
F_R	N	Reibkraft
F_{Zf}	N	Zentrifugalkraft
F_{axial}	N	Axialkraft
$f_{DR,Puls}$	Hz	Dehnratenäquivalente Pulsatorfrequenz
$f_{f\alpha}$	µm	Profil-Formabweichung
$f_{f\beta}$	µm	Flankenlinien-Formabweichung
$f_{H\alpha}$	µm	Profil-Winkelabweichung
$f_{H\beta}$	µm	Flankenlinien-Winkelabweichung
$f_{H\beta(\beta)}$	µm	Flankenlinien-Winkelabweichung durch Achsschränkung
$f_{H\beta(\delta)}$	µm	Flankenlinien-Winkelabweichung durch Achsneigung
f_{Mess}	Hz	Abtastfrequenz
F_N	N	Normalkraft
F_p	µm	Teilungs-Gesamtabweichung
f_p	µm	Teilungs-Einzelabweichung
F_{Puls}	N	Pulsatorkraft
f_{Puls}	Hz	Pulsatorfrequenz
F_r	µm	Rundlaufabweichung
F_{radial}	N	Radialkraft
F_t	N	Tangentialkraft
f_u	µm	Teilungssprung
f_{XHD}	-	Umrechnungsfaktor Zahnflanke P_a = 50 % auf P_a = 1 %

f_Z	Hz	Zahneingriffsfrequenz
F_α	µm	Profil-Gesamtabweichung
F_β	µm	Flankenlinien-Gesamtabweichung
$f_{\Sigma\beta}$	µm	Flankenlinienwinkelfehler durch Achsschränkung
$f_{\Sigma\delta}$	µm	Flankenlinienwinkelfehler durch Achsneigung
g_a	mm	Länge Kopfeingriffsstrecke
g_f	mm	Länge Fußeingriffsstrecke
g_α	mm	Länge Eingriffsstrecke
HV_{Kern}	HV1	Kernhärte nach Vickers
HV_{Rand}	HV1	Randhärte nach Vickers
i_{Test}	-	Versuchsanzahl
k	-	Formparameter der Paretoverteilung
k	mm	Kopfkürzung
k	Ns/m	Dämpfungskonstante
K_1	-	Quantil der Normalverteilung
K_A	-	Anwendungsfaktor
k_{DMS}	-	Proportionalitätsfaktor DMS
$K_{F\alpha}$	-	Stirnfaktor Zahnfuß
$K_{F\beta}$	-	Breitenfaktor Zahnfuß
$K_{H\alpha}$	-	Stirnfaktor Zahnflanke
$K_{H\beta}$	-	Breitenfaktor Zahnflanke
k_{KW}	Nms/rad	Dämpfungskonstante Keilwelle
k_{Rot}	Nms/rad	rotatorische Dämpfungskonstante
k_{Trans}	Ns/m	translatorische Dämpfungskonstante
K_V	-	Dynamikfaktor
k_{WNV}	Ns/mm	Dämpfungskonstante Welle-Nabe-Verbindung
k_{ZE}	Ns/mm	Dämpfungskonstante Verzahnung
K_γ	-	Lastaufteilungsfaktor
L_c	m	parallele Länge
L_G	mm	Abstand der Lagermitten
M	Nm	Drehmoment
m_{SD}	-	Mittelwert der Standardabweichung

M_{Nenn}	Nm	Nenndrehmoment im Betrieb
m_{GG}	-	Mittelwert der Grundgesamtheit
m_n	mm	Normalmodul
m_{red}	kg	reduzierte Masse
m_{SP}	-	Mittelwert der Stichprobe bei P_a = 50 %
n	min^{-1}	Drehzahl
N	-	Lastspielzahl
$N_{50\%}$	-	mittlere Bruchlastspielzahl bei P_a = 50 %
N_{Bruch}	-	Bruchlastspielzahl
n_E	min^{-1}	Resonanzdrehzahl
N_G	-	Grenzlastspielzahl
N_{GG}	-	mittlere Bruchlastspielzahl der Grundgesamtheit
n_{SP}	-	Umfang der Stichprobe
N_{SP}	-	mittlere Bruchlastspielzahl einer Stichprobe
P_a	%	Ausfallwahrscheinlichkeit
p_{ein}	bar	Einspritzdruck
p_H	N/mm²	Hertz'sche Pressung
P_{Puls}	kW	Gesamtleistung Pulsatorversuch
$P_{Antrieb}$	kW	Antriebsleistung
$P_{Kühlung}$	kW	Kühlleistung
$P_{Verlust}$	kW	Verlustleistung
$P_{Verspannung}$	kW	Verspannleistung
Q_{punkt}	l/min	Volumenstrom
R_m	N/mm²	Zugfestigkeit
R^2	-	Bestimmtheitsmaß
Ra	µm	arithmetischer Mittenrauwert
R_{DMS}	Ω	elektrischer Widerstand DMS
Rz	µm	mittlere Rautiefe
s	-	Standardabweichung
s	-	Schlupf
s_F	-	Standardfehler des Mittelwertes
s_{GG}	-	Standardabweichung Grundgesamtheit

s_{log}	-	Standardabweichung der logarithmierten Merkmale
s_{Puls}	µm	Verformung im Pulsatorversuch
s_{SP}	-	Standardabweichung Stichprobe
s_1	m	Weganregung Einmassenschwinger
s_2	m	Weg Einmassenschwinger
S_F	-	Sicherheitsfaktor gegen Zahnfußbruch
S_H	-	Sicherheitsfaktor gegen Grübchen
s_{max}	mm	maximale Axialverschiebung
t	sec	Zeit
T	µm	unterer Schwellwert der Paretoverteilung
T	°C	Temperatur
T_{MW}	-	Streuspanne des Mittelwertes
$T_{Öl}$	°C	Öltemperatur
T_{Puls}	sec	Periodendauer im Pulsatorversuch
t_{Rand}	mm	Randabstand
T_{SD}	-	Streuspanne der Standardabweichung
T_{Aus}	°C	Ölauslasstemperatur
T_{Ein}	°C	Öleinspritztemperatur
u	-	Zähnezahlverhältnis ($z_{groß}/z_{klein}$)
$V_{90\%}$	mm³	hochbeanspruchtes Volumen 90 %
V_{Krit}	mm³	kritisches Volumen einer Zylinderprobe
v_{Puls}	m/s	Geschwindigkeit der Pulsatorbacke
v_{Σ}	m/s	Summengeschwindigkeit
v_c	m/s	Traversengeschwindigkeit
v_t	m/s	Umfangsgeschwindigkeit
V_{Tank}	l	Tankvolumen
W_k	mm	Zahnweite
x	mm	Profilverschiebung
x^*	-	Profilverschiebungsfaktor
X_L	-	Oberflächenfaktor
X_{OS}	-	Schmierstofffaktor
Y_B	-	Radkranzdickenfaktor

Y_{DT}	-	Hochverzahnungsfaktor
Y_F	-	Formfaktor
Y_{NT}	-	Lebensdauerfaktor Zahnfuß
$Y_{R\,rel\,T}$	-	Relativer Oberflächenfaktor
Y_S	-	Spannungskorrekturfaktor
Y_X	-	Größenfaktor Zahnfuß
Y_β	-	Schrägenfaktor Zahnfuß
$Y_{\delta\,rel\,T}$	-	Relativer Kerbfaktor
z	-	Zähnezahl
z_{Puls}	-	Eingespannte Zähnezahl im Pulsatorversuch
Z_B	-	Einzeleingriffsfaktor Ritzel
Z_E	√N/mm²	Elastizitätsfaktor
Z_H	-	Zonenfaktor
Z_L	-	Schmierstofffaktor
Z_N	-	Lebensdauerfaktor Zahnflanke
Z_R	-	Rauheitsfaktor für Grübchentragfähigkeit
Z_V	-	Geschwindigkeitsfaktor
Z_W	-	Werkstoffpaarungsfaktor Zahnflanke
Z_X	-	Größenfaktor Zahnflanke
Z_β	-	Schrägenfaktor Zahnflanke
Z_ε	-	Überdeckungsfaktor Zahnflanke

Griechische Buchstaben

$\alpha_{i,j}$	-	Einflusszahlen
α_n	°	Normaleingriffswinkel
α_{wt}	°	Betriebseingriffswinkel
α_y	°	Eingriffswinkel im Berührpunkt
β	°	Schrägungswinkel
Δ_{nf}	µm	Abweichung der Fußkontur in Normalenrichtung
δ_i	µm	Kontaktabstände
$\Delta\sigma_{F,max}$	%	relative Änderung der maximalen Zahnfußspannung
ε	-	Dehnung
$\dot{\varepsilon}$	s^{-1}	Dehnrate

$\dot{\varepsilon}_{max}$	s^{-1}	maximale Dehnrate
$\dot{\varepsilon}_{mw}$	s^{-1}	mittlere Dehnrate
$\varepsilon_{F,30°}$	-	Dehnung an der 30°-Tangente
ε_{α}	-	Profilüberdeckung
ε_{β}	-	Sprungüberdeckung
ε_{γ}	-	Gesamtüberdeckung
$\eta_{Öl}$	mPas	dynamische Viskosität
$\eta_{Verlust}$	-	Verlustgrad
μ	-	Reibkoeffizient
ν	mm^2/s	kinematische Viskosität
$\rho_{Ers.}$	mm	Ersatzkrümmungsradius
ρ_{Stahl}	kg/m^3	Dichte Stahl
$\rho_{Öl}$	g/cm^3	Dichte Öl
σ	-	Skalenparameter der Paretoverteilung
$\sigma_{N,a}$	N/mm^2	Nennspannungsamplitude
σ_a	N/mm^2	Spannungsamplitude
σ_a	MPa	axiale Eigenspannung
σ_b	N/mm^2	Biegespannung
σ_F	N/mm^2	Zahnfußspannung
$\sigma_{F\,lim}$	N/mm^2	Dauerfestigkeit Zahnfuß
$\sigma_{F,30°}$	N/mm^2	Zahnfußspannung an der 30°-Tangente
σ_{F0}	N/mm^2	Zahnfuß-Nennspannung
σ_{FE}	N/mm^2	zulässige Zahnfußspannung
σ_{FP*}	N/mm^2	maximal zulässige Zahnfußspannung zum Vergleich mit der FE-basierten Zahnkontaktanalyse
σ_H	N/mm^2	Zahnflankenpressung
$\sigma_{H\,lim}$	N/mm^2	Dauerfestigkeit Zahnflanke
$\sigma_{H\,lim,\,50\%}$	N/mm^2	Dauerfestigkeit Zahnflanke für 50 % Ausfallwahrscheinlichkeit
σ_t	MPa	tangentiale Eigenspannung
τ	N/mm^2	Schubspannung
ϕ	rad	Wälzwinkel

ω	rad/s	Winkelgeschwindigkeit

Indizes

1	Ritzel
2	Rad
An	Antrieb
Ab	Abtrieb
df	Dauerfest
Druck	Druckspannung
max	Maximum
min	Minimum
zf	Zeitfest
Zug	Zugspannung

Abkürzungen

3W	3-Wellen-Prüfstand
BEM	Boundary Elemente Methode
DMS	Dehnungsmessstreifen
DOF	Degrees of Freedom
DR	Dehnrate
CHD	Einsatzhärtetiefe
ES	Eigenspannung
FEM	Finite Elemente Methode
FET	Force Element Type
FVA	Forschungsvereinigung Antriebstechnik
GG	Grundgesamtheit
HCF	High Cycle Fatigue
HD	Hochdrehzahl-Prüfstand
KI	Konfidenzintervall
LCF	Low Cycle Fatigue
MKS	Mehrkörpersimulation
SP	Stichprobe
UHCF	Ultra High Cycle Fatigue
VHCF	Very High Cycle Fatigue

WNV	Welle-Nabe-Verbindung
ZKA	Zahnkontaktanalyse

1 Einleitung

Zahnradgetriebe werden in zahlreichen Anwendungen zur Leistungsübertragung genutzt, z.B. in Windenergieanlagen, Flugzeugturbinen und Fahrzeugen. Die Zahnfußtragfähigkeit ist dabei eine Grundvoraussetzung für einen sicheren Betrieb, da ein Zahnfußbruch zum Totalausfall des Getriebes führt. Die aktuellen Bestrebungen zur Reduktion der Auswirkungen des globalen Klimawandels erfordern die Optimierung der Leistungsdichte, um den Ressourcenbedarf bei der Fertigung und dem Betrieb von Zahnradgetrieben zu reduzieren. In der Folge werden Zahnradgetriebe bei höheren Drehzahlen betrieben oder die Betriebszeit verlängert [LOEV20]. Die geforderte Lebensdauer für die Verzahnungsauslegung übersteigt dadurch häufig Grenzlastspielzahlen von $N_G = 10^9$ bis 10^{10} Lastwechsel [MARI03, BATH13, CAME23]. Bisherige Standard- und Verzahnungs-Materialkennwerte sind in der Regel auf eine Grenzlastspielzahl von $N_G = 10^7$ Lastwechsel begrenzt und werden mithilfe von statistischen Annahmen oder Sicherheitsfaktoren auf größere Grenzlastspielzahlen extrapoliert [MARI03, BATH13, ISO19c, CAME23]. Die Abnahme der Festigkeit im Very High Cycle Fatigue (VHCF) und Ultra High Cycle Fatigue (UHCF) Bereich kann so jedoch nur unzureichend abgebildet werden.

Die Entwicklung von Ultraschallschwingfestigkeitsprüfständen ($f \approx 20$ kHz) ermöglicht die effiziente Ermittlung von Standard-Materialkennwerten bis $N_G = 10^{10}$ Lastwechsel [MARI03]. Allerdings wird die Werkstofffestigkeit direkt durch die hohe Prüffrequenz beeinflusst. Gründe sind z.B. erhöhte Temperaturen oder Dehnraten. Bislang werden Verzahnungs-Materialkennwerte häufig auf standardisierten Verspannungsprüfständen bei Drehzahlen von $n_1 = 3.000$ min^{-1} ermittelt. Die Erweiterung der Materialkennwerte auf den VHCF- und UHCF-Bereich bei gleicher Prüfdauer erfordert dementsprechend die Entwicklung von Prüfständen mit höheren Drehzahlen bzw. Prüffrequenzen. Dabei muss der Einfluss der Drehzahl bzw. Dehnrate auf die Zahnfußtragfähigkeit bekannt sein und berücksichtigt werden.

Die vorliegende Arbeit hat eine validierte Methode zur Berechnung der lokalen und zeitlichen Beanspruchung sowie der Dehnrate im Zahnfuß für schnelldrehende Antriebsstränge zum Ziel. Die validierte Methode zur Berechnung der dynamischen Zahnfußspannung und der Dehnrate im Betrieb ermöglicht die erstmalige Quantifizierung und Einordnung von Dehnraten im Zahnfuß in den Stand der Technik. Mithilfe der Methode wird eine Prüfverzahnung zur Untersuchung des Dehnrateneinflusses ausgelegt. Anhand der Prüfbedingungen wird ein Hochdrehzahl-Verspannungsprüfstand zur Untersuchung der Zahnfußtragfähigkeit bei $n_1 = 12.000$ min^{-1} entwickelt und aufgebaut. Die Zahnfußtragfähigkeit im VHCF-Bereich wird bei $n_1 = 3.000$ min^{-1} und $n_1 = 12.000$ min^{-1} untersucht. Die detaillierte Analyse der Einflussfaktoren auf die Zahnfußtragfähigkeit ermöglicht die Quantifizierung des Dehnrateneinflusses bei verschiedenen Härtezuständen im Zahnfuß. Die Erkenntnisse zum Einfluss der Dehnrate werden zur Entwicklung eines geeigneten Analogieversuchs für die effiziente Untersuchung der VHCF-Zahnfußtragfähigkeit genutzt.

Introduction

Gearboxes are used in numerous applications for power transmission, e.g. in wind turbines, aircraft turbines and vehicles. Tooth root bending strength is a basic requirement for safe operation, as a tooth root fracture leads to total failure of the gearbox. Current efforts to reduce the effects of global climate change require the optimization of power density in order to reduce the resources required for the production and operation of gear drives. As a result, gear drives are operated at higher speeds or the operating time is extended. As a result, the required service life for the gear design often exceeds limit load cycles of $N_G = 10^9$ to 10^{10} load cycles [MARI03, BATH13, CAME23]. Previous standard and gear material characteristic values are generally limited to a limit load cycle number of $N_G = 10^7$ load cycles and are extrapolated to larger limit load cycle numbers with the aid of statistical assumptions or safety factors [MARI03, BATH13, ISO19c, CAME23]. However, the decrease in strength in the Very High Cycle Fatigue (VHCF) and Ultra High Cycle Fatigue (UHCF) range can only be inadequately modelled in this way.

The development of ultrasonic vibration test rigs ($f \approx 20$ kHz) enables the efficient determination of standard material parameters up to $N_G = 10^{10}$ load cycles [MARI03]. However, the material strength is directly influenced by the high test frequency. Reasons for this are, for example, increased temperatures or strain rates. To date, gear material parameters have often been determined on standardized back-to-back test rigs at speeds of $n_{In} = 3{,}000\ min^{-1}$. The extension of the material characteristics to the VHCF and UHCF range therefore requires the development of test rigs with higher speeds or test frequencies. The influence of the speed or strain rate on the tooth root bending strength must be known and taken into account.

The aim of this work is to develop a validated method for calculating the local and temporal stress and the strain rate in the tooth root for high-speed drive trains. The validated method for calculating the dynamic tooth root stress and the strain rate in operation enables the strain rates in the tooth root to be categorized in the state of the art for the first time. The method is used to design a test gear for analyzing the influence of the strain rate. Based on the test conditions, a high-speed back-to-back test rig is developed and set up to analyze the tooth root strength at $n_{In} = 12{,}000\ min^{-1}$. The tooth root bending strength in the VHCF range is analyzed at $n_{In} = 3{,}000\ min^{-1}$ and $n_{In} = 12{,}000\ min^{-1}$. The detailed analysis of the factors influencing the tooth root bending strength makes it possible to quantify the influence of the strain rate at different hardness states in the tooth root. The findings on the influence of the strain rate are used to develop a suitable analogy test for the efficient investigation of the VHCF tooth root bending strength.

2 Stand der Technik

State of the Art

Die veränderten Anforderungen an Leistungsgetriebe hinsichtlich hoher Betriebsdrehzahlen und hoher Lastspielzahlen haben einen direkten Einfluss auf die resultierende Beanspruchung und Beanspruchbarkeit der Verzahnung. Daher werden im Folgenden die Einflussgrößen auf die Zahnfußtragfähigkeit und die Auswirkungen hoher Lastwechsel und Belastungsgeschwindigkeiten auf die Beanspruchbarkeit vorgestellt. Weiterhin werden Berechnungsansätze zur Bestimmung der Zahnfußtragfähigkeit unter Berücksichtigung dynamischer Einflüsse erläutert. Abschließend werden die Versuchskonzepte zur Untersuchung der Zahnfußtragfähigkeit dargestellt.

2.1 Zahnfußtragfähigkeit von Getrieben

Tooth Root Bending Strength of Gearboxes

Die Zahnfußtragfähigkeit beschreibt die Fähigkeit eines Zahnrads, eine Belastung ohne Schaden durch Zahnbruch zu übertragen. Als Zahnbruch wird das Herausbrechen ganzer Zähne oder größerer Teile dieser bezeichnet. Es wird zwischen dem Gewalt- und Dauerbruch unterschieden. Der Gewaltbruch kann als Sprödbruch mit unverformter, matter bzw. rauer Bruchfläche oder als Verformungsbruch mit stark verformter und glatter Bruchfläche auftreten. Die Ursache für einen Gewaltbruch sind eine oder einige wenige unvorhergesehene Überbelastungen z.B. durch Klemmen innerhalb des Getriebes oder äußere Überlasten. Beim Dauerbruch kann die Bruchfläche in eine Dauerbruchfläche und eine Restbruchfläche unterteilt werden. Die Dauerbruchfläche ist verformungslos und zeigt häufig Rastlinien, siehe Bild 2-1 links. Die Restbruchfläche entspricht einem Gewaltbruch und hat die entsprechenden Merkmale. Der Dauerbruch ist die Folge einer zyklischen Belastung des Zahnrades, bei der die Beanspruchung im Zahnfuß die Dauerfestigkeit des Werkstoffs übersteigt und zu einer Materialzerrüttung führt. Nach der Entstehung eines Anrisses wächst dieser bei weiterer Belastung, bis der verbleibende Querschnitt die Belastung nicht mehr übertragen kann und der gesamte Zahn plötzlich ausbricht. [DIN79]

In der Regel führt ein Zahnfußbruch zum Ausfall des gesamten Getriebes, da die Leistung nicht mehr übertragen werden kann [ISO19a]. Gewaltbrüche spielen in der Auslegung üblicherweise eine untergeordnete Rolle, da diese eine signifikante Überbelastung des Materials voraussetzen, die bereits durch eine grobe Abschätzung der Zahngröße in Abhängigkeit vom Drehmoment vermieden werden kann. Um einen Ausfall durch Zahnfußdauerbruch in jedem Fall zu vermeiden, wird der entsprechende Sicherheitsfaktor in der Auslegung größer gewählt als der Sicherheitsfaktor gegen Grübchen [ISO19a]. Der Zahnfuß von Stirnradverzahnungen wird primär durch die Normalkraftbelastung der Zahnflanke mechanisch beansprucht, siehe **Bild 2-1** rechts [KLOC17]. Die Gesamtbeanspruchung auf der belasteten Zahnseite, der sogenannten Zugseite, ist kleiner als auf der gegenüberliegenden Druckseite. Dies ist darauf zurückzuführen, dass Druck- und Biegespannung auf der Zugseite entgegengerichtet und auf der

Druckseite gleichgerichtet sind. Ersten Risse daher häufig auf der Druckseite auf [ISO19a]. Im Falle einer unidirektionalen Belastung und einer konventionellen Zahnfußform führen die Anrisse jedoch auf der Zugseite aufgrund des kritischeren Rissöffnungsmodus zu einem Zahnfußbruch [ISO19a]. Der Rissausgang liegt bei Verzahnungen mit einem Eingriffswinkel von $\alpha \approx 20°$ und einer trochoidalen Zahnfußgeometrie häufig im Bereich der 30°-Tangente an der Zahnfußrundung im Normalschnitt, siehe Bild 2-1 [STRA84, BRIN89, HÖHN99, SCHI02, BRÖM05, STEN07, ZUBE08, BRET11, HENS15, SCHU16, ISO19a, POLL20]. Für optimierte Zahnfußgeometrien kann der Rissausgangsort von der 30°-Tangente abweichen [POLL20].

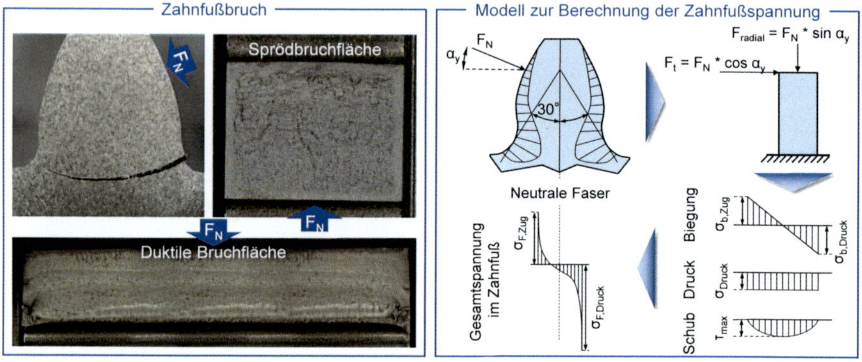

Bild 2-1: Beanspruchung im Zahnfuß und Schadensform Zahnfußbruch [KLOC17]
Stress in the Tooth Root and Damage Form Tooth Root Fracture

Im Folgenden werden die Einflussgrößen, die die Zahnfußtragfähigkeit maßgeblich bestimmen, vorgestellt, das Ermüdungsverhalten von metallischen Werkstoffen und Zahnrädern im High Cylce Fatigue (HCF) Bereich und im Very High Cycle Fatigue (VHCF) Bereich beschrieben sowie der Einfluss der Dehnrate auf das Ermüdungsverhalten dargestellt.

2.1.1 Einflussgrößen auf die Zahnfußtragfähigkeit

Influencing Factors on the Tooth Root Bending Strength

Die Zahnfußtragfähigkeit von Stirnradverzahnungen wird durch die Beanspruchung und Beanspruchbarkeit im Zahnfuß bestimmt [KLOC17, ISO19a]. In **Bild 2-2** sind die Einflussgrößen auf Beanspruchung und Beanspruchbarkeit dargestellt.

Einflussgrößen auf die Beanspruchung

Die Beanspruchung im Zahnfuß wird durch die Geometrie und die auftretende Belastung bestimmt. Die Aufteilung der Zahnflankennormalkraft F_N in die, in Bild 2-1 rechts gezeigten, Komponenten Radialkraft F_{radial} und Tangentialkraft F_t wird durch den Normaleingriffswinkel α_n festgelegt [NIEM03, LINK10, KLOC17].

Die Verzahnungsbreite b und der Normalmodul m_n definieren das Flächenträgheitsmoment des belasteten Querschnitts und damit die Beanspruchung im Zahnfuß [ISO19c]. Ein größerer Modul bei ansonsten konstanten Verzahnungsgrößen führt zu einer Steigerung der Zahnfußtragfähigkeit bei gleichzeitiger Abnahme der Flankentragfähigkeit [LINK10].

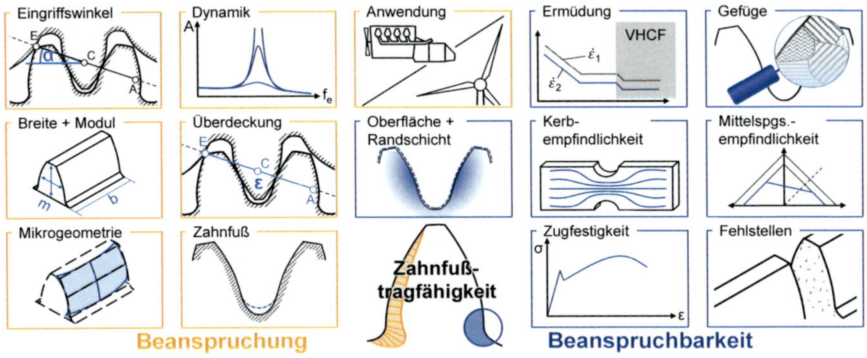

Bild 2-2: Einflussgrößen auf die Zahnfußtragfähigkeit [POLL20]
Influencing Parameters on the Tooth Root Bending Strength

Modifikationen und Fertigungsabweichungen der Mikrogeometrie beeinflussen die Lastverteilung im Zahnkontakt. Daraus folgen unter Umständen lokal und zeitlich veränderte Zahnfußspannungen. Den größten Einfluss hat der Flankenlinienwinkelfehler $f_{H\beta}$, der zu Kantentragen und einseitigen Spannungsüberhöhungen führen kann [ISO19a]. Die Einflüsse der Mikrogeometrie werden in den Berechnungsmethoden auf unterschiedliche Weise berücksichtigt, siehe Kapitel 2.2.

Die Kontur des Zahnfußes bestimmt die maximal auftretende Beanspruchung im schadenskritischen Bereich der Zahnfußrundung [FRÜH12]. Durch die Optimierung der Zahnfußgeometrie sind Steigerungen der Zahnfußtragfähigkeit bei ansonsten konstanten Verzahnungsparametern von 10 – 30 % erreichbar [FÖRT88, BÜßE99, BRÖM05, ZUBE08, KAPE09, FRÜH12, ROTH13, UELP19, POLL20]. Abweichungen von einer vorgegebenen Zahnfußgeometrie, z.B. durch Schleifkerben, können dementgegen zu einer Reduktion der Zahnfußtragfähigkeit führen [WIRT77, WINK19].

Die Überdeckung einer Verzahnung ergibt sich aus den makrogeometrischen Größen der Verzahnung und bestimmt die Lastaufteilung auf die im Eingriff befindlichen Zähne [ISO19c]. Bei einer Gesamtüberdeckung von $\varepsilon_\gamma > 2$ wird das Drehmoment immer von mindestens zwei Zähnen übertragen. Hierdurch wird die Belastung eines einzelnen Zahns im Vergleich zu einer Gesamtüberdeckung $\varepsilon_\gamma < 2$ reduziert [MÖLL82, NIEM03, KLOC17, ISO19a]. Weiterhin beeinflusst die Gesamtüberdeckung maßgeblich den Verlauf der Gesamteingriffssteifigkeit und damit die innere Schwingungsanregung des Getriebes [MÖLL82, SALJ87, NIEM03, KLOC17, ISO19c].

Die Einflüsse der Schwingungsanregung durch das Getriebe werden unter dem Begriff der Dynamik zusammengefasst. Das Getriebe mit Gehäuse, Wellen, Kupplungen und der Verzahnung stellt ein mechanisches Schwingungssystem dar, welches durch innere und äußere Anregungen in Schwingung versetzt werden kann. Die resultierenden dynamischen Zusatzlasten variieren mit der Drehzahl und reduzieren die Zahnfußtragfähigkeit insbesondere in Resonanzbereichen [RETT57, WINK75, GOLD79, GEIS02, HEID12, ISO19c]. Eine weitergehende Beschreibung der dynamischen Zusatzlasten und deren Berücksichtigung in der Tragfähigkeitsberechnung findet sich in Kapitel 2.2.3.

Der zeitliche Verlauf der Belastung einer Verzahnung hängt neben der Dynamik auch von der Anwendung des Getriebes ab. Es wird zwischen homogenen und inhomogenen Lasten unterschieden [ISO19c]. Homogene Lasten treten, bedingt durch einen stationären Strömungsprozess, beispielsweise bei Turbinen oder bei Verdichterantrieben auf. Inhomogene Lasten liegen z.B. bei Kolbenmaschinen, Windenergieanlagen oder Antrieben von Zementmühlen vor. Die Einflüsse auf die Belastung können durch entsprechende Korrekturfaktoren berücksichtigt werden. Weiterhin können stark variierende Lasten, beispielsweise in Fahrzeuggetrieben, auftreten [NAUN19]. Diese werden in der Regel mithilfe von Lastkollektiven im Auslegungsprozess berücksichtigt [NIEM03, LINK10, KLOC17].

Einflussgrößen auf die Beanspruchbarkeit

Die Beanspruchbarkeit im Zahnfuß umfasst die Einflussgrößen auf die Festigkeit des Zahnradwerkstoffes. Die Zugfestigkeit eines Werkstoffs beschreibt die Widerstandskraft eines Werkstoffs gegen äußere Belastung bis zum Bruch [ISO20b]. Je höher die Zugfestigkeit ist, desto größer ist die Beanspruchbarkeit des Werkstoffs bei ansonsten gleichen Randbedingungen [FKM03].

Die dauerfest ertragbare Spannungsamplitude eines Werkstoffs hängt von der auftretenden Mittelspannung ab [FKM03]. Mit steigender Mittelspannung nimmt die ertragbare Maximallast ab. Dies wird durch die Mittelspannungsempfindlichkeit M beschrieben. Aufgrund der höheren Zugfestigkeit der Randschicht ist die Mittelspannungsempfindlichkeit im Zugbereich bei randschichtgehärteten Bauteilen größer als bei nicht randschichtgehärteten Bauteilen [BRIN89, FKM03].

Das Ermüdungsverhalten eines Werkstoffs wird bei zyklischer Belastung untersucht und in der Regel durch ein Wöhlerdiagramm beschrieben [HAIB89, NIEM03, HAIB06]. Die im Versuch eingestellte Dehngeschwindigkeit $\dot{\varepsilon}$ beeinflusst die resultierende Beanspruchbarkeit je nach Werkstoff unterschiedlich stark [EMDE09, ZHAO12, NONA13, SCHN14, FISC17]. Der Einfluss der Dehngeschwindigkeit auf die Beanspruchbarkeit wird in Kapitel 2.1.3 eingehender behandelt. Bei Lastspielzahlen im VHCF-Bereich und darüber hinaus kann es zudem zu einer Abnahme der Beanspruchbarkeit aufgrund eines veränderten Ausfallmechanismus kommen, siehe Kapitel 2.1.2 [BRET11, SAKA10, SCHU16, MURA19].

Die aus der Wärmebehandlung resultierende Gefügeart und –zusammensetzung beeinflusst in hohem Maße die Beanspruchbarkeit im Zahnfuß. Beispielsweise führt eine Verfeinerung der Korngröße zu einer Verbesserung der statischen und dynamischen Festigkeitseigenschaften [ANZI91, NIEM03, RADA07]. Weiterhin kann der Restaustenitgehalt einen Einfluss auf die Grübchentragfähigkeit haben [RAZI67]. Die Beanspruchbarkeit eines Werkstoffs im VHCF-Bereich wird durch Fehlstellen im Werkstoff limitiert [SCHU16, MURA19]. Als Fehlstellen werden beispielsweise nicht-metallische Einschlüsse im Werkstoff bezeichnet. An einer Fehlstelle kommt es als Folge der lokalen Spannungsüberhöhung zu einer Rissinitiierung im Werkstoffinneren und bei anhaltender Belastung zu einem Versagen des Bauteils [MURA19]. Bei Anwendungen mit hohen Lastspielzahlen, z.B. in Windenergieanlagen oder Flugzeugtriebwerken, werden daher Stähle mit hoher Reinheit eingesetzt [TRIP19].

Die Kerbempfindlichkeit bezeichnet den Einfluss von lokalen Spannungsüberhöhungen durch Gestaltänderungen des Bauteils auf die Beanspruchbarkeit des Werkstoffs [FKM03]. Als Gestaltänderung werden Formen mit hohen lokalen Krümmungsverhältnissen bezeichnet, z.B. Freistiche an Wellen. Bei hoher Kerbempfindlichkeit eines Werkstoffs besitzt ein entsprechend gekerbtes Bauteil eine geringere Beanspruchbarkeit als bei einem Werkstoff mit geringer Kerbempfindlichkeit [FKM03]. Die Zahnfußrundung wird ebenfalls als Kerbe beschrieben und die Beanspruchbarkeit im Zahnfuß demzufolge durch die Kerbempfindlichkeit des Werkstoffs beeinflusst [NIEM03, LINK10, ISO19a].

In Getrieben mit hoher Leistungsdichte, z.B. Fahrzeug- oder Turbogetriebe, muss der Werkstoff eines Zahnrades unterschiedliche Anforderungen an die Beanspruchbarkeit erfüllen. Einerseits muss das Zahnrad im Zahnflankenkontakt eine hochfeste Oberfläche besitzen, um die auftretende Wälzbeanspruchung zu übertragen. Andererseits ist ein duktiler Kern erforderlich, um die Biegebeanspruchung und eventuell auftretende Stöße ohne spontanen Sprödbruch zu ertragen. Diese Anforderungen werden durch die Verwendung von randschichtgehärteten Einsatz- oder Nitrierstählen erfüllt. Die Tiefe der gehärteten Randschicht sollte in Abhängigkeit vom Verzahnungsmodul und der Betriebslast definiert werden (Empfehlung: $CHD = 0{,}1 - 0{,}25 \cdot m_n$). [NIEM03]

Die Randschicht bzw. Oberfläche im Zahnfuß wird durch die Fertigung der Verzahnung beeinflusst. Bei nicht geschliffenen Zahnfüßen definiert der Weichbearbeitungsprozess die Oberflächengestalt bzw. die Rauheit. Beispielsweise können Vorschubmarkierungen aus dem Wälzfräsprozess lokale Spannungsüberhöhungen erzeugen. Die Oberflächenrauheit im Zahnfuß hat ebenfalls einen Einfluss auf die Beanspruchbarkeit und wird in der Normberechnung durch Korrekturfaktoren berücksichtigt. [NIEM03]

2.1.2 Ermüdung im Very High Cycle Fatigue Bereich

Fatigue in the Very High Cycle Fatigue Area

Die Konstruktion von schwingungsbelasteten Bauteilen erfordert den Nachweis der Betriebsfestigkeit bzw. Tragfähigkeit für die zur Auslegung angenommenen Belastungen. Die zugrunde gelegte Beanspruchbarkeit wird, wie in Bild 2-2 dargestellt, durch den Werkstoff sowie dessen Behandlung und Bearbeitung bestimmt. Das Ermüdungsverhalten von metallischen Werkstoffen lässt sich durch Auftragen der Belastung oder Beanspruchung über der Lastspielzahl bis zum Bruch in einem doppellogarithmischen Diagramm mit einer Wöhlerlinie approximieren, siehe **Bild 2-3**. Üblicherweise werden die Bereiche der Zeit- und Dauerfestigkeit voneinander unterschieden. Die Zeitfestigkeit umfasst Belastungen oder Beanspruchungen, die innerhalb einer endlichen Zahl von Lastwechseln zum Bruch führen. In der Dauerfestigkeit kann das Bauteil theoretisch unendlich viele Lastspiele ertragen. [HAIB06]

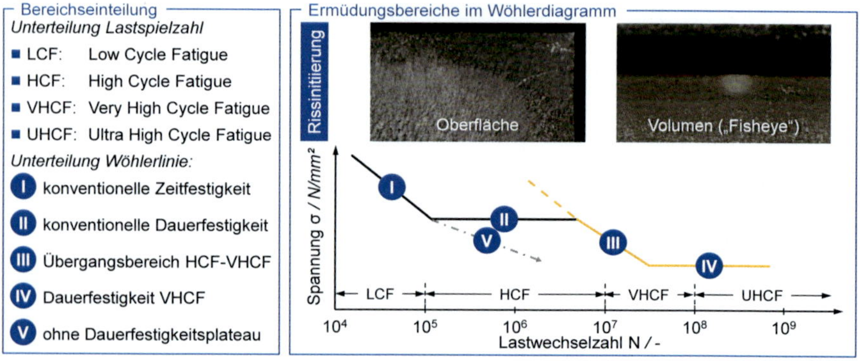

Bild 2-3: Wöhlerlinie im HCF und VHCF Bereich [NISH99, SAKA09, PAOL14, MURA19]
S/N Curve in the HCF and VHCF Area

Für die Durchführung von Schwingfestigkeitsversuchen ist es notwendig, eine Grenzlastspielzahl N_G zu definieren, ab der ein Versuch als Durchläufer gewertet wird [HAIB06, KLOC17]. Die Höhe der zu wählenden Grenzlastspielzahl ist dabei abhängig vom Ermüdungsmechanismus bzw. der zu erwartenden Schadensart und Lebensdauer des Bauteils. Für Ausfälle durch Grübchen in Verzahnungsanwendungen werden je nach Werkstoff $N_G = 50 - 100 \cdot 10^6$ Lastwechsel angenommen [ISO19d]. Die Normvorgaben für die Grenzlastspielzahl der Zahnfußtragfähigkeit liegen zwischen $N_{G,ISO} = 3 \cdot 10^6$ Lastwechsel (ISO 6336-3:2019-11) und $N_{G,AGMA} = 10 \cdot 10^6$ Lastwechsel (ANSI/AGMA 2101-D04) [AGMA04, ISO19a]. Die Steigerung der geforderten Lebensdauer moderner Getriebe und die Zunahme von Hochdrehzahlanwendungen, z.B. in Elektrofahrzeugen, führen zu signifikant höheren Lastwechselzahlen im realen Betrieb [PAOL14]. Da sich die Wöhlerlinie bei höheren Lastwechselzahlen ändert, werden die Bereiche in der Werkstofftechnik hinsichtlich der Lastwechselzahl weiter unterteilt. Es werden die Bereiche Low Cycle Fatigue (LCF) mit $N = 10^4 - 10^5$ Lastwechsel, High Cycle Fatigue (HCF) mit $10^5 < N < 10^7$ Lastwechsel, Very High Cycle Fatigue (VHCF) mit $10^7 < N < 10^8$ Lastwechsel und Ultra High Cycle Fatigue (UHCF) mit $N > 10^8$ Lastwechsel unterschieden, siehe Bild 2-3 [MUGH99, SAKA10, PYTT11, WANG12]. Das Ermüdungsverhalten im HCF- und VHCF-Bereich hängt stark vom Werkstoff, dessen Gitterstruktur und Nachbehandlung ab. Im VHCF-Bereich können sich, wie in Bild 2-3 dargestellt, kontinuierlich fallende oder gestufte, sogenannte „twofold" oder „stepwise", Wöhlerlinien einstellen [NISH99, SAKA09, SAKA10, ZHAO12, SCHU16]. Hierbei treten eine zweite Zeitfestigkeitsgerade sowie ein zweites Dauerfestigkeitsniveau mit reduzierter Tragfähigkeit im VHCF-Bereich auf. Die zweite Zeitfestigkeitsgerade wird in diesem Fall als Übergangsgebiet bezeichnet [PAOL14]. Die

Stärkung der Werkstoffoberfläche, beispielsweise durch Einsatzhärten oder Kugelstrahlen, führt zu gestuften Wöhlerlinien [NISH99, SAKA09]. Die Veränderungen im VHCF-Bereich sind auf einen Wechsel des Ausfallmechanismus zurückzuführen [BRET11, SAKA10, PYTT11]. Dabei wechselt die Rissinitiierung von oberflächeninduziert zu sub-oberflächeninduziert. Die Rissinitiierung unter der Oberfläche erfolgt häufig an Fehlstellen im Gitternetz des Werkstoffs [NISH99, SAKA09, BRET11, MURA19]. In der Berechnung nach ISO 6336-3:2019-11 kann die Abnahme der Beanspruchbarkeit bei hohen Lastspielzahlen durch einen reduzierten Lebensdauerfaktor $Y_{NT} < 1$ angenähert werden [ISO19a]. Eine Unterscheidung hinsichtlich der Rissinitiierung in der Normberechnung ist nicht möglich.

Sakai et al untersuchen einen Lagerstahl im Umlaufbiegeversuch im VHCF-Bereich. Die Schadensbilder und Wöhlerlinien können in oberflächeninduzierte und sub-oberflächeninduzierte „fisheye"-Brüche unterteilt werden. Beide Schadensarten können durch eine gestufte Wöhlerlinie zusammengefasst dargestellt werden. Die Versuchsergebnisse zeigen zudem unterschiedliche Verteilungsfunktionen der Ausfallwahrscheinlichkeiten von oberflächen- und sub-oberflächeninduzierten Brüchen. [SAKA10]

Paolino et al betrachten gestufte Wöhlerlinien im HCF- und VHCF-Bereich und analysieren die Versuchsergebnisse bezüglich der anwendbaren Verteilungsfunktion auf die Lastwechsel bis zum Bruch. Üblicherweise werden zweiparametrische Weibullverteilungen oder logarithmische Normalverteilungen genutzt. Aufgrund der unterschiedlichen Ausfallmechanismen in einer gestuften Wöhlerlinie müssen die Parameter der Verteilungsfunktion für jeden Bereich individuell ermittelt werden. Anhand der Verteilungsfunktion des Übergangsbereichs kann der HCF- vom VHCF-Bereich unterschieden werden. [PAOL14]

Bretl untersucht die Einflüsse hoher Lastspielzahlen auf die Zahnfußtragfähigkeit von einsatzgehärteten Zahnrädern. Es sind „späte" und innere Zahnfußbrüche zu unterscheiden. Späte Zahnfußbrüche mit einem Rissausgang an der Oberfläche können bei ungestrahlten und kugelgestrahlten Zahnrädern auftreten. Innere Zahnfußbrüche treten hingegen nur an kugelgestrahlten Zahnrädern auf, wobei der Rissausgang unter der Oberfläche liegt. Haupteinflussgrößen auf die Entstehung innerer Brüche sind der Eigenspannungstiefenverlauf, der Werkstoffreinheitsgrad und der Lastspannungstiefenverlauf. [BRET11]

Schurer analysiert den Einfluss von nichtmetallischen Einschlüssen hochreiner Werkstoffe auf die Zahnfußtragfähigkeit von einsatzgehärteten und oberflächenverfestigten Zahnrädern [SCHU16]. Im Falle eines inneren Bruchs konnte dieser immer auf einen nichtmetallischen Einschluss unter der Oberfläche zurückgeführt werden [SCHU16]. Im Vergleich zum HCF-Bereich ($3 - 6 \cdot 10^6$ LW) sinkt die Zahnfußtragfähigkeit im VHCF-Bereich (10^7 LW) je nach Variante um bis zu 15 % ab [SCHU16]. Durch den Einsatz von hochreinen Werkstoffen kann die Tragfähigkeit im VHCF-Bereich teilweise um bis zu 15 % gesteigert werden [SCHU16]. Die Ergebnisse von Bretl und Schurer zeigen darüber hinaus, dass die Zahnfußtragfähigkeit im VHCF-Bereich durch eine gestufte Wöhlerlinie beschrieben werden kann [BRET11, SCHU16].

Fuchs untersucht die Zahnfußtragfähigkeit im Lauf- und Pulsatorversuch bei Grenzlastspielzahlen von $N_G \geq 10^7$ Lastwechsel anhand unterschiedlicher Verzahnungsgeometrien für ungestrahlte und kugelgestrahlte Zahnräder. Für die untersuchten Grenzlastspielzahlen kann kein eindeutiges Dauerfestigkeitsniveau gefunden werden. Zur Untersuchung der Zahnfußtragfähigkeit im VHCF-Bereich wird die Verwendung des Laufversuchs empfohlen, da hier das geprüfte Werkstoffvolumen größer ist als im Pulsatorprüfstand und somit die Wahrscheinlichkeit für innere Brüche an Einschlüssen steigt. Weiterhin wird ein Forschungsbedarf für den Lastwechselbereich von $N_G > 10^8$ Lastwechsel der Zahnfußtragfähigkeit formuliert. [FUCH23]

2.1.3 Dehnrateneinfluss auf die Ermüdungsfestigkeit

Influence of the Strain Rate on the Fatigue Strength

Die experimentelle Untersuchung des VHCF- und UHCF-Bereichs ist nur bei erhöhten Prüffrequenzen möglich, um die Prüfzeit auf ein wirtschaftliches Maß zu begrenzen. Ultraschallschwingfestigkeitsprüfstände ermöglichen die Werkstoffprüfung mit speziellen Standardproben bei Prüffrequenzen von bis zu f = 20 kHz und geringen Prüfkräften [BATH05, STAN14]. Die hohen Prüffrequenzen führen zu Herausforderungen bei der Werkstoffprüfung. Einerseits muss die Erwärmung der Probe überwacht und der Versuch bei Überschreiten einer Grenztemperatur pausiert werden [STAN14, FITZ21]. Andererseits beeinflusst die Prüffrequenz direkt das Ermüdungsverhalten des Werkstoffs [MAYE99, EMDE09, SAKA09, NONA13, SCHN14, STAN14, FISC17]. Durch die erhöhte Prüffrequenz steigt auch die Dehngeschwindigkeit bzw. Dehnrate, da das Zeitintervall der Lastaufbringung schrumpft. In der Werkstofftechnik ist der Einfluss der Dehnrate bzw. der Dehngeschwindigkeit auf das Werkstoffverhalten bekannt [MAYE99, EMDE09, SAKA09, ZHAO12, NONA13, SCHN14, FISC17, ISO20b]. Das Verhalten ist auf das verlangsamte Wandern von Versetzungen im Werkstoff bei steigenden Dehnraten zurückzuführen und wirkt sich am stärksten bei kubisch raumzentrierten Werkstoffen aus [ROES12, ZHAO12, FITZ21]. Die Definition der Dehnrate $\dot{\varepsilon}$ im Zugversuch nach DIN EN ISO 6892-1:2020-06 ist in **Formel (2-1)** dargestellt [ISO20b].

$$\dot{\varepsilon} = \frac{d\varepsilon}{dt} = \frac{v_c}{L_c} \tag{2-1}$$

Während die Dehnrate im Zugversuch vorgegeben wird und $\dot{\varepsilon}_{Zug\text{-}vers.} = 0{,}00007 - 0{,}00025\ s^{-1}$ beträgt, hängt sie im Schwingfestigkeitsversuch von der Frequenz ab und ändert sich aufgrund der in der Regel sinusförmigen Kraftänderung, siehe **Bild 2-4** oben. Die Berechnung der maximalen Dehnrate bei sinusförmiger Kraftaufprägung kann nach **Formel (2-2)** in Abhängigkeit von der Spannungsamplitude σ_a und der Frequenz f berechnet werden [SCHN14]. Übliche Dehnraten bei der Prüfung mit Ultraschallschwingfestigkeitsprüfständen betragen bis zu $\dot{\varepsilon}_{Puls.} < 250\ s^{-1}$ [SCHN14]. Im Bereich der maximal auftretenden Kräfte an den Umkehrpunkten ist die Dehnrate null. Sie wird maximal zwischen dem auftretenden Kraftmaximum und -minimum. Die Steigerung der Dehnrate im Versuch führt dazu, dass Versetzungen weniger

Zeit zum Wandern haben und Risse langsamer wachsen. Daraus resultiert, dass die Ermüdungsfestigkeit von Werkstoffen bei hohen Dehnraten steigen kann [MAYE99, BATH05, EMDE09, NONA13, SCHN14].

$$\dot{\varepsilon}(t) = 2\pi f \cdot \frac{\sigma_a}{E} \cdot cos(2\pi f t) \quad \textbf{(2-2)}$$

ZHAO ET AL untersuchen die Ermüdungsfestigkeit eines Vergütungsstahls in unterschiedlichen Wärmebehandlungszuständen. Die Ermüdungsfestigkeit wird bei f_1 = 52,5 Hz im Umlaufbiegeversuch und bei f_2 = 20 kHz auf einem Ultraschallprüfstand ermittelt. Die Ermüdungsfestigkeit nimmt bei hohen Lastspielzahlen ab und zeigt eine gestufte Wöhlerlinie für beide Prüfverfahren. Der Ausfallmodus wird durch die Prüffrequenz nicht beeinflusst. Die Ergebnisse zeigen, dass der Einfluss der Dehnrate auf die Ermüdungsfestigkeit bei kubisch-raumzentrierten und hexagonalen Werkstoffgittern signifikant ist. Dementgegen hat die Dehnrate bei kubisch-flächenzentrierten Werkstoffgittern nur einen geringen Einfluss. Generell sinkt der Einfluss der Dehnrate mit steigender Härte. Der Grund für den Dehnrateneinfluss wird in der kürzeren Zeit, die für ein Wandern der Versetzungen zur Verfügung steht, gesehen. Daher entwickeln sich Risse in harten Materialien langsamer bzw. später. [ZHAO12]

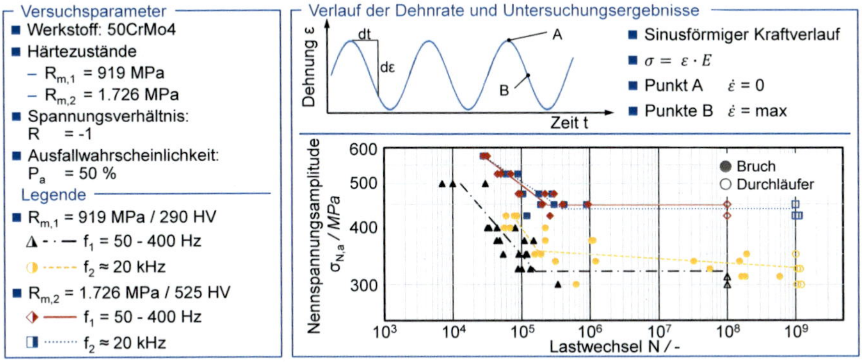

Bild 2-4: Einfluss der Dehnrate auf die Ermüdungsfestigkeit [SCHN14]

Influence of the Strain Rate on the Fatigue Strength

In Bild 2-4 sind Untersuchungsergebnisse von SCHNEIDER ET AL dargestellt. Der Einfluss der Dehnrate auf das Werkstoffverhalten wurde anhand des Vergütungsstahls 50CrMo4 in Abhängigkeit vom Härtezustand untersucht. Die Zugfestigkeit der betrachteten Varianten betrug $R_{m,1}$ = 919 MPa und $R_{m,2}$ = 1726 MPa. Die Versuche wurden anhand von gekerbten Standardproben auf einer servo-hydraulischen Prüfmaschine mit einer maximalen Prüffrequenz von $f_{1,max}$ = 400 Hz und einem Ultraschallschwingfestigkeitsprüfstand mit einer Prüffrequenz von f_2 ≈ 20 kHz durchgeführt. Für die Variante 1 mit einer geringeren Zugfestigkeit zeigt sich eine signifikante Abhängigkeit von den ertragbaren Lastwechseln zur Prüffrequenz. Im Bereich von $\sigma_{N,a}$ = 350 – 450 MPa sind die Lastwechsel bis zum Bruch bei der höheren Prüffrequenz um das zwei- bis dreifache höher. Im Bereich der Dauerfestigkeit zwischen $\sigma_{N,a}$ = 300 – 350 MPa führt die höhere Prüffrequenz zu einem Anstieg der Festigkeit um ca. 9 %. Es ist jedoch zu erkennen, dass sich keine konstante Dauerfestigkeit bis zur betrachteten Grenzlastspielzahl von $N_G = 10^9$ Lastwechsel einstellt. [SCHN14]

SCHNEIDER ET AL betrachten einen Vergütungsstahl und einen Aluminiumwerkstoff. Die Untersuchungen zeigen, dass der E-Modul der Werkstoffe aus dem Zugversuch identisch ist mit dem E-Modul im Ultraschallversuch. Die Abhängigkeit der Ermüdungsfestigkeit von der Dehnrate hängt signifikant von der Probenform ab. Gekerbte Proben mit einer mehrachsigen Beanspruchung und einer höheren Spannungskonzentration im Kerbgrund weisen eine geringere Abhängigkeit von der Dehnrate auf als nicht-gekerbte Proben. [SCHN16]

GEILEN ET AL unterteilen Frequenz- und Dehnrateneinflüsse in innere und äußere Effekte. Innere Effekte werden direkt durch eine Beeinflussung des Materialverhaltens durch die Dehnrate hervorgerufen. Hierzu zählen z.B. Änderungen bei der Formation von Gleitbändern auf mikroskopischer Ebene. Äußere Effekte treten zwar auch im Zusammenhang mit einer erhöhten Dehnrate auf, können aber theoretisch von dieser separiert werden, z.B. ein Temperaturanstieg durch eine höhere Prüffrequenz. [GEIL20]

FITZKA ET AL analysieren bestehende Daten aus der Literatur hinsichtlich der Vergleichbarkeit von Versuchsergebnissen aus konventionellen und Ultraschallversuchen. Es werden unterschiedliche Werkstoffe betrachtet (u.a. Stahl, Aluminium und Titan). Die Ergebnisse bestätigen, dass hochfeste Stähle weniger anfällig für Frequenzeinflüsse sind. Bei einem Rissausgang in Ferritphasen (vgl. kubisch-raumzentriert) treten starke Abhängigkeiten von der Dehnrate bzw. Frequenz auf. Für einen Rissstart in austenitischen Phasen ist nur ein geringer Einfluss zu erkennen. [FITZ21]

Die Umrechnung der von SCHNEIDER ET AL untersuchten Zugfestigkeiten aus Bild 2-4 in eine äquivalente Härte nach Vickers ergibt Werte von 290 HV ($R_{m,1}$) und 525 HV ($R_{m,2}$) [SCHN14]. Der zweite Härtezustand entspricht näherungsweise den Werten in der gehärteten Randschicht von Einsatzstählen und der erste Wert der Härte des Kerngefüges [NIEM03]. Da der Ausgangsort des Schadens im VHCF Bereich unter die Oberfläche wandert, ist mit einem Einfluss der Dehnrate auf die Zahnfußtragfähigkeit bei Hochdrehzahlanwendungen zu rechnen [BRET11, SCHU16]. Die Datenbasis der Literatur zum Frequenz- und Dehnrateneinfluss bezieht sich zwar auf unterschiedliche Werkstoffe, jedoch wurden bisher keine einsatzgehärteten Stähle untersucht, die für die Verzahnungsfertigung relevant sind.

2.2 Berechnungsansätze für die Zahnfußbeanspruchung

Calculation Approaches for the Tooth Root Stress

Die rechnerische Bestimmung der Zahnfußbeanspruchung ist ein zentraler Schritt zur Bestimmung der Zahnfußtragfähigkeit. Neben der Makro- und Mikrogeometrie der Verzahnung wird die Beanspruchung auch durch Zusatzlasten im Betriebspunkt beeinflusst. Im ersten Schritt werden normbasierte Ansätze zur Berechnung der Zahnfußbeanspruchung auf Grundlage von analytisch-empirischen Formeln vorgestellt. Darüber hinaus existieren höherwertige Berechnungsansätze, wie z.B. die Finite-Elemente-Methode (FEM), die im zweiten Schritt erläutert werden. Abschließend werden Möglichkeiten zur Bestimmung von dynamischen Zusatzlasten im Betrieb und deren Berücksichtigung bei der Beanspruchungsberechnung vorgestellt.

2.2.1 Normbasierte Berechnungsansätze

Standard-based Calculation Approaches

Die Berechnung der Zahnfußbeanspruchung mithilfe von analytischen Formeln erfordert die Berücksichtigung der unterschiedlichen Einflussgrößen. Die komplexen Wirkzusammenhänge im Zahneingriff erschweren die Ableitung allgemein gültiger Berechnungsansätze, daher werden die Zusammenhänge vereinfacht durch Korrekturfaktoren berücksichtigt. In der industriellen Praxis haben sich die Normansätze der ISO 6336 und der ANSI/AGMA 2101-D04 etabliert [AGMA04, ISO19c]. Im Folgenden wird das Berechnungsvorgehen für die Zahnfußspannung nach ISO 6336-3:2019-11 erläutert.

Die Zahnfußspannung erreicht ihr Maximum, wenn die Tangentialspannung an der Oberfläche in Zahnhöhenrichtung im Normalschnitt maximal wird. Die Zahnfußspannung wird für den Bereich der 30°-Tangente an die Fußausrundung der Zugseite berechnet, da hier üblicherweise der Anriss im Zahnfuß erfolgt, vgl. Kapitel 2.1. Die Grundlage des Berechnungsvorgehens ist die Biegebalkentheorie. Darauf aufbauend werden die in **Bild 2-5** dargestellten Einflüsse durch Korrekturfaktoren berücksichtigt. Für die Berechnung werden die Belastungen am äußeren Einzeleingriffspunkt betrachtet, da hier einerseits die Zahnnormalkraft nur durch einen Zahn übertragen wird und andererseits der Hebelarm des Kraftangriffspunkts zum Zahnfuß im Einzeleingriff maximal ist. Die Bestimmung der Korrekturfaktoren ist nach unterschiedlichen Methoden mit jeweils steigendem Abstraktionsgrad möglich. Methode A ist die genauste, wobei die Korrekturfaktoren rechnerisch anhand der FEM oder mithilfe von Messungen bestimmt werden. [ISO19a]

Die Korrekturfaktoren werden nach Einflüssen auf die innere und äußere Belastung unterteilt. Die innere Belastung wird durch die Geometrie der Verzahnung sowie die Tangentialkraft F_t im Auslegungspunkt bestimmt. Der Formfaktor Y_F beschreibt den Einfluss der Zahnform sowie des Kraftangriffs am äußeren Einzeleingriffspunkt auf die Zahnfußspannung. Der Spannungskorrekturfaktor Y_S beschreibt die lokale Spannungsüberhöhung der Zahnfußrundung, welche als Kerbe angenähert werden kann.

Außerdem wird die Tatsache berücksichtigt, dass im Zahnfuß ein mehrachsiger Spannungszustand herrscht. Die Reduktion der Zahnfußspannung aufgrund der geneigten Kontaktlinie bei Schrägverzahnungen im Gegensatz zu den der Berechnung zugrundeliegenden Geradverzahnungen wird durch den Schrägenfaktor Y_β abgebildet. Der Radkranzdickenfaktor Y_B berücksichtigt spannungsüberhöhende Effekte, die bei dünnen Naben von Außenverzahnungen oder Radkränzen von Innenverzahnungen auftreten können. Bei einer zu dünnen Ausführung kann es im Betrieb zu einem Radkranzbruch kommen. Der Hochverzahnungsfaktor Y_{DT} (englisch „deep-tooth" – DT) bildet die spannungssenkenden Effekte bei Verzahnungen mit hohen Qualitäten $A \leq 4$ und Profilüberdeckungen von $\varepsilon_\alpha \geq 2$ ab. Das Produkt der vorgestellten Korrekturfaktoren ist die Zahnfuß-Nennspannung σ_{F0}. [ISO19a]

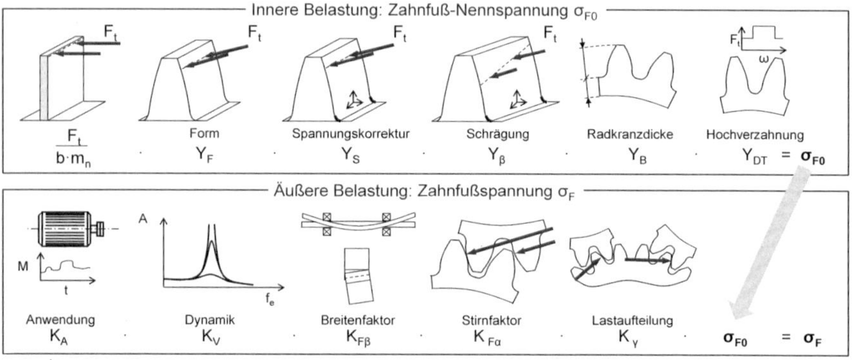

Bild 2-5: Berechnung der Zahnfußspannung nach ISO 6336-3:2019-11 [KLOC17, ISO19a]
Calculation of the Tooth Root Stress according to ISO 6336-3:2019-11

Die Korrekturfaktoren der äußeren Belastung berücksichtigen Einflüsse, die zu einer Überhöhung der Zahnkraft im Auslegungspunkt führen. Der Anwendungsfaktor K_A fasst dynamische Einflüsse auf das An- bzw. Abtriebsdrehmoment zusammen. Diese können beispielsweise aus ungleichmäßigen An- bzw. Abtrieben resultieren. Der Dynamikfaktor K_V berücksichtigt Zahnkraftüberhöhungen, die aus Schwingungen resultieren, die durch die Verzahnung selbst hervorgerufen werden. Der Anwendungs- und Dynamikfaktor sind die einzigen Möglichkeiten drehzahlabhängige Einflüsse auf die resultierende Zahnfußspannung zu berücksichtigen. Insbesondere der Dynamikfaktor soll die drehzahlabhängige Dynamik im Zahneingriff abbilden. Eine detaillierte Darstellung zur Bestimmung des Dynamikfaktors erfolgt in Kapitel 2.2.3. Der Breitenfaktor $K_{F\beta}$ und der Stirnfaktor $K_{F\alpha}$ beschreiben spannungsüberhöhende Effekte in Breitenrichtung ($K_{F\beta}$) bzw. in Umfangsrichtung ($K_{F\alpha}$), die beispielsweise aus lastbedingten Verlagerungen oder Teilungsfehlern resultieren. Der Lastaufteilungsfaktor K_γ berücksichtigt die ungleichmäßige Lastaufteilung bei mehreren Eingriffen an einem Zahnrad, z.B. bei Planetengetrieben. Das Produkt der „K-Faktoren" mit der Zahnfuß-Nennspannung σ_{F0} ergibt die im Betriebspunkt auftretende Zahnfußspannung σ_F. [ISO19a]

Normbasierte Berechnungsansätze sind schnell anwendbar und liefern für einfache Anwendungsfälle gute Näherungslösungen. Bei komplexen Randbedingungen, z.B.

Abweichungen der Zahnflankenform oder Verlagerungen des Welle-Lager-Systems, kommen analytische Berechnungsansätze jedoch schnell an die Grenzen der Aussagekraft [HEMM07]. Eine detaillierte Bewertung des Lauf- und Dynamikverhaltens ist mit diesen Methoden nicht möglich [WECK92].

2.2.2 Höherwertige Berechnungsansätze

Detailed Calculation Approaches

Höherwertige Berechnungsansätze bieten, im Gegensatz zu normbasierten Ansätzen, die Möglichkeit, lokale Zahnfußspannungen in Abhängigkeit von der realen Geometrie über den gesamten Zahneingriff zu berechnen. Hierzu werden in der Regel Finite-Elemente-Methoden (FEM) oder Boundary-Elemente-Methoden (BEM) verwendet [CAO02, HEMM07, WIRT08, SCHL10, KLOC17]. Trotz der hohen Lösungsgenauigkeit werden kommerzielle FE-Programme in der Regel nicht verwendet, da neben dem hohen Rechenaufwand ein Postprocessing zur Berechnung der relevanten Bewertungsgrößen notwendig ist [HEMM07, KLOC17]. Stattdessen haben sich spezielle Programme zur Zahnkontaktanalyse, wie beispielsweise ZAKO3D, die FE-STIRNRADKETTE oder BECAL, durchgesetzt [CAO02, HEMM07, WIRT08, SCHL10]. Ein zentraler Unterschied gegenüber normbasierten Berechnungsmethoden ist, dass Zahnkontaktanalysen die exakte Verzahnungsgeometrie unter Berücksichtigung der Zahnflankenabweichungen betrachten [WECK96, CAO02, HEMM07, WIRT08]. Die evolventische Zahnflanke kann durch eine Abwälzsimulation mit dem Werkzeug-Bezugsprofil auf Grundlage des Verzahnungsgesetzes ermittelt werden [NEUP83]. Modifikationen der Zahnflanke können durch analytische oder komplexe Funktionen, z.B. topologische Abweichungen, überlagert werden [CAO02, HEMM07, BRIM20]. Die verfügbaren Methoden ermöglichen somit die Berücksichtigung der exakten Zahnflankengeometrie für die Berechnung der Beanspruchungen. Darüber hinaus kann die Anregung des Antriebsstrangs durch die Verzahnung anhand des berechneten lastfreien und lastbedingten Drehfehlers bewertet werden.

Zur Analyse des Anregungsverhaltens und der Beanspruchungen von Verzahnungen kombinieren FE-basierte Zahnkontaktanalysen analytische Berechnungsmethoden mit der FEM. Das Verformungsverhalten der Verzahnung und des Zahneingriffs wird durch Verschiebungseinflusszahlen beschrieben, die in einer FE-Berechnung bestimmt werden [NEUP83, CAO02, HEMM07, KLOC17]. Mithilfe der Einflusszahlen wird das mathematische Ersatz-Federmodell nach NEUPERT aufgestellt, das als Grundlage für die Kontaktanalyse zur Ermittlung von Lastverteilungen, Verformungen und Spannungen dient [NEUP83, HEMM07].

Die Kontaktkräfte als Eingangsgröße für das Ersatz-Federmodell können auf unterschiedliche Weise ermittelt werden. Der Zahnkontakt kann z.B. vereinfacht als Linienkontakt analytisch bestimmt werden, wie es beim FVA-Rechenprogramm FE-STIRNRADKETTE der Fall ist [CAO02, BAXM07, HEMM07, SCHÄ08]. Die allgemeine Zahnkontaktanalyse ZAKO3D verwendet hingegen einen Flächenkontaktansatz, mit dem auch die Berechnung von Beveloid- und Kegelradverzahnungen möglich ist [BAXM07, HEMM07, HENS15]. Der Vorteil des analytischen Linienkontaktansatzes ist die höhere Rechengeschwindigkeit im Vergleich zum Flächenkontaktansatz. POLLASCHEK konnte die Berechnung der Zahnfußspannung in der FE-STIRNRADKETTE bei statischer Belastung mithilfe von Messungen der realen Zahnfußspannung an Dehnungsmessstreifen (DMS) erfolgreich validieren [POLL20]. Darüber hinaus wurde die Berechnung des lastfreien und lastbedingten Drehfehlers der beiden vorgestellten Zahnkontaktanalysen anhand von Prüfstandsuntersuchungen erfolgreich validiert [GERA19, BRIM20, PIEL20].

Es stehen somit validierte, höherwertige Berechnungsmethoden zur Analyse des Zahnkontaktes sowie des Einsatzverhaltens zur Verfügung. Diese betrachten die Verzahnung jedoch in der Regel im quasi-statischen Zustand ohne die Berücksichtigung drehzahlabhängiger dynamischer Einflüsse auf die Belastung oder das Verlagerungsverhalten. Im Folgenden werden daher Möglichkeiten zur Berücksichtigung der Dynamik bei der Beanspruchungsberechnung vorgestellt.

2.2.3 Berücksichtigung der Dynamik bei der Beanspruchungsberechnung

Consideration of the Dynamics in the Stress Calculation

Das drehelastische Getriebesystem wird durch den Verlauf der Zahneingriffssteifigkeit, modifizierte Zahnflanken und den Verlauf der äußeren Belastung zu Schwingungen angeregt [RETT57, BOSC65, WECK75, WINK75, MÖLL82, MÜLL91, NIEM03]. Diese Schwingungserregung führt im Betrieb zu dynamischen Zusatzkräften, die sich der Belastung aus dem statischen Drehmoment überlagern. Beim Übergang zwischen den Eingriffsgebieten, z.B. vom Einzel- in den Zweifacheingriff, kommt es aufgrund der veränderten Zahnfedersteifigkeit zu einem Sprung in der Zahnkraft [GEIS02, NIEM03]. Bei hohen Lasten überlagert sich zudem der Einfluss des vorzeitigen Zahneingriffs, der aus der Zahnverformung resultiert. Die Lastüberhöhung wird maximal, wenn die Zahneingriffsfrequenz mit den Eigenfrequenzen des Gesamtsystems zusammenfällt [RETT57, BOSC65, LINK69, WECK75, WINK75, GOLD79, DONA83, NIEM03, ISO19c]. Im Falle dieser Hauptresonanzen steigen die Zusatzkräfte an und können zu einem frühzeitigen Ausfall der Verzahnung führen. Flankenform- und Eingriffsteilungsfehler führen ebenfalls zu einer Schwingungsanregung. Der relative Einfluss der Verzahnungsfehler auf die Anregung ist bei Schrägverzahnungen ausgeprägter als bei Geradverzahnungen, da die Erregung durch die Steifigkeitsschwankung bei Schrägverzahnungen aufgrund der höheren Gesamtüberdeckung geringer ausfällt [BOSC65, NIEM03].

In der ISO 6336-1:2019-11 wird der Einfluss von dynamischen Zusatzlasten auf die Beanspruchung im Zahnfuß mithilfe des K_V-Faktors berücksichtigt, siehe Kapitel 2.2.1. Methode B ermöglicht die Abschätzung der dynamischen Zusatzlasten ohne aufwendige und teure Messungen und Simulationen. Hierzu wird die Getriebestufe in einen Einmassenschwinger überführt, um eine Klassifizierung hinsichtlich der Drehzahl zu ermöglichen. Es werden die in **Bild 2-6** dargestellten vier Bereiche unterschieden. Im unterkritischen Bereich (I) kann es je nach Getriebe zu Vorresonanzen mit entsprechenden lokalen Maxima hinsichtlich der Zusatzlasten kommen. Nach Methode B wird eine mit der Drehzahl linear ansteigende Zusatzlast angenommen, die die tatsächlichen Zusatzlasten annähert. Im Bereich der Hauptresonanz (II) wird die Zusatzlast maximal und durch einen konstanten Wert abgebildet. Der Übergangsbereich (III) ist durch eine lineare Abnahme der Zusatzlast gekennzeichnet. Im überkritischen Bereich (IV) ist die Zusatzlast konstant. Die Beträge der Zusatzlast werden unter Berücksichtigung der Verzahnungsgeometrie, z.B. Rotationsträgheit, Eingriffssteifigkeit und Überdeckung, für jeden Bereich separat berechnet. Methode C basiert auf Methode B und nutzt weitergehende Vereinfachungen. [ISO19c]

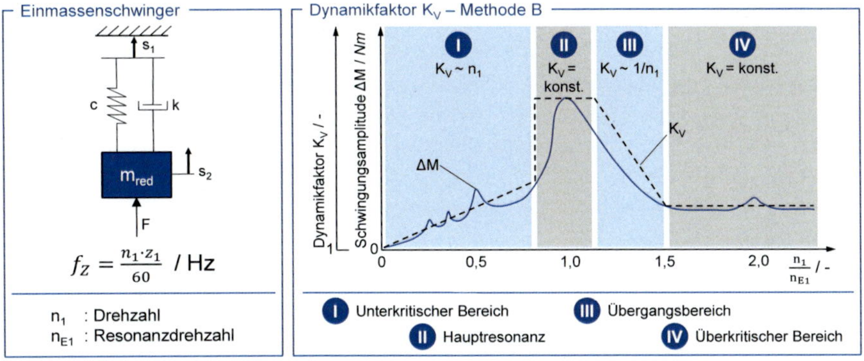

Bild 2-6: Dynamikfaktor K_V nach ISO 6336-1:2019 Methode B [ISO19a]
Dynamic Factor K_V according to ISO 6336 Method B

Der beschriebene Modellansatz der Methode B reicht oft nicht aus, um die dynamischen Zusatzlasten mit einer ausreichenden Genauigkeit zu bestimmen, da die Schwingungen den gesamten Antriebsstrang anregen und so wiederum die Schwingungsamplitude und –frequenz beeinflussen. Der Verlauf der tatsächlichen Drehmomentschwankung wird in der Berechnung nach ISO 6336-1:2019-11 durch einen linearen Verlauf des K_V-Faktors angenähert. Antriebsstrangabhängige Resonanzstellen im unter- und überkritischen Bereich bleiben dabei unberücksichtigt. Dies kann insbesondere bei mehrstufigen Getrieben und komplexen Antriebssträngen dazu führen, dass kritische Resonanzstellen unberücksichtigt bleiben. [ISO19c]

Die dynamische Lastüberhöhung aufgrund der Schwingungsanregung im Zahneingriff wurde in zahlreichen Arbeiten anhand von Berechnungen und Messungen detailliert untersucht. Bosch entwickelt ein Modell zur Berechnung dynamischer Zahnkräfte unter Berücksichtigung der periodisch veränderlichen Zahneingriffssteifigkeit für variable Drehzahlen. Die Berechnungsergebnisse konnten anhand von Messungen der dynamischen Zahnkräfte mithilfe von Dehnmessstreifen bestätigt werden. [BOSC65]

Winkler führt messtechnische Untersuchungen zur dynamischen Lastüberhöhung schnelllaufender Getriebe auf einem Hochdrehzahl-Verspannungsprüfstand mit bis zu n_1 = 15.000 min^{-1} durch. Die Lage der Hauptresonanzen lässt sich demnach mit vereinfachten Verfahren gut bestimmen. Zur Bestimmung der dynamischen Zusatzlasten ist jedoch die Berücksichtigung weiterer Einflussfaktoren, z.B. Wellenbiegung und Lagernachgiebigkeit, notwendig. [WINK75]

RETTIG führt Untersuchungen an einem Verspannungsprüfstand bis $n_1 \approx 6000\ min^{-1}$ am Ritzel durch [WECK75]. Auf der Grundlage der Untersuchungsergebnisse von RETTIG und WINKLER entwickelt RETTIG ein vereinfachtes Berechnungsverfahren zur Bestimmung der mittleren dynamischen Zusatzlasten im unter- und überkritischen Drehzahlbereich sowie der Hauptresonanz [WECK75]. Die entsprechenden Berechnungsgrundlagen wurden später in die Normberechnung der DIN 3990-1:1987-12 überführt und bilden die Grundlage zur Berechnung des K_V-Faktors der ISO 6336-1:2019-11 [DIN87, ISO19c].

GOLD analysiert die Verzahnungssteifigkeit und untersucht den Einfluss dieser auf die Getriebedynamik. Die Eigenfrequenzen von mehrstufigen Getrieben müssen mithilfe eines räumlichen Rechenmodells bestimmt werden. Nur in Ausnahmefällen, z.B. bei geringen Steifigkeiten der Antriebselemente, kann die erste Eigenfrequenz in einem Drehschwingungsmodell ermittelt werden. Die Ergebnisse konnten durch Messungen der radialen und tangentialen Schwingungen der Getriebewellen bestätigt werden. [GOLD79]

GERBER untersucht die inneren dynamischen Zusatzlasten und die Verzahnungsdämpfung. Eine teilweise Tilgung der Schwingungsenergie ist durch die Dämpfung im Antriebsstrang bedingt. Dabei spielen Lagerreibung, Strömungswiderstände und die Dämpfung im Zahnkontakt eine Rolle. Die Dämpfung im Zahnkontakt wird durch die vorliegenden elasto-hydrodynamischen Bedingungen bestimmt und ist stark von den Schmierfilmeigenschaften abhängig. Für konventionelle Schmiedestähle ist die Werkstoffdämpfung gegenüber der Schmierstoffdämpfung vernachlässigbar. In diesem Fall sind Eingriffsgeometrie, Geschwindigkeitsverhältnisse und Schmierstoffviskosität die Haupteinflussgrößen. [GERB84]

EBERHARD UND ZIEGLER entwickeln zur rechnerischen Untersuchung von hochdynamischen Kontaktvorgängen in Rädertrieben ein FEM-Rechenmodell, das die Betrachtung von Stoßvorgängen zulässt, jedoch höhere Rechenzeiten als eine quasistatische Zahnkontaktanalyse benötigt [EBER11]. Das Programmsystem DZP (Dynamische Zahnkräfte Programm) ermöglicht die Berechnung der dynamischen Lastverteilung einer einzelnen Stufe unter Berücksichtigung von mehrdimensionalen Rotations- und Translationsfreiheitsgraden [GEIS02, HEID12]. Die Berechnung der Zahneingriffssteifigkeit beruht in diesem Fall auf analytischen Ansätzen.

BAUD ET AL. nutzen einen elektrischen Verspannungsprüfstand zur Untersuchung der dynamischen Zusatzlasten. Das aufgebaute Simulationsprogramm zur Berechnung der dynamischen Zusatzlasten wird erfolgreich validiert. Der Vergleich der Simulations- und Messergebnisse zeigt, dass zur korrekten Berechnung der dynamischen Zahnfußspannung ein detailliertes Modell unter Berücksichtigung aller Freiheitsgerade notwendig ist. [BAUD02]

FRÜH baut ein Modell zur Abbildung der Verzahnungsanregung in der Mehrkörpersimulation auf und integriert dieses in ein MKS-Modell. Die Methode wird anhand von experimentellen Untersuchungen an einem Getriebeprüfstand validiert. Die Ergebnisse zeigen, dass zur korrekten Bestimmung der Resonanzstellen die detaillierte Abbildung des Zahnkontakts unter Berücksichtigung von Verlagerungen und Verformungen notwendig ist. [FRÜH08]

BRECHER ET AL. entwickeln eine Methode zur Durchdringungsrechnung gekrümmter Zahnflanken, deren Recheneffizienz eine Anwendung innerhalb der Mehrkörpersimulation zulässt. Die Methode ermöglicht die Berücksichtigung des Einflusses verlagerter Zahnräder auf das Anregungsverhalten in der Mehrkörpersimulation. Anhand einer validierten FE-basierten Zahnkontaktanalyse wird die Methode in der Quasistatik erfolgreich verifiziert. Die Anwendung der Methode zeigt, dass fertigungs- und lastbedingte Verlagerungen für die korrekte Abbildung des Anregungsverhaltens berücksichtigt werden müssen. [BREC19]

DAI ET AL betrachten die Zahnfußspannung von Geradverzahnungen im quasistatischen und dynamischen Betriebsfall. Die experimentell ermittelten Zahnfußspannungen der Zug- und Druckseite stimmen mit den Berechnungsergebnissen des aufgebauten FE-basierten Verzahnungsmodells überein. Die Positionierung der Dehnungsmessstreifen (DMS) im Zahnfuß sowie der Zahnfußrundungsradius beeinflussen signifikant die gemessene quasistatische Zahnfußspannung. Es wird darauf hingewiesen, dass der dynamische Drehfehler im Betrieb aufgrund der Phasenverschiebung des Drehfehlers über die Resonanzstellen nicht direkt mit der dynamischen Zahnfußspannung korreliert. [DAI16]

HOTAIT ET AL untersuchen den Zusammenhang des Drehfehlers im Betrieb und der dynamischen Zahnfußspannung bzw. der relativen dynamischen Zusatzlast. Hierzu wird ein Prüfstand zur Messung des Drehfehlers und der Zahnfußspannung unter Last bei Drehzahlen bis $n_1 = 4.000\ min^{-1}$ aufgebaut. Die Ergebnisse zeigen einen linearen Zusammenhang zwischen dem dynamischen Drehfehler und der gemessenen dynamischen Zusatzbeanspruchung im Zahnfuß. [HOTA13]

OSMAN und VELEX analysieren den Einfluss dynamischer Zusatzlasten auf die Grübchentragfähigkeit von Geradverzahnungen. Die Drehzahl und damit die Höhe der dynamischen Last sowie die lokale Aufprägung auf die Zahnflanke haben einen signifikanten Einfluss auf die resultierende Grübchentragfähigkeit. [OSMA10]

Zusammenfassend kann festgestellt werden, dass zur exakten Quantifizierung der dynamischen Zusatzlasten im Betrieb alle sechs Freiheitsgrade sowie alle relevanten Nachgiebigkeiten (Wellen, Kupplungen, Lager, Gehäuse) berücksichtigt werden müssen. Mithilfe heutiger Mehrkörpersimulationen können die dynamischen Zusatzlasten im Betrieb in Abhängigkeit der Drehzahl detailliert berechnet werden. In Abhängigkeit von der gewählten Diskretisierung des Antriebsstrangs ist entweder die Berechnung der maximalen dynamischen Zusatzlast oder des Verlaufs der dynamischen Zusatzlast über einen Zahneingriff möglich. Weiterhin ist es ebenfalls möglich, den Einfluss von

Modifikationen und Abweichungen der Verzahnung zu berücksichtigen. Die rechnerische Bestimmung des Verlaufs der dynamischen Zusatzlast für einen Zahneingriff ermöglicht die Überführung der Zusatzlast in eine dynamische Zahnfußspannung. Dies ist bisher nicht erfolgt. Mithilfe einer validierten Methode zur Berechnung der dynamischen Zahnfußspannung wäre es möglich, den Einfluss der Dynamik direkt bei der Berechnung des Beanspruchungsverlaufs zu berücksichtigen.

2.3 Prüfkonzepte zur Untersuchung der Zahnfußtragfähigkeit

Test Concepts for the Investigation of the Tooth Root Bending Strength

Eine zentrale Herausforderung bei der Untersuchung der Zahnradtragfähigkeit sind die unterschiedlichen Schadensmechanismen und –formen, mit denen Zahnräder im Betrieb ausfallen können. Die kritische und damit zuerst eintretende Schadensform stellt sich in Abhängigkeit von verschiedenen Einflussgrößen ein, wie z.B. der Verzahnungsgeometrie, der Oberflächenbeschaffenheit, der Belastung oder dem Schmierstoff [NIEM03, KLOC17]. Daraus folgt, dass nicht alle Schadensformen mit derselben Verzahnungsgeometrie im realen Betrieb untersucht werden können [NIEM03, KLOC17].

Angelehnt an DIN 50322:1986-3 können Tragfähigkeitsversuche an Zahnrädern anhand ihrer Vereinfachung im Vergleich zur realen Anwendung kategorisiert werden [DIN86]. Während Betriebs- und betriebsähnliche Versuche ein gesamtes System oder unveränderte Komponenten dieses Systems, z.B. ein Zahnradgetriebe, betrachten, werden bei Versuchen mit Modellsystemen unveränderte und ähnliche Bauteile der Unterkomponenten untersucht, z.B. Zahnräder oder vereinfachte Probenkörper. Betriebsversuche haben den Vorteil, dass sie das finale Gesamtsystem betrachten und die Ergebnisse der Prüfung direkt in die Praxis überführt werden können. Dementgegen stehen die hohen Personal- und Sachkosten der Prüfung. Außerdem erschweren die häufig komplexen Systeme die Variation und Optimierung einzelner Parameter des Gesamtsystems. [DIN86]

Zur Untersuchung von systematischen Einflüssen auf die Zahnradtragfähigkeit werden daher in der Regel Modellversuche verwendet. Das Ziel von Modellversuchen ist es, die äußeren Einflussgrößen möglichst konstant zu halten, um den Effekt gezielt veränderter Parameter auf die Zahnradtragfähigkeit bestimmen zu können. [DIN86, NIEM03, KLOC17]. Die Modellversuche zur Untersuchung der Zahnradtragfähigkeit werden in Lauf- und Analogieversuche unterteilt [NIEM03, KLOC17]. Im Folgenden werden diese beiden Kategorien im Hinblick auf die Bestimmung der Zahnfußtragfähigkeit vorgestellt und ihre jeweiligen Vor- und Nachteile diskutiert.

2.3.1 Laufversuch

Running Test

Die Untersuchung im Laufversuch erfolgt in der Regel auf einem Zahnradverspannungsprüfstand [NIEM03, KLOC17]. In diesem Prüfstandskonzept werden zwei Getriebestufen mit identischer Übersetzung gegeneinander verspannt, siehe **Bild 2-7**

[NIEM03, ISO06, KLOC17, JOOP18, CIUL19]. Im Prüfgetriebe (6) werden die zu untersuchenden Verzahnungen verbaut und über Wellen mit dem Übertragungsgetriebe (2) verbunden. Die Verzahnungen im Übertragungsgetriebe sind hierbei mit einer höheren Tragfähigkeit als das Prüfgetriebe ausgelegt. Durch Verdrehung der Verspannkupplung (4) wird ein Drehmoment in den Verspannungskreislauf eingebracht. Der Antriebsmotor (1) bringt im Betrieb nur die Reibungsverluste in Lagern, Verzahnungen und Dichtungen auf. Dadurch kann die Verspannleistung bis zu 20-mal höher als die Antriebsleistung sein [CIUL19]. Verspannungsprüfstände haben sich insbesondere zur Untersuchung und Klassifizierung von Schmierstoffen etabliert und ermöglichen eine effiziente Untersuchung der Zahnradtragfähigkeit [ISO06]. Nach FVA-Merkblatt Nr. 563 I „Empfehlungen zur Vereinheitlichung von Tragfähigkeitsversuchen" werden die festen Achsabstände a = 91,5; 112,5; 125; 140 und 200 mm und eine Drehzahl von $n_1 = 3.000\ min^{-1}$ vorgeschlagen [NIEM03, STAH12]. Aus den diskreten Achsabständen folgt, dass in Abhängigkeit von der zu untersuchenden Schadensart eine individuelle Verzahnungsgeometrie verwendet werden muss.

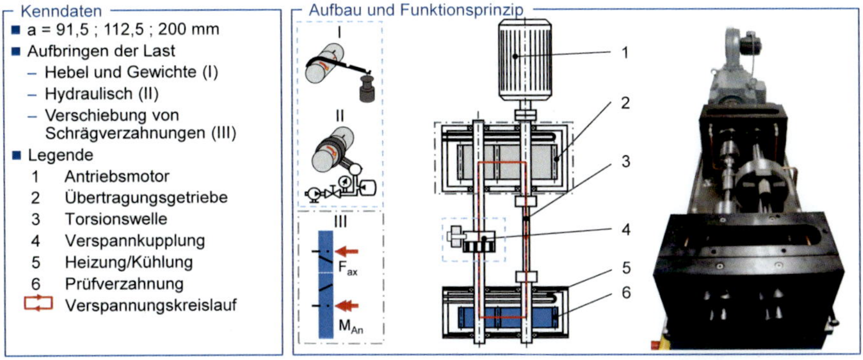

Bild 2-7: Laufversuch zur Untersuchung der Zahnradtragfähigkeit [KLOC17]
Running Test for the Investigation of the Gear Load Capacity

Das Drehmoment im Verspannungskreislauf kann einerseits, wie in Bild 2-7 dargestellt, durch die Verdrehung der Kupplungshälften mittels Hebel und Gewichten erfolgen [ISO06, KLOC17]. Dieses Vorgehen bietet den Vorteil eines sehr einfachen Aufbaus und Betriebs, allerdings kann das Drehmoment nur im Stillstand aufgebracht und verändert werden. Weiterhin kann das Drehmoment durch hydraulische Verspannmotoren erzeugt werden. Diese bieten den Vorteil, dass das Drehmoment im Betrieb verändert und auf diese Weise Lastkollektivtests durchgeführt werden können [KLOC17, JOOP18]. Ein Nachteil von hydraulischen Verspannmotoren ist die begrenzte Betriebsdrehzahl, die aus den großen Außendurchmessern und den Auswirkungen der Fliehkräfte auf die hydraulischen Komponenten resultiert [JOOP18]. Die Entwicklung von Hochdrehzahl-Verspannungsprüfständen hat zur Verwendung von Schrägverzahnungen im Übertragungsgetriebe für die Drehmomenterzeugung geführt [JOOP18, CIUL19, TRIP21, ZALF22]. Das Konzept kehrt das Reaktionsprinzip von Schrägverzahnungen um. Das Drehmoment wird durch das Aufbringen einer Axialkraft auf eine

Schrägverzahnung im Verspannungskreislauf erzeugt. Die Vorteile dieses Konzeptes liegen in der dynamischen Drehmomentregelung im Betrieb und der Tatsache, dass keine zusätzlichen Komponenten im Leistungskreislauf eingesetzt werden. Daher ist das Verspannungskonzept insbesondere für hohe Drehzahlen geeignet, da durch die geringe axiale Baugröße die Torsionssteifigkeiten und Eigenfrequenzen erhöht werden [JOOP18, CIUL19, TRIP21, ZALF22]. Nachteilig wirken sich die Axialkräfte der Schrägverzahnung aus, die bei der Konstruktion des Prüfstands berücksichtigt werden müssen.

Neben den standardisierten Verspannungsprüfständen mit zwei Wellen existieren auch Prüfstände mit drei Wellen und variablem Achsabstand [KLOC17]. Diese Prüfstände gleichen im Grundsatz den Zwei-Wellen-Verspannungsprüfständen, jedoch wird die rechte Welle in Bild 2-7 auf die linke Seite gespiegelt. Dadurch ergeben sich am Prüfritzel in der Mitte zwei identische Zahneingriffe. Dieses Prinzip bietet neben der Halbierung der notwendigen Prüfzeit den Vorteil, dass die Radial- und Tangentialkräfte am Prüfritzel kompensiert werden. [KLOC17]

Für die Untersuchung des Ermüdungsverhaltens im VHCF-Bereich müssen Lastspielzahlen von $10^7 < N_G < 10^8$ erreicht werden. Bei einer Drehzahl von $n_1 = 3.000\ min^{-1}$ resultieren hieraus Versuchszeiten von ca. zwei bis zu 23 Tagen je Versuch. Insbesondere bei großen Lastspielzahlen ist so keine effiziente Tragfähigkeitsuntersuchung möglich. Eine Steigerung der Betriebsdrehzahl bestehender Prüfstände ist unter anderem aus den oben genannten Gründen (Biegeeigenfrequenzen der Wellen, Unwuchten der Kupplungen, Lagerung) nicht ohne Weiteres möglich. Die Erhöhung der Betriebsdrehzahl wirkt sich darüber hinaus direkt auf die Verlust- bzw. Antriebsleistung aus. Bei einem Prüfstand mit einem Maximaldrehmoment von $M_{Max} = 700$ Nm und einer Drehzahl von $n_1 = 3.000\ min^{-1}$ ergibt sich eine Verspannungsleistung von $P_{Verspannung} = 220$ kW. Unter Annahme eines Verlustgrades von $\eta_{Verlust} = 5$ % resultiert eine Verlustleistung von $P_{Verlust} = 11$ kW. Diese muss durch den Antriebsmotor aufgebracht und durch die Maschinenkühlung abgeführt werden. Bei einer Steigerung der Drehzahl um den Faktor 5 auf $n_1 = 15.000\ min^{-1}$ steigt die Verlustleistung auf $P_{Verlust} = 55$ kW an. Der Betrieb eines solchen Prüfstands innerhalb der bestehenden Infrastruktur (Kühl- und Antriebsleistung) wäre nicht möglich. Dementsprechend ist neben der Entwicklung eines Hochdrehzahl-Verspannungsprüfstands auch die Auslegung einer geeigneten Prüfverzahnung notwendig, die innerhalb der gegebenen Grenzen mit der gewünschten Schadensart ausfällt [TRIP21].

2.3.2 Analogieversuch

Analogy Test

Neben dem Laufversuch existiert der Pulsatorversuch als Analogieversuch zur Untersuchung der Zahnfußtragfähigkeit von Verzahnungen. Primäres Ziel von Analogieversuchen ist die Vereinfachung des Versuchsaufbaus, um die Untersuchungskosten und die Einflussfaktoren zu reduzieren. Im Pulsatorversuch wird nur eine Verzahnung und kein Radpaar geprüft, siehe **Bild 2-8**. Zur Versuchsdurchführung ist darüber hinaus kein Schmierstoff notwendig und es können mehrere Versuche mit einem Zahnrad durchgeführt werden. Im Versuch wird eine definierte Anzahl von Zähnen zwischen zwei planparallelen Backen eingespannt, analog zur Messung der Zahnweite. Die Belastung der Zahnflanke erfolgt durch die Aufbringung einer Zahnnormalkraft. Aufgrund des Erzeugungsprinzips einer Evolventenverzahnung tangiert die Kraftwirkungslinie im Pulsatorversuch, genau wie in der späteren Anwendung, den Grundkreis. [KLOC17]

Die Hauptunterschiede zwischen Lauf- und Pulsatorversuch sind in Bild 2-8 dargestellt. Im Gegensatz zum Laufversuch ist die Beanspruchung im Pulsatorversuch nicht rein schwellend, da zur kraftschlüssigen Einspannung des Prüfrades zwischen den Pulsatorbacken eine Unterlast notwendig ist. Weiterhin treten im Laufversuch zwischen zwei Eingriffen eines Zahns Belastungspausen auf, wohingegen das eingespannte Zahnpaar im Pulsatorversuch kontinuierlich belastet wird. Die Prüffrequenz im Pulsatorversuch muss daher wesentlich höher gewählt werden als die Drehfrequenz im Laufversuch, um eine ähnliche Eingriffs- bzw. Belastungszeit des Zahns zu erreichen. Der größte Unterschied zwischen den beiden Prüfstandskonzepten ist die Anzahl der geprüften Zähne in einem Versuch. Während im Laufversuch alle Zähne eines Zahnrads belastet werden und der schwächste Zahn ausfällt, ist das geprüfte Zahnpaar im Pulsatorversuch vorgegeben [HÖHN99, KLOC17]. Die Zahnfußtragfähigkeit im Pulsatorversuch ist daher ca. 10 % höher als im Laufversuch mit der gleichen Verzahnung [HÖHN99]. In der Berechnung der Lebensdauerstatistik kann dieser Einfluss berücksichtigt werden [HÖHN99, ISO19a]. Dementgegen sind die Einflüsse der Dynamik auf die Zahnfußtragfähigkeit im Pulsatorversuch weitgehend eliminiert, da die tatsächlich auftretende Kraft während des Versuchs gemessen wird. Die maximale Frequenz der verfügbaren Prüfmaschinen zur Untersuchung von Verzahnungen beträgt derzeit ca. f = 400-500 Hz. Damit ergibt sich eine Prüfzeit von unter drei Tagen für eine Grenzlastspielzahl von $N_G = 10^8$ Lastwechsel. Somit eignet sich dieses Prüfkonzept sehr gut für die Untersuchung des Ermüdungsverhaltens im VHCF-Bereich.

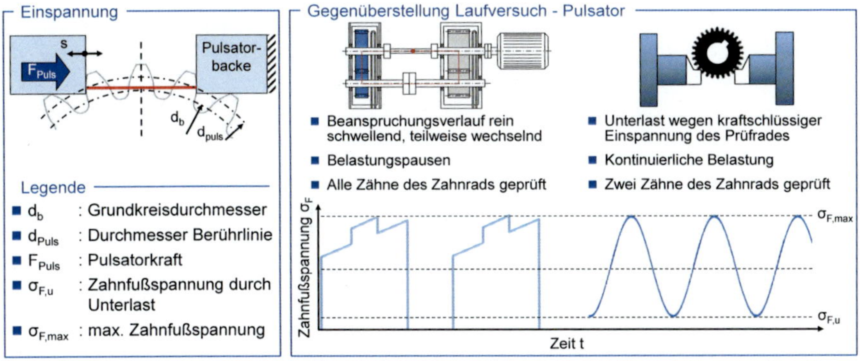

Bild 2-8: Analogieversuch zur Untersuchung der Zahnfußtragfähigkeit [KLOC17]

Analogy Test for the Investigation of the Tooth Root Bending Strength

Der oben beschriebene Pulsatorversuch ist ein in Forschung und Industrie etabliertes Konzept zur Untersuchung der Zahnfußtragfähigkeit. Eine Untersuchung der Zahnfußtragfähigkeit im Ultraschallbereich von f = 20 kHz ist mit den heute verfügbaren Prüfständen jedoch nicht möglich [TALL19, CAME23]. Daher gibt es Arbeiten zur Prüfung der Biegewechsellast anhand von scheibenförmigen Proben im Resonanzbetrieb [TALL19, CAME23]. Der Übergang der Scheibe zum zylinderförmigen Teil der Probe wird dabei in Form der Zahnfußrundung ausgeführt [CAME23]. Experimentelle Untersuchungsergebnisse und ein Vergleich mit Ergebnissen aus konventionellen Pulsator- oder Laufversuchen liegen bisher nicht vor.

2.4 Fazit zum Stand der Technik

Conclusion on the State of the Art

Die Beanspruchung im Zahnfuß und die Beanspruchbarkeit des Werkstoffs bestimmen die Zahnfußtragfähigkeit von Verzahnungen. Die Haupteinflussgrößen auf die Beanspruchung sind die Geometrie der Verzahnung sowie die Belastung unter Berücksichtigung der Dynamik und der Anwendung. Die Beanspruchbarkeit wird maßgeblich durch die statische und dynamische Festigkeit, die Reinheit und die Oberfläche bzw. Randschicht des Werkstoffs beeinflusst. Zur Ermittlung von Beanspruchung und Beanspruchbarkeit existieren normbasierte und höherwertige Berechnungsverfahren, welche die Einflüsse auf unterschiedliche Weise abbilden können. Die Beanspruchbarkeit des Werkstoffs ändert sich insbesondere im Very High Cycle Fatigue (VHCF) Bereich, da die Schadensart in der Regel von oberflächeninduziert zu sub-oberflächeninduziert wechselt. Damit geht einher, dass die Beanspruchbarkeit des Werkstoffs in der Dauerfestigkeit mit steigender Grenzlastspielzahl sinkt.

Neben der Grenzlastspielzahl hat auch die Belastungsgeschwindigkeit bzw. die Dehnrate einen Einfluss auf die Beanspruchbarkeit. Die Ergebnisse abgeschlossener Untersuchungen bestätigen einen signifikanten Einfluss der Dehnrate auf die Beanspruchbarkeit in der Zeit- und Dauerfestigkeit in Abhängigkeit des Werkstoffes und des Härtezustands von bis zu 10 % in Richtung der Beanspruchbarkeit. Der Einfluss erhöhter Dehnraten auf die Beanspruchbarkeit sinkt mit steigender Härte. Dementgegen wandert der Schadensort im VHCF-Bereich unter die Oberfläche in den Bereich reduzierter Härte bei einsatzgehärteten Bauteilen. Daraus folgt, dass ein Einfluss der Dehnrate auf die Zahnfußtragfähigkeit bei hohen Drehzahlen, z.B. in der Elektromobilität, zu erwarten ist. Die bisherigen Ergebnisse zum Einfluss der Dehnrate auf die Beanspruchbarkeit beschränken sich auf Vergütungsstähle unter Verwendung von Standardproben. Untersuchungsergebnisse an Zahnrädern sowie für zahnradrelevante Werkstoffe und Wärmebehandlungszustände existieren nicht.

Die Beanspruchung in Form der Zahnfußspannung wird im Betrieb maßgeblich durch innere und äußere Zusatzlasten beeinflusst. Normbasierte Berechnungsmethoden bilden die Einflüsse näherungsweise über Korrekturfaktoren ab. Die berechneten Zusatzlasten weichen bei komplexen Antriebssträngen aufgrund der Vereinfachungen für die Berechnung von der Realität ab [WINK75, ISO19c]. Eine Berechnung von lokalen zeitlichen Beanspruchungsverläufen im Zahnfuß bei normbasierten Verfahren ist nicht möglich. Höherwertige Berechnungsmethoden in Form von Zahnkontaktanalysen bilden die Makro- und Mikrogeometrie der Verzahnung detailliert ab. Da die Berechnung quasistatisch erfolgt, können jedoch nur lokale Beanspruchungsverläufe ohne dynamische Einflüsse berechnet werden. Methoden zur Abbildung des dynamischen Betriebsverhaltens, wie z.B. die Mehrkörpersimulation, ermöglichen die detaillierte Berechnung der inneren Zusatzlasten unter Berücksichtigung des gesamten Antriebsstrangs. Bisher ist keine Verknüpfung der Zahnkontaktanalyse mit der Mehrkörpersimulation erfolgt, um die Einflüsse der inneren Zusatzlasten bei der Berechnung des lokalen, zeitlichen Zahnfußbeanspruchungsverlaufs zu berücksichtigen. Weiterhin ist die Berechnung der Dehnrate im Zahnfuß derzeit nicht möglich, da die Überführung der quasistatischen Zahnkontaktanalyse in den Zeitbereich zur Berechnung der zeitlichen Änderung des Dehnungszustands fehlt. Aufgrund der fehlenden Berechnungsmöglichkeit ist eine Quantifizierung und Einordnung der Dehnraten im Zahnfuß von Verzahnungen in die Ergebnisse aus dem Stand der Technik nicht erfolgt.

Zur Quantifizierung des Dehnrateneinflusses ist die Bestimmung der Zahnfußtragfähigkeit bei hohen Dehnraten erforderlich. Die Tragfähigkeit von Verzahnungen wird üblicherweise im Modellversuch ermittelt, da in der finalen Applikation neben der Verzahnung weitere kritische Komponenten das Untersuchungsergebnis beeinflussen können. Die Modellversuche zur Untersuchung der Zahnfußtragfähigkeit unterteilen sich in den Lauf- und Pulsatorversuch. Die Ermittlung der Zahnfußtragfähigkeit im Laufversuch erfolgt in der Regel auf Verspannungsprüfständen. Das Prüfstandskonzept wurde und wird auch zur Ermittlung der Tragfähigkeit bei hohen Drehzahlen $n_1 > 10.000\ min^{-1}$ verwendet [JOOP18, CIUL19, TRIP21]. Die Verluste, die im Betrieb bei hohen Drehzahlen abgeführt werden müssen, stellen aufgrund ihrer Größe ein Problem dar. Daher sind Prüfstände im Bereich der bereits standardisierten Achsabstände von $90\ mm < a < 120\ mm$ sinnvoll, um die Verluste in einem beherrschbaren Rahmen zu halten. Die existierenden Prüfstände in diesem Achsabstandsbereich weisen maximale Betriebsdrehzahlen von $n_1 = 3.000\ min^{-1}$ auf und sind dementsprechend nicht für die Quantifizierung des Dehnrateneinflusses geeignet.

Aufgrund der geringen Kosten für die Versuchskörper und die Versuchsdurchführung wird in der Industrie der Pulsatorversuch zur Ermittlung der Beanspruchbarkeit im Zahnfuß verwendet. Bauartbedingt beträgt die maximale Prüffrequenz von Pulsatorprüfständen zur Untersuchung der Zahnfußtragfähigkeit maximal $f = 400\ Hz$. Dementgegen beträgt die Zahneingriffsfrequenz einer standardisierten FZG-C Verzahnung bei $n_1 = 3.000\ min^{-1}$ bereits $f_z = 800\ Hz$. Somit ist derzeit weder die Untersuchung von Belastungsfrequenzen konventioneller Zahnradanwendungen noch von zukünftigen, schnelllaufenden Getrieben auf Pulsatorprüfständen möglich.

Zusammenfassend ist festzuhalten, dass die fehlenden Berechnungsmethoden zur Bestimmung der Dehnrate im Zahnfuß eine Einordnung in den Stand der Technik verhindern. Darüber hinaus ist eine experimentelle Bestimmung des Dehnrateneinflusses an Zahnrädern nicht möglich, da die verfügbaren Prüfstände nicht zur Erreichung hoher Dehnraten im Zahnfuß geeignet sind.

3 Zielsetzung und Vorgehensweise

Objective and Approach

Die Beanspruchbarkeit eines Werkstoffs hängt signifikant von der Härte bzw. Festigkeit, dem Ermüdungsverhalten bei hohen Dehnraten und dem Gefügezustand ab. Die Haupteinflussfaktoren können mithilfe normbasierter Berechnungsmethoden berücksichtigt werden. Der Stand der Technik zeigt, dass die Dehnrate als Einflussfaktor auf die Beanspruchbarkeit bisher nur an Standardproben und nicht an Zahnrädern untersucht wurde. Ein Hauptdefizit der bestehenden Berechnungsmethoden für die Zahnradbeanspruchung ist, dass kein validiertes Vorgehen zur Berechnung der lokalen Dehnrate im Zahnfuß existiert. Daraus folgt, dass die Berechnung der Dehnrate in Abhängigkeit von der Drehzahl und die Einordnung in den Stand der Technik derzeit nicht möglich ist. Insbesondere in der Elektromobilität ist aufgrund der hohen Drehzahlen ein Einfluss der Dehnrate auf die Beanspruchbarkeit zu erwarten. Weiterhin fehlt ein Prüfstand für die Untersuchung der Zahnfußtragfähigkeit bei gesteigerten Dehnraten zur Quantifizierung des Dehnrateneinflusses bei Zahnrädern.

Das Ziel der Arbeit ist eine validierte Methode zur Berechnung der lokalen und zeitlichen Beanspruchung sowie der Dehnrate im Zahnfuß für hochdrehende Antriebsstränge. Zur Erreichung der Zielsetzung werden die folgenden Forschungsfragen betrachtet:

- **Frage 1:** Wie kann die dynamische Zusatzbelastung der Verzahnung im unter- und überkritischen Drehzahlbereich in der Zahnkontaktanalyse berücksichtigt und die Dehnraten im Betrieb berechnet werden?
- **Frage 2:** Welchen Einfluss haben höhere Dehnraten auf die Zahnfußtragfähigkeit im VHCF-Bereich?
- **Frage 3:** Wie können applikationsnahe Dehnraten von Verzahnungen im Analogieversuch zur Zahnfußtragfähigkeit realisiert werden?

Die Originalität der Methode besteht in der Überführung der Zahnkontaktanalyse in den Zeitbereich zur Berechnung der Dehnrate im Zahnfuß unter Berücksichtigung dynamischer Zusatzlasten und der Quantifizierung des Einflusses der Dehnrate auf die Zahnfußtragfähigkeit an einsatzgehärteten Zahnrädern. Die Dehnrate wird derzeit nicht in der Auslegung berücksichtigt. Ihre Bedeutung nimmt aber insbesondere bei Tragfähigkeitsuntersuchungen im VHCF-Bereich zu. Die wirtschaftlich-technische Bedeutung liegt im Aufbau eines Hochdrehzahl-Verspannungsprüfstands zur effizienten Untersuchung der Zahnfußtragfähigkeit im VHCF-Bereich sowie bei hohen Drehzahlen. Ausgehend von den Ergebnissen wird ein Konzept eines Analogieversuchs zur Realisierung von applikationsnahen Dehnraten entwickelt.

Das Kapitel 4 dient der Beantwortung der Forschungsfrage 1. Zur Abbildung der dynamischen Zahnfußspannung im Betrieb werden die in der Mehrkörpersimulation berechneten Zusatzlasten in die Zahnkontaktanalyse zurückgeführt. Weiterhin erfolgt die Überführung der quasistatischen Zahnkontaktanalyse in den Zeitbereich zur Berechnung der Dehnrate im Zahnfuß. Zur Validierung der Methode wird eine Prüfverzahnung mit Dehnungsmessstreifen im Zahnfuß ausgestattet und die Zahnfußspannung bei verschiedenen Drehzahlen gemessen. Die berechneten Zahnfußspannungen werden abschließend mit den experimentell ermittelten Zahnfußspannungen verglichen und die Methode validiert. Die Methode stellt die Grundlage für die Auslegung einer Prüfverzahnung zur Untersuchung des Dehnrateneinflusses dar.

Die Untersuchung des Dehnrateneinflusses auf die Zahnfußtragfähigkeit erfordert eine geeignete Prüfverzahnung sowie einen Prüfstand zur Erreichung hoher Dehnraten. Dazu wird in Kapitel 5 mithilfe der in Kapitel 4 entwickelten Methode eine Prüfverzahnung zur Untersuchung des Dehnrateneinflusses im Zahnfuß ausgelegt und ein geeigneter Hochdrehzahl-Verspannungsprüfstand für Drehzahlen bis n_1 = 12.000 min^{-1} konstruiert. Im Anschluss wird das Betriebsverhalten des Prüfstands anhand eines beispielhaften Versuchs analysiert. Anhand der Ergebnisse wird die Funktionsfähigkeit des Prüfstands hinsichtlich Drehzahl- und Drehmomentschwankungen im Betrieb und der Schadenserkennung mittels Körperschall bewertet.

Der in Kapitel 5 konstruierte Prüfstand wird nach dem Aufbau und der erfolgreichen Inbetriebnahme verwendet, um die Zahnfußtragfähigkeit bei erhöhten Dehnraten bei einer Drehzahl von n_1 = 12.000 min^{-1} zu ermitteln. Weiterhin wird ein 3-Wellen-Verspannungsprüfstand verwendet, um die Zahnfußtragfähigkeit bei n_1 = 3.000 min^{-1} zu bestimmen. Die Prüfstände und die Charakterisierung der Prüfverzahnungen werden in Kapitel 6 vorgestellt. Neben dem Einfluss der Dehnrate auf die Zahnfußtragfähigkeit wird der Einfluss der Oberflächenhärte auf die Dehnratenabhängigkeit anhand einer zusätzlichen Verzahnungsvariante untersucht. Die Ergebnisse der Versuche zur Zahnfußtragfähigkeit werden in Kapitel 6 dargestellt, miteinander verglichen und der Einfluss der Dehnrate auf die Zahnfußtragfähigkeit sowie der Einfluss der Oberflächenhärte auf die Dehnratenabhängigkeit analysiert.

Die Untersuchung des Dehnrateneinflusses auf die Zahnfußtragfähigkeit erfolgt anhand des Laufversuchs auf einem Verspannungsprüfstand, um eine möglichst hohe Abbildungsgüte zu erreichen und ein möglichst großes Volumen zu untersuchen. Für die effiziente und umfangreiche Untersuchung erhöhter Dehnraten auf die Zahnfußtragfähigkeit ist jedoch der Analogieversuch im Pulsatorprüfstand, der für Applikationen mit konventionellen Drehzahlen Stand der Technik ist, aufgrund der geringeren Kosten zu bevorzugen. Um reale Dehnraten mithilfe eines Pulsatorprüfstands abbilden zu können, werden im ersten Teil von Kapitel 7 die Anforderungen an das neue Prüfkonzept abgeleitet. Im Anschluss werden die bestehenden Prüfstandskonzepte hinsichtlich ihrer Eignung analysiert. Abschließend wird die Machbarkeit eines Pulsatorversuchs mit deutlich erhöhter Prüffrequenz zur Erreichung applikationsnaher Dehnraten im Zahnfuß bewertet. Neben der Untersuchung erhöhter Dehnraten ermöglicht ein solcher Prüfstand auch die zeiteffiziente Untersuchung der Zahnfußtragfähigkeit im VHCF-Bereich, z.B. für Luftfahrtanwendungen.

4 Ermittlung der dynamischen Zahnfußspannung

Determination of Dynamic Tooth Root Stresses

Der Stand der Technik zeigt, dass die drehzahlabhängige Dynamik einen signifikanten Einfluss auf die Beanspruchung im Zahnfuß hat. Für die Ermittlung der Beanspruchbarkeit im Zahnfuß bei unterschiedlichen Drehzahlen ist es dementsprechend erforderlich, die Zahnfußbeanspruchung unter Berücksichtigung der jeweiligen dynamischen Zusatzlast zu berechnen, um die Einflüsse der Dehnrate und der dynamischen Zusatzlasten voneinander zu trennen. Mehrkörpersimulationsmodelle bieten die Möglichkeit, die zeitlichen Belastungsverläufe unter Berücksichtigung des individuellen Schwingungsverhaltens eines Antriebsstrangs detailliert zu berechnen. Anhand der zeitlichen Belastungsverläufe kann die Zahnfußbeanspruchung berechnet werden. Eine Validierung der so berechneten lokalen und zeitlichen Zahnfußbeanspruchungen ist noch nicht erfolgt. Aufbauend auf der Berechnung der dynamischen Zahnfußspannung im Betrieb ist im Anschluss ein Vorgehen zur Bestimmung der Dehnrate im Zahnfuß zu erarbeiten, um die Dehnrate bei Verzahnungen in den Stand der Technik einordnen zu können.

Im Folgenden wird die Messung der dynamischen Zahnfußspannung im Betrieb auf einem Verspannungsprüfstand mithilfe von Dehnungsmessstreifen (DMS) vorgestellt. Der entsprechende Messaufbau wird anschließend in die Mehrkörpersimulation überführt. Durch die Integration der FE-basierten Zahnkontaktanalyse in die Mehrkörpersimulation ist die Berechnung der dynamischen Zahnfußspannung möglich. Die Ergebnisse werden mit den gemessenen Zahnfußspannungen verglichen und die Berechnungsmethode validiert. Abschließend wird ein Vorgehen zur Bestimmung der Dehnrate aus der berechneten dynamischen Zahnfußspannung entwickelt.

4.1 Messung der dynamischen Zahnfußspannung

Measurement of Dynamic Tooth Root Stresses in Operation

Die Messung der Zahnfußdehnung im Betrieb und die Umrechnung in die Zahnfußspannung erfolgt an der 30°-Tangente im Zahnfuß. Hierzu wurde eine Schrägverzahnung mit einer DMS-Kette ausgestattet und in einen Verspannungsprüfstand eingebaut. Im Folgenden werden die Prüfverzahnung, die Applikation der DMS-Kette, der Prüfaufbau und das Prüf- und Auswertevorgehen erläutert.

4.1.1 Prüfverzahnung und DMS-Applikation

Test Gear Set and Strain Gauge Application

Zur Untersuchung der Zahnfußspannung wurde die in **Bild 4-1** dargestellte Verzahnung mit einem Achsabstand von a = 112,5 mm verwendet. Diese wurde im Rahmen des IGF-Vorhabens 18085/N1 (FVA 718 I – Lokale Biegewechseltragfähigkeit) zur Messung der Zahnfußdehnung mittels DMS in der Quasistatik ausgelegt und gefertigt [BREC18]. Der große Normalmodul der Verzahnung von m_n = 6 mm und die Verzahnungsbreite von b = 25 mm ermöglichen die Applikation einer Messkette mit zehn

Messstellen im Zahnfuß. Somit ist es möglich, die Zahnfußdehnung an unterschiedlichen Breitenpositionen innerhalb eines Zahneingriffs zu erfassen. Die DMS-Kette wurde an der 30°-Tangente des Zahnfußes appliziert, da hier die Zahnfußspannung in der Regel ihr Maximum annimmt. Das Rad weist eine Kopfkürzung von $k{\cdot}m_n$ = -2,5 mm auf. Diese ist notwendig, um eine Beschädigung der DMS sowie der Verkabelung im Zahnfuß des Ritzels zu vermeiden. Die Ritzelflanke wurde mit einer Breitenballigkeit von $C_{\beta,1}$ = 3 µm modifiziert. Das Rad ist mit einer Profil- und Breitenballigkeit von $C_{\alpha,2}$ = 25 µm und $C_{\beta,2}$ = 32 µm ausgeführt. Die fertigungsbedingte Verschränkung beträgt C_{V2} = 165 µm. Die Kopfkürzung und Modifikationen am Rad führen zu einer reduzierten lastfreien Gesamtüberdeckung von ε_γ = 1,03. Bei einem Drehmoment von M_1 = 238 Nm steigt die Gesamtüberdeckung auf ε_γ = 1,24 an. Aufgrund der für eine Schrägverzahnung geringen Gesamtüberdeckung tritt ein ausgeprägtes Einzeleingriffsgebiet sowie eine verstärkte Schwingungsanregung im Betrieb auf. Als Vergleichsverzahnung wurde eine Geradverzahnung mit Zähnezahl $z_{1,2}$ = 28, Normalmodul m_n = 4 mm und Normaleingriffswinkel α_n = 18° verwendet. Die Gesamtüberdeckung der Vergleichsverzahnung beträgt ε_γ = 1,595.

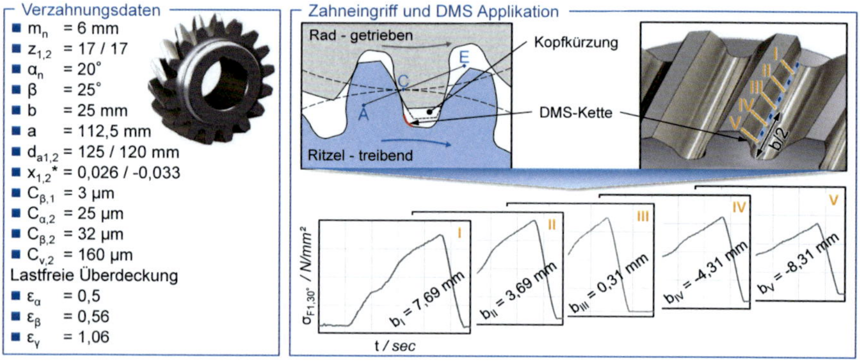

Bild 4-1: Verzahnungsgeometrie und DMS-Applikation
Test Gear Geometry and Strain Gauge Application

Die Übertragung der Messsignale erfolgte im Prüfstand mithilfe eines Schleifringübertragers. Da dessen Baugröße mit der Anzahl der Übertragungskanäle ansteigt, wurde die Anzahl der ausgewerteten Messstellen im Zahnfuß auf fünf begrenzt, siehe Bild 4-1. Die DMS-Kette wurde so appliziert, dass die dritte Messstelle in der Mitte der Verzahnung liegt. Die nach der Applikation gemessenen Breitenpositionen der einzelnen DMS sind in Bild 4-1 dargestellt. Die Belastung des Zahns im Eingriff beginnt an Messstelle I.

Sowohl das Ritzel mit der DMS-Kette im Zahnfuß als auch das Gegenrad wurden auf einer Verzahnungsmessmaschine hinsichtlich der tatsächlichen Geometrie überprüft. Die Messergebnisse sind in **Bild 4-2** dargestellt. Die Auswertung der Geometriegrößen erfolgt nach ISO 1328-1:2013-09 [ISO13]. Die Zieltoleranzklasse beträgt A5 für alle Geometriegrößen. Beim Ritzel mit der applizierten DMS-Kette überschreiten die

Abweichungsgrößen Profil-Form-, Profil-Winkel- und Profil-Gesamtabweichung den vorgegebenen Grenzwert und betragen maximal A7. Die Abweichungsgrößen der Flankenlinie betragen jeweils maximal A5. Die Zahnfußspannung über der Verzahnungsbreite wird primär durch Abweichungen entlang der Flankenlinie beeinflusst. Daher wird davon ausgegangen, dass die Abweichungen oberhalb des Grenzwertes von A5 in Profilrichtung keinen signifikanten Einfluss auf die Zahnfußspannung im Betrieb haben. Die Teilungs- und Rundlaufabweichungen des Ritzels liegen alle innerhalb der Grenze von A5. In den folgenden Berechnungen werden die in Bild 4-2 unten rechts dargestellten mittleren Abweichungen auf den Zahnflanken des Ritzels berücksichtigt.

Verzahnungsdaten

- m_n = 6 mm
- α_n = 20°
- β = 25°
- b_1 / b_2 = 25 / 25 mm
- z_1 / z_2 = 17 / 17
- x_1^* / x_2^* = 0,026 / -0,033
- a = 112,5 mm
- Messmaschine / Auswertung
  - Klingelnberg P16
  - ISO 1328-1:2013-09

Legende

- Mittelwert Ritzel
- Mittelwert Rad
- Grenzwert A5
- Min/Max-Wert

Messergebnisse

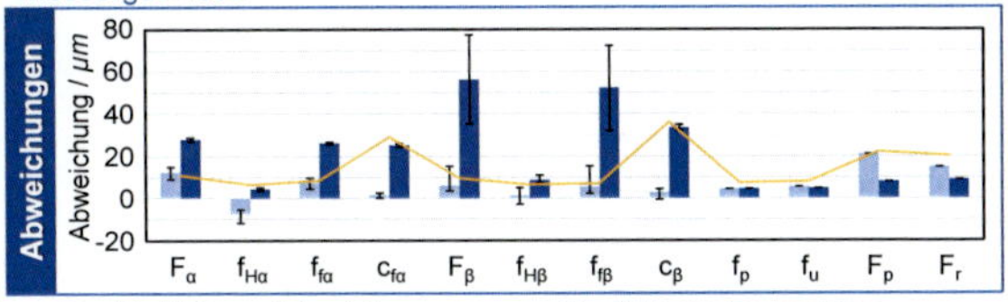

F_α: Profil-Gesamtabweichung
$f_{H\alpha}$: Profil-Winkelabweichung
$f_{f\alpha}$: Profil-Formabweichung
F_β: Flankenlinien-Gesamtabw.
$f_{H\beta}$: Flankenlinien-Winkelabw.
$f_{f\beta}$: Flankenlinien-Formabw.
f_p: Teilungs-Einzelabweichung
f_u: Teilungssprung
F_p: Teilungs-Gesamtabw.
F_r: Rundlaufabweichung

mittlere Abweichungen am Ritzel		
	Linke Flanke	Rechte Flanke
$f_{H\alpha,1}$	-8 µm	-7,1 µm
$f_{\alpha,1}$	1 µm	2,3 µm
$f_{\beta,1}$	1,6 µm	4,1 µm

Bild 4-2: Auswertung der Verzahnungsgeometrie
Evaluation of the Gear Quality

Die geometrischen Abweichungen der Zahnflanken am Gegenrad fallen insgesamt größer aus. Dies ist darauf zurückzuführen, dass die Breitenballigkeit am Gegenrad von $C_{\beta,2}$ = 32 µm eine große, prozessbedingte Verschränkung von $C_{v,2}$ = 165 µm zur Folge hat. Aufgrund der großen Abweichungen, die nicht ohne Weiteres durch Standardmodifikationen beschrieben werden können, wird bei Berechnungen im Folgenden die gemessene Flankentopografie am Gegenrad verwendet. Die Teilungs- und Rundlaufabweichungen des Gegenrades liegen wie beim Ritzel alle innerhalb der Grenze von A5.

4.1.2 Versuchsaufbau und Messmethodik

Experimental Setup and Measurement Methodology

Die Untersuchung der Zahnfußspannung im Betrieb erfolgte an einem Verspannungsprüfstand nach DIN ISO 14635-1:2006-05, siehe **Bild 4-3** links [DIN06]. Der Prüfstand besteht aus einem Prüf- und einem Vergleichsgetriebe, die über eine Drehmomentmesswelle und eine Verspannwelle mit Verspannkupplung miteinander verbunden sind. Durch Verdrehung der Verspannkupplung, zum Beispiel mithilfe eines Hebels und Gewichten, kann ein Drehmoment im eingezeichneten Verspannkreislauf erzeugt werden. Mit der Drehmomentmesswelle wird das eingebrachte Drehmoment gemessen. Der Motor bringt den Prüfstand auf eine definierte Drehzahl und muss dabei lediglich die Verluste der Verzahnungen, Lager und Dichtungen aufbringen.

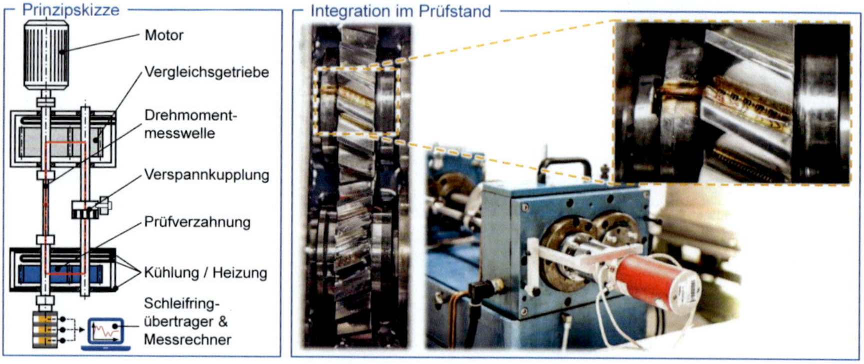

Bild 4-3: Prüfaufbau zur Messung der Zahnfußdehnung

Test Setup for the Measurement of the Tooth Root Strain

Im rechten Teil von Bild 4-3 ist die Integration der Prüfverzahnung in den Prüfstand dargestellt. Die Signalleitungen der DMS am Ritzel wurden über eine Hohlwelle aus dem Prüfgetriebe herausgeführt. Durch eine Abdichtung der Bohrung konnte das Getriebe mit einer Tauchschmierung betrieben werden. Es wurde das Öl Renolin CLP 220 mit einer kinematischen Viskosität von $v = 220$ mm²/s bei $T = 40$ °C verwendet. Die hohe Viskosität beugt einer möglichen Grübchen- bzw. Graufleckenbildung bei geringen Drehzahlen und hohen Lasten vor. Am Ende der Ritzelwelle wurde der Schleifringübertrager angeflanscht. Die maximale Drehzahl des Schleifringübertragers und damit des gesamten Prüfaufbaus ist auf $n_1 = 2.000$ min^{-1} beschränkt. Für die Messung der Zahnfußspannung im Betrieb wurde der Prüfstand auf ein definiertes Drehmoment verspannt, das Drehmoment mittels Drehmomentmesswelle kontrolliert und die Zahnfußspannung bei verschiedenen, konstanten Drehzahlstufen aufgezeichnet.

4.1.3 Auswertung der Messergebnisse

Evaluation of the Measurement Results

Die Messung der Zahnfußdehnung mittels DMS erfolgte mit der Wheatstonesche Messbrücke. Jeder DMS im Zahnfuß wurde mit einem Ergänzungswiderstand auf der Ritzelwelle zu einer Halbbrücke ergänzt, siehe **Bild 4-4**. Die Spannung über dem Ergänzungs- und DMS-Widerstand wurde über den Schleifringübertrager für jede Messstelle übertragen. Bei fünf Messstellen und drei Signalleitungen je DMS sind insgesamt 15 Kanäle zur Übertragung notwendig. Die Spannungssignale wurden mithilfe der Software LabVIEW von National Instruments aufgezeichnet und intern zu einer Vollbrücke ergänzt. Anhand der Widerstandsänderung und des Proportionalitätsfaktors der DMS-Kette wurde die Dehnung der DMS berechnet. Je Zeitschritt wurde so die Dehnung für die betrachteten Breitenpositionen ermittelt.

In einem nachgelagerten Schritt wurden die gemessenen Zahnfußdehnungsverläufe anhand des Hookschen Gesetzes in Zahnfußspannungsverläufe umgerechnet. Da die Berechnungsmethoden der quasistatischen Zahnkontaktanalyse sowie der Verzahnungsmodule in der Mehrkörpersimulation die Zahnfußspannung über dem Wälzwinkel auswerten, ist für den Abgleich zwischen Berechnung und Messung die Überführung der Messdaten in den Wegbereich notwendig. Hierzu wurden die Zeitschritte der Messung anhand der in Bild 4-4 gezeigten Formel in Wälzwinkel umgerechnet. Nach der Umrechnung liegt die Zahnfußspannung über dem Wälzwinkel für die betrachteten Breitenpositionen vor und kann mit den Ergebnissen der unterschiedlichen Berechnungsmethoden verglichen werden.

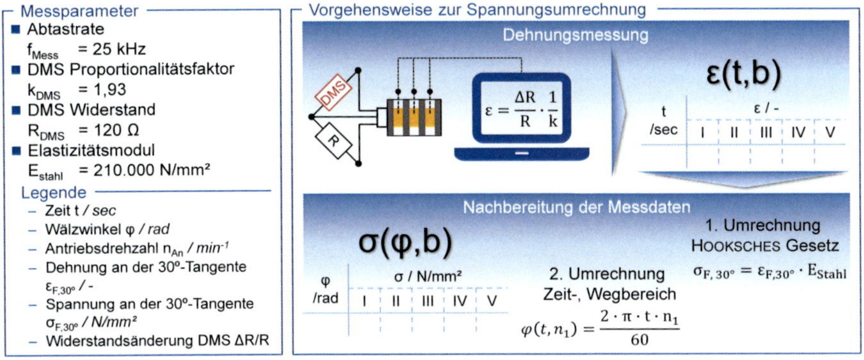

Bild 4-4: Umrechnung der gemessenen Zahnfußdehnung

Conversion of the Measured Tooth Root Strain

4.2 Methode zur Berechnung der dynamischen Zahnfußspannung

Method for the Calculation of the Tooth Root Stress

Der in Kapitel 4.1 vorgestellte Prüfstand und die verwendete Prüfverzahnung werden in der Mehrkörpersimulation SIMPACK abgebildet. Im Folgenden werden die Topologie bzw. der Modellaufbau und Berechnungsablauf des Simulationsmodells beschrieben, die Bestimmung zentraler Koppelparameter vorgestellt und die Berechnungsergebnisse anhand des Tragbildes unter Last verifiziert. Abschließend wird der Einfluss von veränderten Koppelsteifigkeiten und -dämpfungen auf die dynamische Zahnfußspannung bewertet.

4.2.1 Überführung des Prüfstands in die Mehrkörpersimulation

Transfer of the Test Rig to the Multi Body Simulation

Die Überführung in die Mehrkörpersimulation (MKS) erfordert die Vereinfachung des Prüfstands. In der MKS werden ausschließlich rotierende Teile des Antriebsstrangs abgebildet. Die Wellen und Kupplungen des Antriebsstrangs werden als linear-elastische Körper mit ihren Eigenmoden modelliert. Die größte im MKS-Modell berücksichtigte Eigenfrequenz beträgt f_e = 17.566 Hz. Die Zahneingriffsfrequenz der Prüfverzahnung beträgt f_z = 566,67 Hz bei der maximalen Drehzahl des Prüfaufbaus von n_1 = 2.000 min^{-1}. Dementsprechend kann der Einfluss der Höherharmonischen der Zahneingriffsfrequenz auf das Schwingungsverhalten des Prüfstands im betrachteten

Betriebsbereich bewertet werden. Die Prüf- und Vergleichsverzahnungen werden als starre Körper eingefügt. Das dynamische Anregungs- und Schwingungsverhalten der Zahnräder wird über die WZLGEARFORCE6D User Force modelliert, siehe **Bild 4-5** [BREC19]. Die Funktionsweise der User Force wird im folgenden Kapitel detailliert dargestellt.

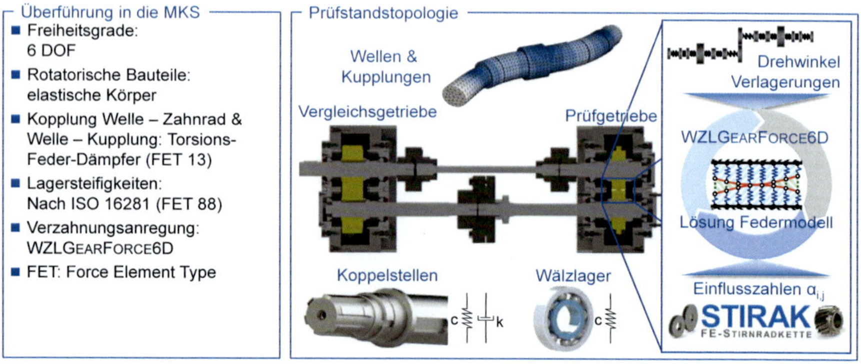

Bild 4-5: Überführung des Prüfstands in die Mehrkörpersimulation
Transfer of the Test rig to the Multi Body Simulation

Die Kopplung zwischen Zahnrädern und Wellen sowie den Wellen und Kupplungen untereinander erfolgt mit einem Freiheitsgrad in Rotationsrichtung sowie der Vorgabe eines Torsions-Feder-Dämpfer-Elements (SIMPACK Force Element Type 13). Die Wellen werden mit sechs Freiheitsgraden modelliert, wobei keine Freiheitsgrade gesperrt sind und damit das Deformationsverhalten nicht eingeschränkt wird. Die Fesselung im Raum erfolgt anhand der Lagerstellen. Die Lagersteifigkeit wird anhand der Geometriedaten der Lager in SIMPACK nach ISO/TS 16281:2008-06 berechnet (SIMPACK Force Element Type 88) [ISO08]. Die Lagerdämpfung wird nicht berücksichtigt, da diese im Vergleich zur Verzahnungsdämpfung vernachlässigbar ist. Die Lastaufbringung erfolgt durch die Verdrehung der beiden Kupplungshälften analog zum realen Prüfstand. Der Verdrehwinkel wird dabei iterativ angepasst, bis sich das gewünschte Drehmoment im Verspannkreislauf einstellt. Die Betriebsdrehzahl wird durch die Aufprägung eines externen Drehmoments mit definierter Drehzahl vorgegeben. Das externe Drehmoment wurde ebenfalls iterativ angepasst, um die gewünschte Betriebsdrehzahl zu erreichen.

4.2.2 Simpack User Force WZLGearForce6D

Simpack User Force WZLGearForce6D

Bei quasistatischen Zahnkontaktanalysen wird mithilfe der FEM das Verformungsverhalten der Verzahnung berechnet und über Einflusszahlen beschrieben. Im mathematischen Federmodell nach NEUPERT bilden die Einflusszahlen zusammen mit den Berührpunktkräften, den Kontaktabständen und der Starrkörperverschiebung ein lineares Gleichungssystem. Der Lösungsalgorithmus liefert im quasistatischen Fall unter Vorgabe des Drehmoments bzw. der Berührpunktkräfte die Starrkörperverschiebung, siehe **Bild 4-6** links. [BREC19]

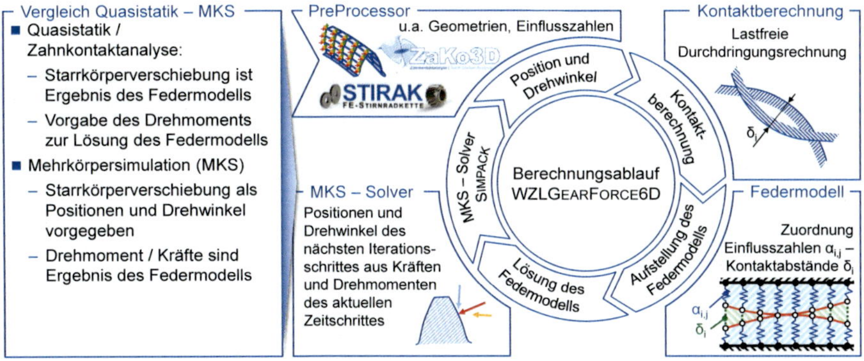

Bild 4-6: Berechnungsablauf WZLGEARFORCE6D [BREC19]

Calculation Approach WZLGEARFORCE6D

Im Gegensatz dazu sind bei der Berechnung in der MKS die Positionen und Drehwinkel der Verzahnungen im aktuellen Zeitschritt das Ergebnis des MKS-Solvers. Dementsprechend ist die Starrkörperverschiebung über die theoretische Durchdringung der Zahnflanken im Kontakt definiert und es werden die Drehmomente und Kräfte am Zahnrad für die Lösung des nächsten Zeitschrittes in der MKS benötigt. Zur Erfüllung der genannten Anforderungen wurde die dynamische Zahnkontaktanalyse WZLGEARFORCE6D von BRECHER ET. AL. entwickelt und als FORTRAN User Force in SIMPACK integriert [BREC19]. Die Berechnungsmethode verwendet die vom MKS-Solver berechneten Positionen und Drehwinkel zur vollständigen Definition der Kontaktbedingungen und ist in mehrere Berechnungsschritte unterteilt, siehe Bild 4-6 rechts. Die Verzahnungsgeometrie und die Einflusszahlen zur Beschreibung des Verformungsverhalten werden mithilfe der FE-STIRNRADKETTE berechnet. Auf Grundlage der Kontaktbedingungen aus der MKS wird für die potenziellen Berührpunkte eine Durchdringungsrechnung durchgeführt. Mithilfe der vorab berechneten Einflusszahlen und den Durchdringungen werden das Federmodell iterativ gelöst und die Kontaktkräfte auf die Zahnradmittelpunkte umgerechnet. Diese Kräfte und Drehmomente werden abschließend an den MKS-Solver zur Lösung des nächstens Zeitschrittes übergeben. [BREC19]

4.2.3 Parametrierung der Koppelelemente

Parameterization of the Coupling Elements

Die Parameter der Kopplungsstellen im Simulationsmodell der MKS bestimmen zusammen mit der Verzahnungsanregung das Schwingungsverhalten über der Drehzahl. Dementsprechend müssen die Koppelparameter möglichst genau bestimmt werden, um das reale Schwingungsverhalten in der Berechnung abzubilden. Die Bestimmung des Steifigkeitsverhalten der Verzahnungen erfolgt über die in Kapitel 4.2.2 vorgestellte SIMPACK User Force WZLGEARFORCE6D. Das Berechnungsvorgehen wurde von BRECHER ET. AL anhand von validierten Zahnkontaktanalysen im quasistatischen Bereich verifiziert und bildet das reale Anregungsverhalten der Verzahnung ab

[BREC19]. Die Dämpfung im Zahneingriff kann nach GERBER mit **Formel (4-1)** angenähert werden [GERB84]. Die Annäherung ist für Achsabstände von 50 mm < a < 250 mm und Umfangsgeschwindigkeiten von 15 m/s < v_t < 50 m/s anwendbar.

$$k_{ZE} = b \cdot 4{,}5 \cdot 10^{-6} \cdot (a-23)^{1{,}55} \cdot (\eta + 39)^{0{,}27} \cdot (v_t - 5)^{0{,}53} \quad \textbf{(4-1)}$$

Mit der verwendeten Prüfverzahnung und der maximalen Drehzahl ergibt sich eine maximale Umfangsgeschwindigkeit von $v_{t.max}$ = 11,79 m/s. Nach CARL ist eine lineare Interpolation der Berechnung für Umfangsgeschwindigkeiten v_t < 15 m/s möglich [CARL14]. Die mittlere Dämpfungskonstante der Verzahnung für das verwendete Öl mit einer dynamischen Viskosität von $\eta_{Öl}$ = 196,24 mPas bei einer Öltemperatur von $T_{Öl}$ = 40 °C, einem Achsabstand a = 112,5 mm, einer Verzahnungsbreite b = 25 mm und einer Umfangsgeschwindigkeit von v_t = 15 m/s beträgt k_{ZE} = 1.765 Ns/m. In **Tabelle 4-1** sind die interpolierten Werte der Verzahnungsdämpfung für unterschiedliche Drehzahlen mit Umfangsgeschwindigkeiten v_t < 15 m/s aufgelistet. Bei der Auswertung ist der Einfluss der Verzahnungsdämpfung auf die dynamische Zahnfußspannung zu prüfen.

Tabelle 4-1: Interpolierte Dämpfungskonstanten der Prüfverzahnungen

Interpolated Damping Constants of the Test Gear

Drehzahl n_1 / min^{-1}	Umfangsgeschwindigkeit v_t / *m/s*	mittlere Dämpfungskonstante k_{ZE} / *Ns/m*
100	0,59	69,31
1.000	5,89	693,41
2.000	11,79	1.386,82

Weitere Kopplungsparameter sind die rotatorischen Steifigkeiten und Dämpfungen der Passfeder- und Keilwellenverbindungen im betrachteten Prüfstand. Die Verbindung der Zahnräder im Prüf- und Vergleichsgetriebe mit den entsprechenden Wellen erfolgt über Passfedern, wobei alle Verbindungen die gleiche Geometrie aufweisen. Daher wurden für alle Passfederverbindungen die gleichen Parameter verwendet. Die Verbindung zwischen den Wellen in Prüf- und Vergleichsgetriebe mit der Torsionswelle bzw. mit der Verspannungskupplung erfolgt über Keilwellenverbindungen. Alle Keilwellenverbindungen besitzen die gleiche Geometrie. Dementsprechend wurden für alle Keilwellenverbindungen die gleichen Kopplungsparameter verwendet. Da die rotatorischen Steifigkeiten der Passfeder- und Keilwellenverbindungen primär von der Geometrie abhängen, werden diese mithilfe einer Verformungssimulation im FEM-Programm ABAQUS bestimmt. Die Torsionssteifigkeit der Passfederverbindung beträgt $c_{Passfeder} = 1{,}24 \cdot 10^6$ Nm/rad und ist konstant über dem Drehmoment. Die Keilwellenverbindung hat eine Torsionssteifigkeit von $c_{Keilwelle} = 2{,}52 \cdot 10^6$ Nm/rad und zeigt ebenfalls keine Lastabhängigkeit. Die rotatorische Dämpfung der Passfeder- und Keilwellenverbindungen kann nicht rechnerisch, sondern nur in aufwendigen Experimenten bestimmt werden. Da dies für den vorliegenden Prüfstand nicht möglich ist, wurden die

Dämpfungswerte der Literatur entnommen. WALTON ET. AL. untersuchen das rotatorische Steifigkeits- und Dämpfungsverhalten von Steckverzahnungen [WALT94]. In Abhängigkeit von wirkenden Axial- und Querkräften verändert sich die rotatorische Dämpfung. Die verwendeten Dämpfungen liegen im Bereich von 10^2 Nms/rad < k_{KW} < 10^5 Nms/rad. Für den Modellaufbau wird ein Dämpfungswert von $k_{WNV} = 10^3$ Nms/rad für die Passfeder- und Keilwellenverbindungen angenommen. Der Einfluss variierender Dämpfungswerte in den Koppelstellen auf die dynamische Zahnfußspannung ist vor der Validierung der Methode zu prüfen.

4.2.4 Verifizierung des Berechnungsmodells anhand des Tragbildes

Verification of the Calculation Model using the Contact Pattern

Ein erster Abgleich von Simulationsmodell und Prüfstand erfolgt anhand des Tragbildes unter Last. Dazu wurde die belastete Ritzelflanke im Prüfstand mit Tragbildlack eingefärbt und das Tragbild bei steigenden Drehmomentstufen aufgenommen. Das berechnete Tragbild wurde mithilfe der FE-STIRNRADKETTE erzeugt. In **Bild 4-7** sind die Ergebnisse gegenübergestellt. Es wurden die Antriebsdrehmomente M_1 = 140, 336 und 483 Nm betrachtet.

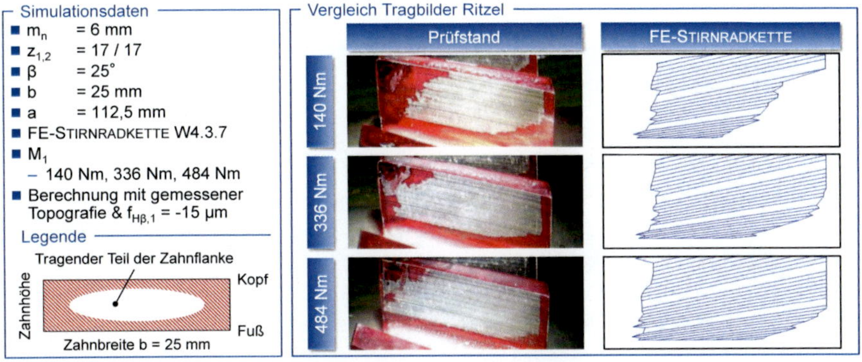

Bild 4-7: Vergleich des Tragbildes aus Simulation und Prüfstand

Comparison of the Contact Pattern from Simulation and Test Rig

Das Tragbild im Prüfstand weist für alle betrachteten Drehmomente unbelastete Bereiche der Zahnflanke oben links und unten rechts auf. Diese sind auf die hohen Beträge der Profil- und Breitenballigkeit sowie der Verschränkung zurückzuführen, siehe auch Kapitel 4.1.1. Darüber hinaus ist anzunehmen, dass eine Achsschränkung oder -neigung im Prüfstand vorliegt, da das Tragbild bei geringer Last nach rechts verschoben ist. Eine Bestimmung der tatsächlichen Achslage im Prüfstand war messtechnisch nicht möglich. Am rechten Rand der dargestellten Flanken ist ein Versatz von Ritzel und Gegenrad zu erkennen. Dieser beträgt konstruktionsbedingt Δb = 1,44 mm und wird bei der Berechnung in der FE-STIRNRADKETTE berücksichtigt.

Der Einfluss der Achsschränkung und –neigung wurde durch eine Flankenlinienwinkelmodifikation von $f_{H\beta,1}$ = -15 µm angenähert. Der Betrag der Korrektur wurde iterativ anhand des Tragbilds und der Zahnfußspannung an verschiedenen Breitenpunkten bestimmt. Eine Überführung des Korrekturbetrags in eine theoretische Abweichung der Lagerstellen nach NIEMANN/WINTER führt zu einer theoretischen Achsneigung von $f_{\Sigma\delta}$ = 130 µm bzw. Achsschränkung von $f_{\Sigma\beta}$ = 51,7 µm bei einem Lagerabstand von L_G = 120 mm und einem Betriebseingriffswinkel von α_{wt} = 21,824° [NIEM03]. Dementsprechend wird der verwendete Korrekturbetrag als realistisch eingeschätzt und für die nachfolgenden Berechnungen verwendet.

Im rechten Teil von Bild 4-7 sind die Tragbilder der FE-STIRNRADKETTE dargestellt. Die Berechnung erfolgte unter Berücksichtigung der gemessenen Flankentopografie am Rad. Die Fertigungsabweichungen am Ritzel aus Kapitel 4.1.1 werden bei der Berechnung berücksichtigt. In der FE-STIRNRADKETTE sind der obere linke und untere rechte Bereich der Zahnflanke ebenfalls nicht im Kontakt. Weiterhin ist eine Verschiebung des Tragbilds zur rechten Seite aufgrund der Modifikationen der Zahnflanken erkennbar. Die Tragbilder in Prüfstand und Berechnung stimmen in guter Näherung überein. Die Abweichungen sind darauf zurückzuführen, dass die exakte Position der Achsen zueinander unbekannt ist. Die Einflusszahlen, die für die Berechnung mittels WZLGEARFORCE6D erforderlich sind, werden auf Grundlage der für den Vergleich genutzten Mikrogeometrie und des Mittenversatzes der Zahnräder bestimmt.

4.2.5 Einfluss der Dämpfungen auf die dynamische Zahnfußspannung

Influence of the Damping on the Dynamic Tooth Root Stress

Das dynamische Schwingungsverhalten von Antriebssträngen wird maßgeblich durch die Steifigkeiten der einzelnen Komponenten und Koppelstellen beeinflusst. Die Steifigkeiten der Komponenten, z.B. Wellen, Kupplungen und Zahnräder, werden durch die elastische Modellierung abgebildet. Die Steifigkeiten der Koppelstellen wurden mithilfe der FEM berechnet, vgl. Kapitel 4.2.3. Die Bestimmung der Dämpfungswerte der Koppelstellen und des Zahnkontaktes unterliegen Unsicherheiten. Modale Dämpfungen müssen z.B. durch aufwendige Modalanalysen experimentell ermittelt werden. Daher wird im Folgenden der Einfluss veränderlicher Dämpfungsparameter auf die dynamische Zahnfußspannung bei unterschiedlichen Drehzahlen analysiert.

Ausgehend von den in Kapitel 4.2.3 vorgestellten mittleren Dämpfungswerten für die Welle-Nabe-Verbindungen und den Zahnkontakt werden die in **Tabelle 4-2** gezeigten Variationswerte gewählt. Die Dämpfungswerte nach GERBER entsprechen einer translatorischen Dämpfung k_{Trans}. In SIMPACK wird allerdings eine rotatorische Verzahnungsdämpfung k_{Rot} vorgegeben. Die Werte nach GERBER werden anhand von **Formel (4-2)** mit dem Grundkreisdurchmesser d_{b1} = 104,44 mm in eine rotatorische Verzahnungsdämpfung umgerechnet. Da das Prüfgetriebe schrägverzahnt ist, wird die angegebene mittlere Dämpfung im Zahnkontakt nach dem Vorgehen von GERBER mit der geometrischen Profilüberdeckung ε_α = 1,14 multipliziert [GERB84].

Tabelle 4-2: Variation der Dämpfungswerte
Variation of Damping Values

Dämpfung Keilwelle/Passfeder *∕ Nms/rad*		mittlere Dämpfung im Zahnkontakt		
			translatorisch *∕ Ns/m*	rotatorisch *∕ Nms/rad*
$k_{WNV,1}$	1	$k_{Vz,1}$	70	0,2
$k_{WNV,2}$	10	$k_{Vz,2}$	700	1,9
$k_{WNV,3}$	100	$k_{Vz,3}$	1.400	3,8

Die Dämpfungsunterschiede zwischen Keilwellen- und Passfederverbindung werden vernachlässigt und der angegebene Dämpfungswert für beide Verbindungen angenommen. Es wird jeweils nur die Dämpfung der Welle-Nabe-Verbindungen oder der Zahnkontakte variiert, wohingegen die anderen Werte konstant bleiben. Die Varianten werden bei einer quasistatischen Drehzahl von n_1 = 100 min^{-1} und bei einer erhöhten Drehzahl von n_1 = 1.500 min^{-1} sowie bei den Drehmomenten M_1 = 189 Nm und M_1 = 483 Nm simuliert und der Einfluss der Dämpfung auf die Zahnfußspannung betrachtet. Die betrachteten Drehzahlen liegen außerhalb der Resonanzstellen des Prüfaufbaus.

$$k_{Rot} = k_{Trans} \frac{d_{b1}^2}{4} \qquad \textbf{(4-2)}$$

In **Bild 4-8** sind die berechneten Zahnfußspannungen aus der MKS bei einem Drehmoment von M_1 = 189 Nm für die Breitenposition b = 3,6901 mm über einem Zahneingriff dargestellt. Die beiden oberen Diagramme zeigen die Zahnfußspannung bei variabler Dämpfung der Welle-Nabe-Verbindungen. Bei der geringen Dämpfung von $k_{WNV,1}$ = 1 Nms/rad und einer Drehzahl von n_1 = 100 min^{-1} ist eine verringerte Zahnfußspannung über dem gesamten Eingriff zu erkennen. Zwischen den weiteren Dämpfungswerten ist kein signifikanter Unterschied zu erkennen. Die maximale Zahnfußspannung ändert sich um maximal $\Delta\sigma_{F,max}$ = 1,4 %. Bei n_1 = 1.500 min^{-1} ist kein signifikanter Unterschied zwischen den verschiedenen Dämpfungswerten erkennbar. Die maximale Zahnfußspannung ändert sich um maximal $\Delta\sigma_{F,max}$ = 0,8 %.

Die unteren Diagramme in Bild 4-8 zeigen den Einfluss der variablen Dämpfung im Zahnkontakt auf die Zahnfußspannung. Die Variation führt ebenfalls nur bei einer Antriebsdrehzahl von n_1 = 100 min^{-1} zu einer erkennbaren Änderung im Verlauf der Zahnfußspannung. Die maximale Zahnfußspannung ändert sich um maximal $\Delta\sigma_{F,max}$ = 4,5 %. Bei einer Antriebsdrehzahl von n_1 = 1.500 min^{-1} beträgt die Änderung maximal $\Delta\sigma_{F,max}$ = 0,7 % und ist damit vernachlässigbar.

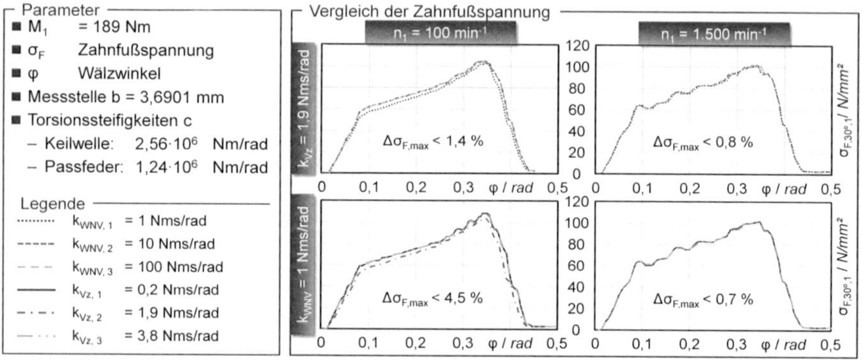

Bild 4-8: Einfluss der Dämpfungsparameter auf die dynamische Zahnfußspannung
Influence of the Damping Parameters on the Dynamic Tooth Root Stress

Aufgrund der geringen Änderungen der Zahnfußspannung durch die Dämpfungsvariation ist eine weitergehende Analyse des in Bild 4-8 dargestellten Zahnfußspannungsverlaufs nicht zielführend. Daher wird im Folgenden die Abweichung der Zahnfußspannung über alle Wälzstellungen für die Breitenposition b = 3,6901 mm betrachtet. Dazu werden die Zahnfußspannungsverläufe der jeweils drei Variationsstufen voneinander subtrahiert und über einen gesamten Zahneingriff ausgewertet. In **Bild 4-9** sind die entsprechenden Abweichungen für das Drehmoment M_1 = 189 Nm dargestellt.

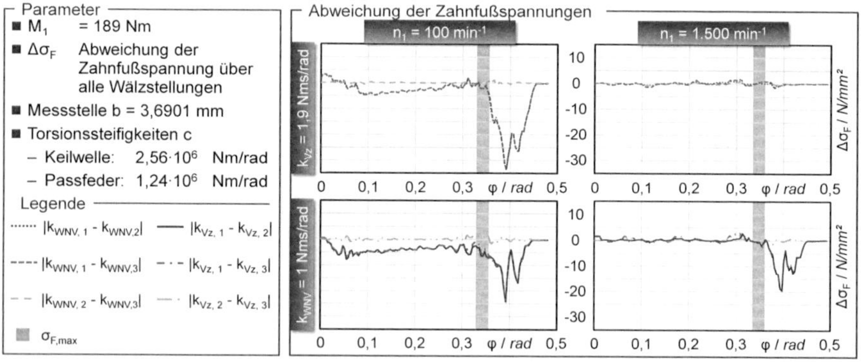

Bild 4-9: Analyse des Dämpfungseinflusses über der Zahnbreite bei M_1 = 189 Nm
Analysis of the Damping Influence over the Tooth Width at M_1 = 189 Nm

Die Reduzierung der Dämpfung der Welle-Nabe-Verbindungen auf $k_{WNV,1}$ = 1 Nms/rad führt bei n_1 = 100 min^{-1} zu signifikanten Änderungen der Zahnfußspannung von $\Delta\sigma_F$ < 30 N/mm². Die Abweichungen treten zum Ende des Zahneingriffs auf. Im Bereich der maximalen Zahnfußspannung betragen die Abweichungen $\Delta\sigma_F$ < 5 N/mm². Zwischen den größeren Dämpfungswerten $k_{WNV,2}$ = 10 Nms/rad und $k_{WNV,3}$ = 100 Nms/rad treten keine signifikanten Änderungen auf. Für die Antriebsdrehzahl n_1 = 1.500 min^{-1} ergeben sich vergleichbare Ergebnisse. Bei der reduzierten

Dämpfung $k_{WNV,1}$ = 1 Nms/rad treten zum Ende des Zahneingriffs signifikante Änderungen der Zahnfußspannung im Bereich $\Delta\sigma_F$ < 30 N/mm² auf. Analog zum quasistatischen Betriebspunkt hat eine Reduzierung der Dämpfung auf $k_{WNV,1}$ = 1 Nms/rad einen größeren Einfluss als die Steigerung auf $k_{WNV,3}$ = 100 Nms/rad.

Die Änderungen der Zahnfußspannungen bei n_1 = 100 min^{-1} für die Variation der Dämpfung im Zahnkontakt liegen auf einem geringeren Niveau als bei der Variation der Welle-Nabe-Dämpfungen. Die größten Änderungen treten hierbei ebenfalls bei einer reduzierten Dämpfung im Zahnkontakt von $k_{Vz,1}$ = 0,2 Nms/rad auf. Im Bereich der maximalen Zahnfußspannung betragen die Abweichungen $\Delta\sigma_F$ < 5 N/mm². Zwischen den Verläufen der Dämpfungen $k_{Vz,2}$ = 1,9 Nms/rad und $k_{Vz,3}$ = 3,8 Nms/rad sind keine signifikanten Änderungen erkennbar. Bei einer Drehzahl von n_1 = 1.500 min^{-1} ist der Einfluss der Dämpfungsänderung auf die Zahnfußspannung ebenfalls nicht signifikant.

Für beide Variationen ist festzustellen, dass die Reduzierung der Dämpfungswerte zu Änderungen der Zahnfußspannung führen kann. Signifikante Abweichungen der Zahnfußspannung treten jedoch nur bei, im Vergleich zum Stand der Technik, sehr geringen Dämpfungswerten auf. Bei höheren, realistischen Dämpfungswerten ist der Einfluss einer Dämpfungsvariation auf die Zahnfußspannung vernachlässigbar. Mit steigender Drehzahl nimmt der Einfluss der Dämpfung auf die Zahnfußspannung ebenfalls ab. Unter Berücksichtigung der vorgestellten Ergebnisse wird der Einfluss von ungenau bestimmten Dämpfungswerten auf die dynamische Zahnfußspannung als vernachlässigbar eingestuft, sofern die Dämpfungswerte in einem laut dem Stand der Technik bekannten Bereich liegen.

Der Einfluss der Dämpfungsparameter auf die dynamische Zahnfußspannung wurde ebenfalls für ein Drehmoment von M_1 = 483 Nm analysiert. Die Ergebnisse finden sich in Bild 10-1 und Bild 10-2 im Anhang. Der Betrag der Abweichungen und das Verhalten über der Drehzahl ist vergleichbar zu den Ergebnissen bei M_1 = 189 Nm. Aufgrund der höheren maximalen Zahnfußspannung sinkt jedoch die prozentuale Änderung auf $\Delta\sigma_F$ < 1 %.

Die betrachteten Drehzahlen liegen außerhalb der Resonanzstellen des Prüfaufbaus. Im Bereich der Resonanzen ist mit einem höheren Einfluss der Dämpfungswerte auf das Systemverhalten und die Zahnfußspannung zu rechnen. Da der Prüfstand nicht im Bereich von Resonanzstellen betrieben wird, ist davon auszugehen, dass der Einfluss von nicht exakt berechneten oder experimentell bestimmten Dämpfungswerten auf die berechnete Zahnfußspannung, wie oben beschrieben, vernachlässigbar ist, wenn die Dämpfungswerte in einem üblichen Wertebereich liegen.

4.3 Validierung der Berechnungsmethoden

Validation of the Calculation Methods

Die Validierung der gemessenen und berechneten Zahnfußspannung erfolgt im Bereich der Quasistatik und im Bereich der Dynamik. In der Quasistatik werden die gemessenen Zahnfußspannungen (DMS) den berechneten Werten der Mehrkörpersimulation SIMPACK (MKS) sowie der Zahnkontaktanalyse FE-STIRNRADKETTE (ZKA) gegenübergestellt. Im Bereich der Dynamik werden nur die Ergebnisse aus der Messung und MKS-Berechnung verglichen.

4.3.1 Vergleich der Berechnungs- und Messergebnisse in der Quasistatik

Comparison of the Calculation and Measurement Results in Quasi-statics

In **Bild 4-10** sind die Zahnfußspannungen aus Messung (DMS), SIMPACK (MKS) und FE-STIRNRADKETTE (ZKA) für die Messstellen I, II, IV und V bei einem Antriebsdrehmoment von M_1 = 189 Nm dargestellt. Die Messstelle III wird nicht betrachtet, da hier aufgrund eines Defekts in der Messkette ein erhöhtes Messrauschen aufgetreten ist. Für die Darstellung der im Zeitbereich gemessenen Zahnfußspannungen wird die in Kapitel 4.1.3 vorgestellte Umrechnung in den Wegbereich verwendet. Die berechneten Zahnfußspannungen werden anhand der in Kapitel 4.1.1 vorgestellten Breitenpositionen interpoliert, da die Auflösung des FE-Netzes die exakten Breitenpositionen nicht abbildet. In Höhenrichtung des Zahnprofils werden die berechneten Zahnfußspannungen am Durchmesser der 30°-Tangente ausgewertet. Für die Auswertung wird die Tangentialspannung in Zahnhöhenrichtung verwendet. Die berechneten Zahnfußspannungen aus der MKS und der ZKA zeigen hinsichtlich des Verlaufs und Maximalwertes für alle Messstellen geringe Abweichungen. Dies war zu erwarten, da die MKS-Methode bereits anhand der FE-STIRNRADKETTE verifiziert wurde und die genutzten Punktewolken der Verzahnungen identisch sind.

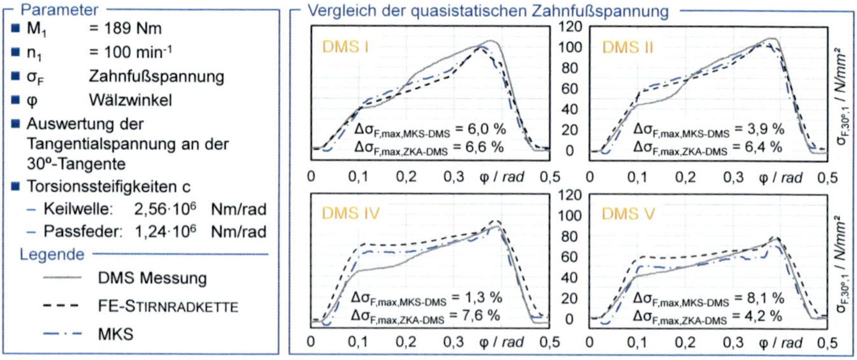

Bild 4-10: Gemessene und berechnete Zahnfußspannung in der Quasistatik – M_1 = 189 Nm

Measured and Calculated Tooth Root Stress in Quasi-statics – M_1 = 189 Nm

Zwischen den berechneten und gemessenen Zahnfußspannungen treten Unterschiede auf. Die gemessenen Zahnfußspannungen der Messstellen I, II und IV zeigen im Bereich von 0,1 rad < φ <0,2 rad eine Stufe im Spannungsverlauf. Diese tritt bei den berechneten Zahnfußspannungen nicht auf. Das verlangsamte Ansteigen der gemessenen Zahnfußspannung ist auf ein verlängertes Doppeleingriffsgebiet im Prüfstand zurückzuführen, das bei geringen Antriebsdrehmomenten nicht exakt in den Berechnungsmethoden abgebildet werden kann. Im Bereich der maximalen Zahnfußspannung von 0,3 rad < φ <0,4 rad nähern sich die gemessenen und berechneten Werte an. Die maximale Zahnfußspannung über der Verzahnungsbreite tritt im Bereich der Messstelle II auf. Die maximale Abweichung hinsichtlich der maximalen Zahnfußspannung an dieser Messstelle beträgt $\Delta\sigma_{F,max,MKS-DMS}$ = 3,9 % zwischen MKS und DMS und $\Delta\sigma_{F,max,ZKA-DMS}$ = 6,4 % zwischen ZKA und DMS. Die Unterschiede hinsichtlich der maximalen Zahnfußspannungen an den anderen Messstellen liegen in einem zur Messstelle II vergleichbaren Wertebereich. Die gemessene maximale Zahnfußspannung schwankt über mehrere Umdrehungen. Für das Antriebsdrehmoment M_1 = 189 Nm beträgt die Schwankungsbreite der maximalen Zahnfußspannung ca. $\Delta\sigma_{F,max}$ = 1,2 %. Unter Berücksichtigung der Messunsicherheit ergibt sich eine hohe Übereinstimmung der berechneten und gemessenen Zahnfußspannungen. Darüber hinaus stimmt die Länge des Zahneingriffs zwischen Berechnung und Messung überein. Dementsprechend ist das vorgestellte Umrechnungsvorgehen zwischen Zeit- und Wegbereich für die Zahnfußspannung validiert.

Für höhere Antriebsdrehmomente ergeben sich vergleichbare Ergebnisse. Die Ergebnisse bei einem Antriebsdrehmoment von M_1 = 483 Nm finden sich im Anhang, siehe Bild 10-3. Die prozentuale Abweichung der maximalen Zahnfußspannung der Messstelle II beträgt $\Delta\sigma_{F,max,MKS-DMS}$ = 7,6 % bzw. $\Delta\sigma_{F,max,ZKA-DMS}$ = 6,1 %. Die äußeren Messstellen I, IV und V zeigen dementgegen teilweise große Abweichungen zwischen MKS und DMS von $\Delta\sigma_{F,max,MKS-DMS}$ = 10,7 %. Diese Abweichungen resultieren aus einer ungleichmäßigen Lastverteilung über der Zahnflanke in der MKS, die mit steigendem Antriebsdrehmoment zunimmt. Der Grund hierfür ist die axialkraftbedingte Verlagerung der Verzahnung in der MKS-Berechnung. Durch eine Anpassung der Lagersteifigkeiten im Berechnungsmodell kann diese reduziert werden. Die relative Schwankung der gemessenen maximalen Zahnfußspannungen bei geringen Drehzahlen nimmt mit steigendem Drehmoment ab, da die absolute Schwankung annähernd gleichbleibt. Außerdem wird die lastbedingte Verlängerung des Zahneingriffs durch Überdeckungszugewinne, die in der Messung erkennbar sind, durch die Berechnungsmethoden abgebildet.

Die Abweichungen der maximalen Zahnfußspannung der kritischen Messstelle II sind $\Delta\sigma_{F,max}$ < 10 % und stellen damit eine hohe Übereinstimmung dar. Die bestehenden Abweichungen sind beispielsweise auf Abweichungen der DMS-Position in Zahnhöhenrichtung, nicht berücksichtigte Achsabweichungen im Prüfstand und Messunsicherheiten bei der DMS-Messung zurückzuführen. Die MKS-Berechnungsmethode ist damit erfolgreich im Bereich der Quasistatik validiert.

4.3.2 Vergleich der Berechnungs- und Messergebnisse in der Dynamik

Comparison of the Calculation and Measurement Results in Dynamics

Der Einfluss der Drehzahl auf die dynamische Zahnfußspannung in Messung und MKS ist in **Bild 4-11** dargestellt. In den oberen Diagrammen sind die Zahnfußspannungen bei den Drehzahlen n_1 = 100 min^{-1} und n_1 = 1.500 min^{-1} über dem gesamten Zahneingriff für die Messstelle II dargestellt. Die unteren Diagramme zeigen die Ergebnisse für die Messstelle IV. In der Messung ist erkennbar, dass die Zahnfußspannung bei der erhöhten Drehzahl n_1 = 1.500 min^{-1} im Bereich des Eingriffsbeginns bei φ = 0,1 rad ansteigt und im Bereich der maximalen Zahnfußspannung bei φ = 0,35 rad absinkt. Einen ähnlichen Verlauf zeigt auch die Zahnfußspannung der MKS-Simulation. Die Abnahme der maximalen Zahnfußspannung der Messstelle II beträgt bei der Berechnung $\Delta\sigma_{F,max,MKS,II}$ = 3,3 % und bei der Messung $\Delta\sigma_{F,max,DMS,II}$ = 8,9 %. Die relative Schwankungsbreite der gemessenen maximalen Zahnfußspannung über mehrere Eingriffe beträgt bei n_1 = 1.500 min^{-1} ca. 8 %. Dementsprechend stimmt die Abnahme der maximalen Zahnfußspannung in Berechnung und Messung in guter Näherung überein. Für die Messstelle IV ergeben sich vergleichbare Ergebnisse. Für beide Messstellen stimmen die Längen der Zahneingriffe bei unterschiedlichen Drehzahlen überein. Die Umrechnung zwischen Eingriffszeit und Wälzwinkel ist somit auch bei höheren Drehzahlen in der Dynamik zulässig.

Für ein höheres Antriebsdrehmoment von M_1 = 483 Nm ergibt sich eine vergleichbare Übereinstimmung zwischen Messung und Berechnung. Die Ergebnisse finden sich in Bild 10-4 im Anhang. Der grundsätzliche Einfluss der Drehzahl auf die dynamische Zahnfußspannung wird für unterschiedliche Drehmomente durch die MKS abgebildet. Die Unterschiede können unter anderem darauf zurückgeführt werden, dass in der Messung Unwuchten, Teilungs- und Rundlauffehler einen Einfluss auf das Schwingungsverhalten haben und dadurch zu einer Schwankung der dynamischen Zahnfußspannung über mehrere Umdrehungen führen. Diese Einflüsse werden noch nicht in der MKS abgebildet. Mit dem vorgestellten Vorgehen zur Mehrkörpersimulation können die dynamischen Einflüsse auf die Zahnfußspannung abgebildet werden. Außerdem ist die Umrechnung zwischen Weg- und Zeitbereich des Zahneingriffs für unterschiedliche Drehzahlen und Drehmomente zulässig. Damit ist die Berechnung der zeitabhängigen Zahnfußspannungsverläufe der Mehrkörpersimulation und der Zahnkontaktanalyse möglich und validiert. Mithilfe der Zeitabhängigkeit kann darüber hinaus die Dehnrate bestimmt werden.

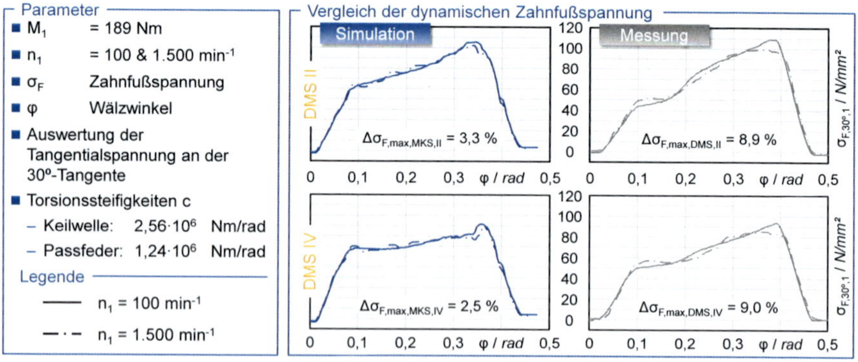

Bild 4-11: Gemessene und berechnete Zahnfußspannung in der Dynamik – M_1 = 189 Nm
Measured and Calculated Tooth Root Stress in Dynamics – M_1 = 189 Nm

4.4 Berechnung der Dehnrate aus der Zahnfußspannung

Calculation of the Strain Rate from the Tooth Root Stress

Der Vergleich der gemessenen und berechneten dynamischen Zahnfußspannungen zeigt, dass sowohl die maximale Zahnfußspannung als auch der Verlauf der Zahnfußspannung über einem Zahneingriff in der quasistatischen FE-STIRNRADKETTE als auch in der MKS korrekt berechnet werden. Dementsprechend ist eine Berechnung der Dehnrate im Zahnfuß aus der dynamischen Zahnfußspannung möglich. Da bisher keine Betrachtung der Dehnraten bei der Beurteilung der Zahnfußtragfähigkeit erfolgt ist, wird im folgenden Kapitel eine praxisnahe Verzahnung bei realen Betriebsbedingungen simuliert und die Dehnrate im Zahnfuß bestimmt. Weiterhin werden die üblichen Prüfbedingungen im Pulsatorversuch betrachtet und der dazugehörige Zeitverlauf der Zahnfußspannung sowie die entsprechende Dehnrate abgeleitet, da dieser als Analogieversuch häufig zur Untersuchung der Zahnfußtragfähigkeit verwendet wird.

Die Berechnung der Dehnrate im Zahnfuß erfolgt im folgenden Beispiel anhand der in der FE-STIRNRADKETTE berechneten quasistatischen Zahnfußspannung und der Umrechnung vom Weg- in den Zeitbereich nach dem Zusammenhang aus Bild 4-4. Das Vorgehen kann analog auf die dynamische Zahnfußspannung der MKS angewendet werden. Zur Einordnung in die Werte aus dem Stand der Technik wird eine praxisnahe Schrägverzahnung betrachtet. Im linken Teil von **Bild 4-12** ist die Makrogeometrie der Verzahnung dargestellt. Es wurde eine Schrägverzahnung mit einem Normalmodul von m_n = 1,75 mm und einem Schrägungswinkel von β = 33° in der FE-STIRNRADKETTE simuliert. Es wird die Zahnfußspannung an der 30°-Tangente des Ritzels in Zahnmitte ($b = b_1/2$) ausgewertet. In der Berechnung wurden ein Drehmoment von M_1 = 400 Nm sowie eine Drehzahl von n_1 = 3.000 min^{-1} am Ritzel vorgegeben. Die maximale Zahnfußspannung innerhalb eines Zahneingriffs beträgt $\sigma_{F,30°,max,1}$ = 703,5 N/mm².

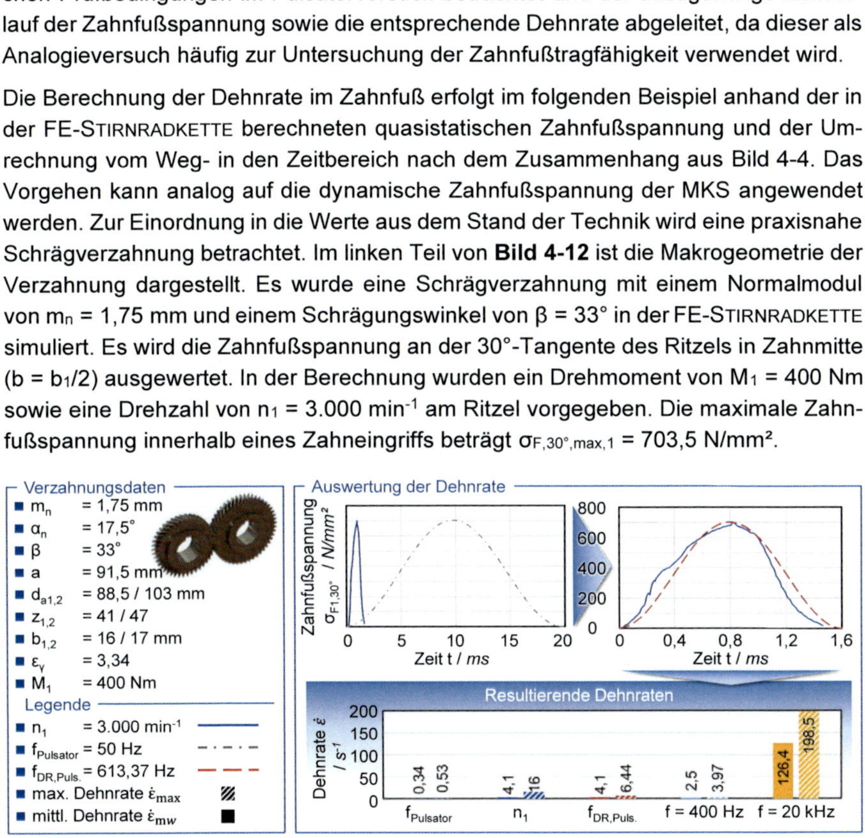

Bild 4-12: Berechnung der Dehnrate aus dem Zahnfußspannungsverlauf

Calculation of the Strain Rate from the Tooth Root Stress Curve

Im Pulsatorversuch ist der Kraftverlauf aufgrund der periodischen Anregung in der Regel sinusförmig. Dementsprechend wurde ein synthetischer, sinusförmiger Spannungsverlauf im Pulsatorversuch anhand der maximalen Zahnfußspannung $\sigma_{F,30°,max,1}$

und einer üblichen Versuchsfrequenz von $f_{Pulsator}$ = 50 Hz definiert. Im linken Diagramm in Bild 4-12 sind der resultierende Spannungsverlauf im Pulsatorversuch und der reale Spannungsverlauf im Zahneingriff bei einer Drehzahl von n_1 = 3.000 min^{-1} im Zeitbereich dargestellt. Es ist zu erkennen, dass die Periodendauer eines Lastspiels im Pulsatorversuch signifikant größer ist als für den Zahnfußspannungsverlauf in der Anwendung. Der Grund hierfür ist, dass die Dauer eines Zahneingriffs neben der Drehzahl auch von der Zähnezahl des betrachteten Rades abhängt.

Zur Veranschaulichung wurde die dehnratenäquivalente Pulsatorfrequenz $f_{DR,Puls}$ berechnet, deren Periodendauer der Zeit eines Zahneingriffs entspricht und damit eine dehnratenäquivalente Prüfung ermöglicht. Diese dehnratenäquivalente Pulsatorfrequenz berechnet sich aus dem Quotienten der Zahneingriffsfrequenz f_Z und der Gesamtüberdeckung ε_γ, siehe **Formel (4-3).** Die Zahneingriffsfrequenz berücksichtigt lediglich die Zähnezahl bei der Berechnung und gibt an, mit welcher Frequenz die Zähne in Eingriff kommen. Bei Betrachtung des Zeitverlaufs der Zahnfußspannung muss darüber hinaus jedoch auch die Länge bzw. Dauer eines Zahneingriffs berücksichtigt werden. Die Länge eines Zahneingriffs wird durch die Gesamtüberdeckung der Verzahnung beschrieben. Dies kann anhand einer Schrägverzahnung veranschaulicht werden. Durch den Schrägungswinkel ist ein Zahn über den Bereich des Stirnschnitts hinaus im Eingriff. Eine hohe Gesamtüberdeckung der Verzahnung führt dementsprechend zu einem längeren Zahneingriff bzw. einer kleineren dehnratenäquivalenten Pulsatorfrequenz.

$$f_{DR,Puls} = \frac{n_1 \cdot z_1}{\varepsilon_\gamma} = \frac{f_Z}{\varepsilon_\gamma} \tag{4-3}$$

Der Vergleich des Zahnfußspannungsverlaufs der dehnratenäquivalenten Prüffrequenz von $f_{DR,Puls}$ = 613,37 Hz mit dem Zahnfußspannungsverlauf der FE-STIRNRADKETTE oben rechts in Bild 4-12 zeigt eine hohe Übereinstimmung der Verläufe über der Eingriffszeit und bestätigt das Berechnungsvorgehen. Die aus der dehnratenäquivalenten Prüffrequenz resultierende Dehnrate im Zahnfuß wird im Folgenden mit den Werten der FE-STIRNRADKETTE und den Dehnraten im Pulsatorversuch bei üblichen Prüffrequenzen verglichen.

Die Berechnung der Dehnrate aus dem Zahnfußspannungsverlauf kann auf unterschiedliche Weisen erfolgen. Einerseits kann der maximale Spannungsgradient innerhalb des Zahneingriffs bestimmt werden. Im vorliegenden Beispiel der Schrägverzahnung ist dies zum Zeitpunkt t = 0,2 ms der Fall. Bei Geradverzahnungen tritt der maximale Spannungsgradient üblicherweise beim Übergang vom Doppel- ins Einzeleingriffsgebiet auf, da hier die Belastung auf einem Zahn sprunghaft ansteigt. Andererseits kann der mittlere Spannungsgradient innerhalb des Zahneingriffs bestimmt werden. Hierzu wird die maximale Zahnfußspannung durch die Dauer des Zahneingriffs zu diesem Zeitpunkt dividiert. Der Spannungsgradient wird in beiden Fällen abschließend mithilfe des Elastizitätsmoduls E_{Stahl} = 210.000 N/mm² in eine Dehnrate umgerechnet.

Für die in der FE-STIRNRADKETTE berechnete Zahnfußspannung erfolgt die Berechnung der mittleren Dehnrate mit den Werten $\sigma_{F,30°,max,1}$ = 703,5 N/mm² und $t(\sigma_{F1,30°,max}) = 0{,}82 \cdot 10^{-3}$ s nach **Formel (4-4)**. Die mittlere Dehnrate beträgt $\dot{\varepsilon}_{ZKA,mw}$ = 4,1 s^{-1} und ist identisch mit der mittleren Dehnrate $\dot{\varepsilon}_{DR.Puls,mw}$ = 4,1 s^{-1}, die sich bei einer Sinusschwingung mit der dehnratenäquivalenten Pulsatorfrequenz nach **Formel (4-5)** ergibt. Die mittlere Dehnrate einer Sinusschwingung ergibt sich aus dem Verhältnis der maximalen Dehnung und der halben Periodendauer $T_{DR,Puls}$. Die maximale Dehnrate in der FE-STIRNRADKETTE wird grafisch im Bereich der maximalen Steigung der Zahnfußspannung bestimmt und beträgt $\dot{\varepsilon}_{ZKA,max} \approx 16$ s^{-1}. Die maximale Dehnrate der dehnratenäquivalenten Pulsatorfrequenz wird nach SCHNEIDER ET. AL. im Umkehrpunkt der Sinusschwingung nach **Formel (4-6)** bestimmt und beträgt $\dot{\varepsilon}_{DR.Puls.max}$ = 6,44 s^{-1} [SCHN14]. Die Werte der Dehnrate aus den unterschiedlichen Berechnungsansätzen liegen in der gleichen Größenordnung und sind vergleichbar.

$$\dot{\varepsilon}_{ZKA,mw} = \frac{\sigma_{F,30°,max,1}}{t(\sigma_{F1,30°,max}) \cdot E_{Stahl}} \tag{4-4}$$

$$\dot{\varepsilon}_{Puls,mw} = \frac{\sigma_{F,30°,max,1}}{\frac{T_{DR,Puls}}{2} \cdot E_{Stahl}} = \frac{\sigma_{F,30°,max,1} \cdot 2 \cdot f_{DR,Puls}}{E_{Stahl}} \tag{4-5}$$

$$\dot{\varepsilon}_{Puls.,max} = \frac{\sigma_{F,30°,max,1} \cdot \pi \cdot f_{DR,Puls}}{E_{Stahl}} \tag{4-6}$$

Das beschriebene Vorgehen wurde auch auf eine Geradverzahnung vom Typ-C erfolgreich angewendet. Die Dehnraten aus der FE-STIRNRADKETTE sind hier ebenfalls mit dem vereinfachten Berechnungsverfahren vergleichbar. Die entsprechenden Ergebnisse finden sich im Anhang in Bild 10-5. Für zukünftige Einordnungen der Dehnrate im Zahnfuß in den Stand der Technik kann dementsprechend die Berechnung der mittleren und maximalen Dehnrate nach den Formeln (4-4) und (4-6) unter Verwendung der dehnratenäquivalenten Prüffrequenz nach Formel (4-3) verwendet werden. Die mittlere und maximale Dehnrate im Pulsatorversuch mit einer praxisüblichen Prüffrequenz von $f_{Pulsator}$ = 50 Hz betragen $\dot{\varepsilon}_{Prax.Puls.max}$ = 0,53 s^{-1} bzw. $\dot{\varepsilon}_{Prax.Puls.mw}$ = 0,34 s^{-1} und liegen damit um etwa eine Größenordnung unterhalb der tatsächlich auftretenden Dehnrate.

Im unteren Teil von Bild 4-12 sind die resultierenden maximalen und mittleren Dehnraten den Werten nach SCHNEIDER ET. AL. gegenübergestellt. Es ist zu erkennen, dass die mittlere und maximale Dehnrate bei konventionellen Pulsatorversuchen mit f = 50 Hz um eine Größenordnung kleiner sind als die Dehnraten in der realen Anwendung bei n_1 = 3.000 min^{-1}. Der Vergleich der Dehnraten in der realen Anwendung mit den Dehnraten, die im Rahmen der Arbeiten von SCHNEIDER ET. AL. untersucht wurden, zeigt, dass die Dehnraten heutiger Getriebeanwendungen im betrachteten Untersuchungsbereich geringer Prüffrequenzen bzw. Dehnraten liegen. Da die Antriebsdrehzahl des Getriebes linear in die resultierende Dehnrate eingeht, werden die Einflüsse der Dehnrate auf die Tragfähigkeit der Verzahnung in hochdrehenden Antriebs- und Prüfsystemen zunehmen. Bei einer Antriebsdrehzahl von n_1 = 30.000 min^{-1} beträgt die maximale Dehnrate im oben genannten Beispiel $\dot{\varepsilon}_{DR.Puls,max}$ = 160 s^{-1} und liegt damit im Bereich hoher Dehnraten der Untersuchungen von SCHNEIDER ET. AL. Dementsprechend ist eine Berücksichtigung der Dehnrate bzw. des Betriebspunktes bei der Ermittlung der Beanspruchbarkeit des Werkstoffes notwendig, da ein Einfluss der Dehnrate zu erwarten ist.

In bestehenden Arbeiten wird die maximale Dehnrate nach Formel (4-6) zur Einordnung der Ergebnisse herangezogen [NONA13]. Inwieweit dies bei der Dehnrate im Zahnfuß zulässig ist, bleibt zu prüfen, da der Verlauf der Zahnfußspannung je nach Verzahnungsgeometrie erheblich von einem Sinusverlauf abweichen kann. Die Forschungsergebnisse aus dem Stand der Technik zeigen, dass bei Dehnraten im Bereich von $\dot{\varepsilon} \approx$ 50-200 s^{-1} in Abhängigkeit des Werkstoffs bereits Einflüsse auf die Tragfähigkeit auftreten können [EMDE09, EMDE09, ROES12, NONA13]. Beim Betrieb von Verzahnungen bei entsprechenden Dehnraten im Zahnfuß ist in diesem Fall mit einem Einfluss auf die Zahnfußtragfähigkeit zu rechnen. Für hochdrehende Antriebssysteme ist darüber hinaus eine Änderung des Normfaktors zur Umrechnung zwischen Lauf- und Pulsatorversuch notwendig, wenn Effekte aus der Dehnrate auftreten.

4.5 Zwischenfazit

Interim Conclusion

Die Berechnung der dynamischen Zahnfußspannung und die Bestimmung der Dehnrate im Zahnfuß erfordert eine validierte Berechnungsmethode, die die dynamischen Einflüsse des Antriebsstrangs abbildet und eine Umrechnung zwischen weg- und zeitbezogener Zahnfußspannung ermöglicht. Dazu wird im ersten Schritt das Vorgehen zur Messung der dynamischen Zahnfußspannung im Betrieb vorgestellt. Die Zahnfußspannung wird mittels Dehnungsmessstreifen an der 30°-Tangente im Zahnfuß an mehreren Messstellen über der Zahnbreite aufgezeichnet. Die Untersuchungen erfolgen auf einem Verspannungsprüfstand bei variablen Lasten und Drehzahlen bis n_1 = 2.000 min^{-1}. Mithilfe des in Kapitel 4.1.3 vorgestellten Berechnungsvorgehens werden die zeitbezogen gemessenen Zahnfußspannungen auf den Wälzwinkel umgerechnet.

Der Prüfaufbau wird im zweiten Schritt in die Mehrkörpersimulation SIMPACK überführt. Dort werden die Wellen und Kupplungen als elastische Körper mit ihren Eigenmoden modelliert. Die Koppelstellen, z.B. zwischen Zahnrad und Welle oder zwischen Kupplung und Welle, werden durch Torsions-Feder-Dämpfer-Elemente abgebildet. Die Zahnräder und ihre charakteristische Anregung werden durch die WZLGEARFORCE6D User Force dargestellt. Der Vergleich der Tragbilder bei verschiedenen Lasten weist keine signifikanten Unterschiede zwischen Prüfstand und Simulation auf. Die Steifigkeiten der Passfeder- und Keilwellenverbindungen werden mithilfe der FEM berechnet. Da die Dämpfungen der Welle-Nabe-Verbindungen sowie der Zahnkontakte nicht messtechnisch bestimmt werden, erfolgt eine Einflussanalyse der Dämpfungswerte auf die berechneten Zahnfußspannungsverläufe bei n_1 = 100 min^{-1} und

n_1 = 1.500 min^{-1}. Sehr geringe, unrealistische Dämpfungswerte führen dabei zu Änderungen der maximalen Zahnfußspannung von $\Delta\sigma_{F,max}$ = 4,5 %. Für größere Dämpfungswerte ergeben sich vernachlässigbare Änderungen der Zahnfußspannung < 1 %. Eine Änderung der Dämpfung hat außerdem primär bei geringen Drehzahlen einen Einfluss. Ausgehend von den Ergebnissen der Einflussanalyse kann der Einfluss von nicht exakt bestimmten Dämpfungsparametern auf die berechnete Zahnfußspannung vernachlässigt werden.

Die gemessenen und berechneten Zahnfußspannungen bei n_1 = 100 min^{-1} stimmen im Bereich der maximalen Zahnfußspannung in guter Näherung überein. Die Abweichungen liegen in einem Bereich von 1 % - 8 % bei einer Schwankung der Messergebnisse von ca. 1 %. Die reale Länge der Zahneingriffe und die Breitenlastverteilung im Prüfstand werden durch die Berechnungsmethoden korrekt abgebildet. Im Bereich der Dynamik bei n_1 = 1.500 min^{-1} zeigt die Messung einen Anstieg der Zahnfußspannung im Bereich des Eingriffsbeginns und eine Abnahme der maximalen Zahnfußspannung im Vergleich zum quasistatischen Fall. Die in der MKS berechnete Zahnfußspannung bildet diesen Effekt ab. Die Abnahme der maximalen Zahnfußspannung in der MKS ist kleiner als in der Messung. Dies ist könnte unter anderem auf Unwuchten, Teilungs- und Rundlauffehler zurückzuführen sein, die nicht in der MKS-Simulation berücksichtigt werden. Sowohl im quasistatischen als auch im dynamischen Fall werden der lastbedingte Überdeckungszugewinn und der daraus resultierende längere Zahneingriff durch die Berechnungsmethoden korrekt abgebildet. Die Berechnung der dynamischen Zahnfußspannung mithilfe der MKS konnte damit erfolgreich an einer Verzahnung mit einem Normalmodul von m_n = 6 mm validiert werden. Die WZLGEARFORCE6D User Force ermöglicht die quantitative Bewertung des Drehzahleinflusses auf die maximale Zahnfußbeanspruchung im Betriebspunkt. Eine Validierung an einer Verzahnung mit kleinem Modul ist aufgrund der Größe der Messtechnik nicht möglich.

Mithilfe des validierten Vorgehens zur Umrechnung zwischen Eingriffszeit und Wälzwinkel wird abschließend die Zahnfußspannung einer praxisnahen Schrägverzahnung berechnet und auf die Eingriffszeit bezogen. Darüber hinaus wird die Zahnfußspannung für einen Pulsatorversuch bei f_{Puls} = 50 Hz dem Zahneingriff im Betrieb gegenübergestellt. Dabei zeigt sich, dass die üblichen Pulsatorfrequenzen keine Prüfung bei zum realen Betrieb äquivalenten Dehnraten zulassen. Es wird ein vereinfachtes Berechnungsvorgehen zur Bestimmung der dehnratenäquivalenten Pulsatorfrequenz vorgestellt und an den Ergebnissen der FE-STIRNRADKETTE validiert. Das Berechnungsvorgehen wird ebenfalls erfolgreich auf eine geradverzahnte Prüfverzahnung angewendet. Die Ergebnisse zeigen, dass heutige Anwendungen im unteren Bereich bisher untersuchter Dehnraten liegen. Eine Steigerung der Antriebsdrehzahlen in Verzahnungsanwendungen auf n_1 = 30.000 min^{-1} führt ebenfalls zu einer Steigerung der Dehnraten im Zahnfuß. Diese gesteigerten Dehnraten liegen in einem Bereich, der nach dem Stand der Technik kritisch bezüglich Dehnrateneffekten auf die Tragfähigkeit ist. Die Ergebnisse zeigen, dass eine Untersuchung der Zahnfußtragfähigkeit hinsichtlich des Dehnrateneffektes auf die Lebensdauer im Betrieb notwendig ist.

5 Hochdrehzahl-Verspannungsprüfstand

High-speed Back-to-back Test Rig

Im folgenden Kapitel wird ein Prüfstand zur Untersuchung des Dehnrateneinflusses auf die Zahnfußtragfähigkeit von Verzahnungen bei hohen Drehzahlen vorgestellt. Im ersten Schritt werden die Leistungsanforderungen und Rahmenbedingungen an den Hochdrehzahl-Verspannungsprüfstand abgeleitet. Mit diesen Anforderungen wird im zweiten Schritt anhand der ISO 6336-2:2019-11 und ISO 6336-3:2019-11 eine geeignete Prüfverzahnung zur Untersuchung der Zahnfußtragfähigkeit ausgelegt. Die Auslegung wird mithilfe der FE-basierten Zahnkontaktanalyse FE-STIRNRADKETTE verifiziert und die erzielbaren Dehnraten im Betrieb analysiert. Im dritten Schritt wird der Prüfstandsaufbau hinsichtlich der zentralen Funktionselemente Lastaufbringung, Lagerung und Schmierung erläutert. Abschließend werden die Ergebnisse der Inbetriebnahme vorgestellt und diskutiert.

5.1 Prüfstandsanforderungen

Test Rig Requirements

Im Fokus der Konstruktion eines Prüfstands zur Untersuchung des Dehnrateneinflusses auf die Zahnfußtragfähigkeit steht die möglichst genaue Abbildung des Zahneingriffs im Betrieb, um eine hohe Abbildungsgüte des Testverfahrens im Vergleich zur späteren Anwendung zu gewährleisten. Die Untersuchung möglicher Einflussfaktoren in Abhängigkeit der Dehnrate im Analogieversuch ist erst dann sinnvoll, wenn diese im Laufversuch nachgewiesen wurden.

Die vier Hauptanforderungen an den Prüfstand zur Untersuchung des Einflusses der Dehnrate bei hohen Drehzahlen sind in **Bild 5-1** dargestellt. Ein Absinken der Dauerfestigkeit nach MURAKAMI ET AL und NAITO ET AL ist ab einer Lastspielzahl von $N = 10^7$ Lastwechsel zu erwarten [NAIT84, MURA00]. Die Untersuchungen von SCHURER zur Zahnfußtragfähigkeit am Pulsator wurden bis zu einer Grenzlastspielzahl von $N_G = 10^8$ Lastwechsel durchgeführt [SCHU16]. Für eine wirtschaftliche Versuchsdauer wird die Annahme getroffen, dass die Versuchsdauer t_{Test} bei dieser Grenzlastspielzahl unter $t_{Test} = 6$ d liegt, um die effiziente Untersuchung des Ermüdungsverhaltens im VHCF-Bereich unter Berücksichtigung der Rüstzeiten des Prüfstandes zu ermöglichen. Daraus folgt, dass die minimale Betriebsdrehzahl $n_{1,min} = 12.000$ min^{-1} beträgt.

Die Dehnrate im Zahnfuß der Prüfverzahnung resultiert einerseits aus der Betriebsdrehzahl des Prüfstands n_1 und andererseits aus der Makrogeometrie der Prüfverzahnung. Ausgehend von den Ergebnissen aus Kapitel 4.4 treten bei Verzahnungsanwendungen mit konventionellen Drehzahlen mittlere Dehnraten von ca. $\dot{\varepsilon}_{MW,konv.} = 10$ s^{-1} auf. SCHNEIDER ET AL betrachten Dehnraten von $\dot{\varepsilon}_{MW,f1} = 2$ s^{-1} bis zu $\dot{\varepsilon}_{MW,f2} = 200$ s^{-1} und zeigen einen signifikanten Einfluss der Dehnrate auf die Ermüdungsfestigkeit [SCHN14]. Um einen signifikanten Einfluss der Dehnrate auf die Zahnfußtragfähigkeit zu erreichen, ist die mittlere Dehnrate im Zahnfuß mindestens um den Faktor 10 zu steigern, siehe Bild 5-1. Da der Einfluss der Dehnrate auf die Ermüdungsfestigkeit nicht linear, sondern degressiv verläuft, sind bereits bei Dehnraten unter $\dot{\varepsilon}_{MW,f2} = 200\ s^{-1}$ signifikante Effekte zu erwarten [FISC17].

Die maximale Antriebsleistung des Prüfstands wird auf $P_{Antrieb,max} = 20$ kW begrenzt, um eine Integration des Prüfstands in bestehende Infrastrukturen (Kühl- und Antriebsleistung) zu ermöglichen. Die maximale Antriebsleistung entspricht bei Verspannungsprüfständen der Verlustleistung $P_{Verlust}$, siehe Bild 5-1. Unter Berücksichtigung des Verlustgrads $\eta_{Verluste} = 8$ % ergibt sich eine maximale Verspannleistung von $P_{Verspannung} = 250$ kW.

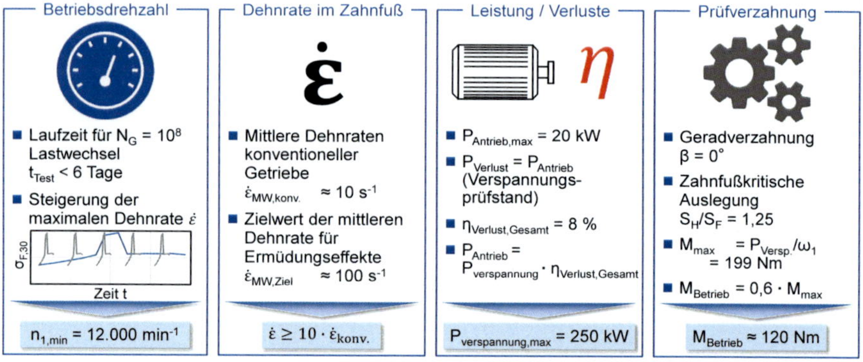

Bild 5-1: Anforderungen an den Hochdrehzahl-Verspannungsprüfstand
Requirements for the High-speed Back-to-back Test Rig

Die zentrale Komponente des Prüfstands ist die Prüfverzahnung zur Untersuchung der Zahnfußtragfähigkeit. Da die Einflussgrößen auf die Zahnfußtragfähigkeit für eine Untersuchung der Dehnrateneffekte minimal sein sollten, wird eine Geradverzahnung verwendet. Die Grübchensicherheit der Prüfverzahnung muss dabei größer sein als die Zahnfußsicherheit, um reproduzierbar Zahnfußbrüche im Betrieb zu erzeugen. Die Verzahnungen zur Untersuchung der Zahnfußtragfähigkeit im Laufversuch des abgeschlossenen Forschungsvorhabens FVA 718 I – Lokale Biegewechseltragfähigkeit weisen ein Verhältnis der Sicherheiten von $S_H/S_F = 1{,}25$ auf, siehe Bild 5-1 [BREC18]. Das maximale Verspanndrehmoment M_{max} ergibt sich aus der maximalen Verspannleistung $P_{Verspannung,max}$ und der Betriebsdrehzahl n_1 zu $M_{max} = 199$ Nm. Das Nenndrehmoment im Betrieb M_{Nenn}, bei welchem die Verzahnung zahnfußkritisch ist, ist kleiner zu wählen. Der Grund hierfür ist einerseits die Streuung der Versuchspunkte um die resultierende Dauerfestigkeit, andererseits sind neben Dauerfestigkeitsversuchen auch Zeitfestigkeitsversuche mit höherer Last auf dem Prüfstand geplant. Um die genannten Anforderungen umzusetzen, wird das Nenndrehmoment für die fußkritische Verzahnungsauslegung auf 60 % des maximalen Verspanndrehmoments festgelegt und beträgt $M_{Nenn} = 120$ Nm.

5.2 Auslegung der Prüfverzahnung

Design of the Test Gear Set

Ausgehend von den abgeleiteten Anforderungen an das Prüfkonzept wird im Folgenden die Prüfverzahnung ausgelegt. Zur Vorauslegung der Makrogeometrie wird die Normberechnung der ISO 6336 verwendet. Die Makrogeometrie der Vorauslegung wird anschließend mithilfe der FE-basierten Zahnkontaktanalyse FE-STIRNRADKETTE analysiert und die Beanspruchung im Zahnfuß verifiziert. Im letzten Schritt wird die Dehnrate, die mit der Prüfverzahnung und dem geplanten Prüfstand erreicht werden kann, berechnet und mit den Anforderungen verglichen.

5.2.1 Vorauslegung anhand der ISO 6336

Predesign according to the ISO 6336

Der Ausgangspunkt für die Verzahnungsauslegung ist die Auswahl des Werkstoffs. Für die Untersuchungen wird der Einsatzstahl 16MnCr5 als verbreiteter Verzahnungswerkstoff verwendet. Die für die Auslegung angenommenen Werte der dauerfest ertragbaren Flankenpressung und Zahnfußspannung betragen $\sigma_{H\,lim}$ = 1.500 N/mm² und $\sigma_{F\,lim}$ = 475 N/mm² [ISO16]. Um die Makrogeometrie der Verzahnung festzulegen, ist im ersten Schritt der minimale Achsabstand für die geforderte Grübchensicherheit zu bestimmen. Die Berechnung des minimalen Achsabstands erfolgt mithilfe des Berechnungsvorgehens der Grübchentragfähigkeit für das Ritzel nach ISO 6336 und den Vereinfachungen nach LINKE [LINK10, ISO19d]. Nach Einsetzen aller Formeln zur Berechnung der Grübchendauerfestigkeit $\sigma_{H\,lim}$ ergibt sich **Formel (5-1)** zur Berechnung des Achsabstands.

$$a \geq \sqrt[3]{\frac{M_{max} \cdot (u+1)^4}{4 \cdot \frac{b}{d_1} \cdot u} \frac{\left(Z_B \cdot Z_H \cdot Z_\varepsilon \cdot Z_E \cdot Z_\beta \cdot S_H\right)^2 \cdot K_A \cdot K_V \cdot K_{H\beta} \cdot K_{H\alpha}}{(\sigma_{H\,lim} \cdot Z_N \cdot Z_L \cdot Z_R \cdot Z_V \cdot Z_W \cdot Z_X)^2}} \qquad \textbf{(5-1)}$$

Da zu Beginn der Auslegung nicht alle benötigten Berechnungsgrößen vorliegen, werden Annahmen und Vereinfachungen getroffen. Das Verhältnis von Breite und Teilkreis des Ritzels wird analog zur bestehenden Prüfverzahnung vom Typ C mit b/d_1 = 0,2 angenommen. Da die Prüfverzahnung zahnfußkritisch sein soll, wird das Zähnezahlverhältnis zu u = 1 gesetzt. Somit ist die Grübchentragfähigkeit für eine gegebene Makrogeometrie maximal, da die Krümmungsradien maximal sind und die resultierende Kontaktpressung minimal ist. Der Dynamikfaktor wird mit K_V = 1,1 angenommen. Alle weiteren K-Faktoren werden gleich eins gesetzt, da im geplanten Prüfkonzept aufgrund der angestrebten Fertigungsqualitäten keine weiteren Lastüberhöhungen erwartet werden. Der Zonenfaktor und der Elastizitätsfaktor werden nach LINKE mit Z_H = 2,5 für eine Geradverzahnung und Z_E = 190 √N/mm² angenommen [LINK10]. Alle weiteren Z-Faktoren werden gleich eins gesetzt.

Das für die Grübchentragfähigkeit relevante maximale Drehmoment, bei dem die Verzahnung betrieben wird, beträgt M_{max} = 199 Nm. Bei diesem Drehmoment soll der Sicherheitsfaktor hinsichtlich Grübchen mindestens S_H = 1,25 betragen. In **Bild 5-2** ist der minimale Achsabstand für die getroffenen Annahmen und Vereinfachungen in Abhängigkeit vom Drehmoment am Ritzel aufgetragen. Der minimale Achsabstand zur Übertragung des maximalen Drehmoments M_{max} beträgt a_{min} = 88,34 mm. Bei dem Zähnezahlverhältnis u = 1 und einer Profilverschiebungssumme Σx = 0 mm entspricht der Teilkreisdurchmesser von Ritzel und Rad dem minimalen Achsabstand $a_{min} = d_{1/2}$.

Mit dem minimalen Achsabstand bzw. dem Teilkreisdurchmesser ist die Abschätzung des maximalen Moduls der Prüfverzahnung nach der ISO 6336 bzw. LINKE möglich. Dazu wird die Formel der Zahnfußdauerfestigkeit zur Berechnung des Normalmoduls umgestellt, siehe **Formel (5-2)** [LINK10]. Da die Verzahnung bereits beim Nenndrehmoment M_{Nenn} = 120 Nm zahnfußkritisch sein soll, wird dieses bei der Berechnung berücksichtigt. Der Sicherheitsfaktor bezüglich Zahnfußbruch wird zu S_F = 1 gesetzt.

$$m_{n,max} \leq \frac{2 \cdot M_{Betrieb} \cdot S_F}{\sigma_{F\,lim} \cdot d_1 \cdot b} \cdot \frac{Y_F \cdot Y_S \cdot Y_\beta \cdot Y_{DT} \cdot K_A \cdot K_V \cdot K_{F\beta} \cdot K_{F\alpha}}{Y_{NT} \cdot Y_{\delta relT} \cdot Y_{RrelT} \cdot Y_X} \qquad \textbf{(5-2)}$$

Analog zur Berechnung des minimalen Achsabstands werden Annahmen und Vereinfachungen für die Berechnung getroffen [LINK10]. Die K-Faktoren werden aus der Berechnung der Grübchentragfähigkeit übernommen. Der Spannungskorrekturfaktor wird mit Y_S = 1,5 angenommen. Alle weiteren Y-Faktoren werden gleich eins gesetzt. Mit den getroffenen Annahmen und einer Verzahnungsbreite von b = 10 mm ergibt sich ein maximaler Normalmodul der Verzahnung von $m_{n,max}$ = 0,94 mm. Für höhere Zahnbreiten entsprechend der oben getroffenen Annahme von b/d_1 reduziert sich der Normalmodul auf nicht praktikable Werte, sodass im Folgenden b = 10 mm gewählt wird.

Annahmen Vorauslegung
- Werkstoff 16MnCr5
  Zahnflanke: $\sigma_{H\,lim}$ = 1.500 N/mm²
  Zahnfuß: $\sigma_{F\,lim}$ = 475 N/mm²
- M_{Max} = 200 Nm
- M_{Nenn} = 120 Nm
- z_1/z_2 = 1
- β = 0°

Annahmen ISO 6336
- α_n = 20°
- Berechnung nach Methode B
- b_1 = 10 mm
- $z_2 = z_1 + 1$
- $x_1 = x_2$ = 0 mm
- K_V = 1,1
- K_H, K_A = 1,0

Achsabstand und Modul für $S_H \geq 1{,}25$ und $S_F = 1$

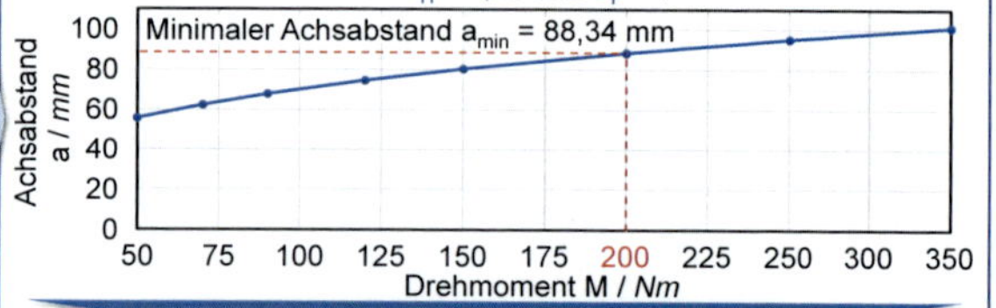

$m_{n,max}$ = 0,94 mm (S_F = 1)

Var.	a / mm	b_1 / mm	m_n / mm	z_1 / mm	z_2 / mm	S_F / mm	S_H / mm	S_H / S_F
V1	88,5	10	1	88	89	1,040	1,309	1,259
V2	99,5	10	1	99	100	1,170	1,485	1,269
V3	**99,5**	**9**	**1**	**99**	**100**	**1,053**	**1,409**	**1,338**

Bild 5-2: Vorauslegung der Prüfverzahnung nach ISO 6336 und LINKE [LINK10, ISO19a, ISO19d]

Preliminary Design of the Test Gear Set according to ISO 6336 and LINKE

Anhand der berechneten Randbedingungen wird die Makrogeometrie der Verzahnung erzeugt und die Tragfähigkeit nach der Methode B der ISO 6336 berechnet. Die Ergebnisse der Tragfähigkeitsberechnung sind in Bild 5-2 dargestellt. Für die Berechnung werden ein Normaleingriffswinkel von α_n = 20° und eine Zahnbreite am Ritzel von b_1 = 10 mm angenommen. Abweichend von den Annahmen der Vorauslegung wird die

Zähnezahl am Rad um einen Zahn größer gewählt als am Ritzel. Dies dient einerseits dazu, dass die Tragfähigkeit des Rads im Vergleich zum Ritzel gesteigert wird und reproduzierbar Zahnfußbrüche am Ritzel erzeugt werden. Andererseits führen die teilfremden Zähnezahlen von Rad und Ritzel zu einer Verbesserung des Laufverhaltens. Die K-Faktoren werden analog zur Vorauslegung gewählt. Die Z- und Y-Faktoren werden nach dem Vorgehen der Methode B berechnet [ISO19c]. Der Achsabstand und der Normalmodul werden für die erste Verzahnungsvariante V1 auf a_{V1} = 88,5 mm und $m_{n,V1}$ = 1 mm aufgerundet. Die Sicherheitsfaktoren der Variante V1 ergeben sich zu S_H = 1,309 und S_F = 1,04 und erfüllen mit einem Verhältnis von S_H/S_F = 1,259 die Anforderungen aus Kapitel 5.1, siehe Bild 5-2 unten rechts. Da die Integration der Ölversorgung für die Gleitlager und der aus den Tangentialkräften resultierenden Wellendurchmesser bei dem Achsabstand a_1 nicht möglich ist, wurden weitere Verzahnungsvarianten (V2 & V3) mit einem Achsabstand von a_{V2} = 99,5 mm bei gleichen Randbedingungen erzeugt. Aufgrund der größeren Teilkreisdurchmesser der Verzahnungen steigen die Flanken- und Fußsicherheitsfaktoren an. Um eine zahnfußkritische Verzahnung beim geforderten Betriebsdrehmoment zu erhalten, wird im Folgenden die dritte Variante V3 mit einer reduzierten Verzahnungsbreite am Ritzel von b_1 = 9 mm betrachtet. Diese Variante erfüllt die Anforderungen an das Verhältnis der Sicherheitsfaktoren und ist bei dem betrachteten Betriebsdrehmoment zahnfußkritisch mit $S_{F,Ritzel}$ = 1,053 am Ritzel. Die Zahnfußsicherheit am Rad beträgt $S_{F,Rad}$ = 1,17. Diese Verzahnungsvariante wird nachfolgend in der FE-basierten Zahnkontaktanalyse FE-STIRNRADKETTE betrachtet und die Ergebnisse der Normberechnung werden verifiziert.

5.2.2 Überprüfung der Auslegung mithilfe der Zahnkontaktanalyse

Checking the Design using the Tooth Contact Analysis

Die in Kapitel 5.2.1 berechnete Verzahnungsvariante V3 (nachfolgend V3.1) wird in der FE-basierten Zahnkontaktanalyse FE-STIRNRADKETTE hinsichtlich der im Betrieb auftretenden Zahnfußspannungen und Flankenpressungen analysiert, siehe **Bild 5-3**. Der Vorteil der FE-STIRNRADKETTE gegenüber kommerziellen Programmen liegt in der Berechnungsgeschwindigkeit, da die Lösung des Gleichungssystems in der FE-Berechnung einmalig in Form von Einflusszahlen generiert wird und anschließend für veränderte Betriebsbedingungen und Mikrogeometrien wiederverwendet werden kann [BREC16]. Die Zahnfußspannungsberechnung der FE-STIRNRADKETTE wurde mithilfe von Dehnungsmessstreifen im Betrieb validiert, siehe Kapitel 4.3. Darüber hinaus wurde die Zahnfußspannungsberechnung in der Quasistatik ebenfalls anhand von gemessenen Spannungswerten validiert [BREC18].

Die Kopfkreisdurchmesser der Variante V3.1 betragen d_{a1} = 101 mm und d_{a2} = 102 mm. Um die Zahnfußbeanspruchung am Ritzel im Vergleich zum Rad zu steigern, wird für die Berechnung ein Profilverschiebungsfaktor x_1^* = -0,1 am Ritzel definiert. Für alle Berechnungen wird eine Breitenballigkeit am Ritzel von $C_{\beta 1}$ = 3 µm zur Vermeidung von Pressungsüberhöhungen in den Randbereichen der Zahnflanke definiert. Im Gegensatz zur Vorauslegung anhand der ISO 6336 wird nicht die Zahnfußdauerfestigkeit $\sigma_{F\,lim}$, sondern die zulässige Zahnfußspannung σ_{FP^*} herangezogen. Die Dauerfestigkeitskennwerte $\sigma_{F\,lim}$ und $\sigma_{H\,lim}$ der ISO 6336-5:2019 werden nach HÖHN für eine Ausfallwahrscheinlichkeit von P_a = 1 % berechnet [HÖHN99]. Die Verzahnung soll jedoch mit einer Ausfallwahrscheinlichkeit von P_a = 50 % beim Nenndrehmoment mit einem Zahnfußbruch versagen. Weiterhin berechnet die FE-STIRNRADKETTE die tatsächlich auftretenden Beanspruchungen im Betrieb. Daher wird die maximal zulässige Zahnfußspannung σ_{FP^*} den berechneten Werten der FE-STIRNRADKETTE gegenübergestellt. Die maximal zulässige Zahnfußspannung wird mit Bezug auf die Ergebnisse von BRETL mit σ_{FP^*} = 1.400 N/mm² angenommen [BRET11]. Da die Verzahnungen im Zahnfuß für die späteren Versuche festigkeitsgestrahlt werden sollen, um den Rissausgangsort unter die Oberfläche zu verlagern, wird die zulässige Zahnfußspannung entsprechend hoch angesetzt. Die Zahnflankendauerfestigkeit $\sigma_{H\,lim}$ wird mithilfe des Umrechnungsfaktors f_{XHD} = 0,92 nach HÖHN auf eine Ausfallwahrscheinlichkeit von P_a = 50 % zu $\sigma_{H\,lim,\,50\%}$ = 1.630,43 N/mm² umgerechnet [HÖHN99].

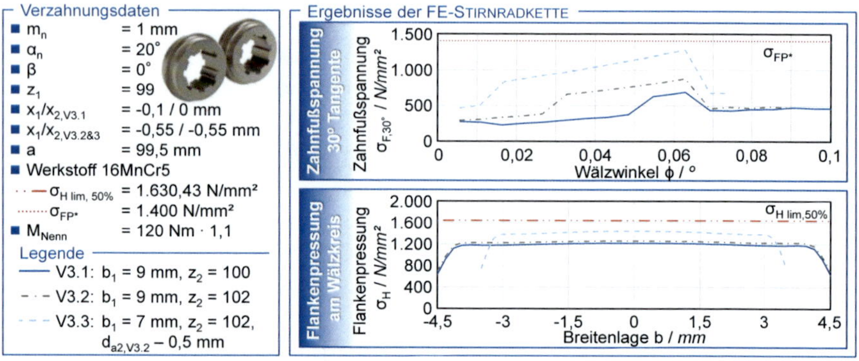

Bild 5-3: Verifikation der Auslegung mittels der FE-basierten Zahnkontaktanalyse
Verification of the Design using the FE-based Tooth Contact Analysis

Die maximale Zahnfußspannung der Variante V3.1 ist mit $\sigma_{F,30°,V3.1}$ = 682,54 N/mm² signifikant kleiner als die geforderte nominelle Zahnfußspannung σ_{F0}. Die Zahnfußsicherheit ist mit $S_{F,V3.1}$ = 2,05 größer als die Zahnflankensicherheit mit $S_{H,V3.1}$ = 1,35. Die Variante V3.1 ist demnach, trotz der Profilverschiebung am Ritzel, nicht zahnfußkritisch. Dies war aufgrund des geänderten Vergleichswert für die Zahnfußspannung zu erwarten. Um die Zahnfußspannung zu erhöhen, wurde eine Variante V3.2 mit einem veränderten Zähnezahlverhältnis von z_1/z_2 = 99/102 erzeugt. Die Kopfkreisdurchmesser der Variante V3.2 betragen d_{a1} = 100 mm und d_{a2} = 102 mm. Mit der maximalen Zahnfußspannung $\sigma_{F,30°,V3.2}$ = 871,96 N/mm² dieser Variante ergibt sich eine Zahnfußsicherheit von $S_{F,V3.2}$ = 1,61. Die gesteigerte Zahnflankenspannung führt zu einer Flankensicherheit von $S_{H,V3.2}$ = 1,3. Die Variante V3.2 ist dementsprechend nicht zahnfußkritisch. Um die Zahnfußsicherheit zu reduzieren, wurde eine Variante V3.3 mit einer Zahnbreite am Ritzel von b_1 = 7 mm und einer Kopfkürzung des Rads der Variante V3.2 von k = 0,5 mm ausgelegt. Die maximale Zahnfußspannung beträgt aufgrund der reduzierten Profilüberdeckung bzw. des vergrößerten Einzeleingriffsgebiets $\sigma_{F,30°,V3.3}$ = 1274,2 N/mm² und die resultierende Zahnfußsicherheit $S_{F,V3.3}$ = 1,1. Die Flankensicherheit ergibt sich zu $S_{H,V3.3}$ = 1,14. Das Verhältnis S_H/S_F = 1,04 ist kleiner als in den Anforderungen definiert. Zur Steigerung der Grübchentragfähigkeit und zur Kompensation der verschlechterten Oberflächenqualität durch das Festigkeitsstrahlen werden die Verzahnungen gleitgeschliffen. Sollte die Variante V3.3 im Versuch dennoch nicht reproduzierbar durch Zahnfußbrüche ausfallen, besteht darüber hinaus die Möglichkeit, die Grübchentragfähigkeit durch einen angepassten Schmierstoff zu steigern. Von einer weiteren Reduktion der Verzahnungsbreite oder des Moduls wird abgesehen, um das beanspruchte Volumen im Zahnfuß nicht weiter zu reduzieren.

5.2.3 Realisierbare Dehnraten der Prüfverzahnung

Achievable Strain Rates of the Test Gear Set

Die Analyse der erreichbaren Dehnraten im Betrieb erfolgt anhand der Verzahnungsvariante V3.3. Im oberen Teil von **Bild 5-4** ist das Vorgehen zur Bestimmung der mittleren und maximalen Dehnrate im Zahnfuß dargestellt. Die Bestimmung der mittleren Dehnrate $\dot{\varepsilon}_{MW}$ erfolgt anhand der Zahnfußspannung zu Eingriffsbeginn und der maximalen Zahnfußspannung. Die dazugehörige Eingriffszeit wird mithilfe der Drehzahl n_1 und dem Wälzwinkel ϕ berechnet. Die maximale Dehnrate $\dot{\varepsilon}_{max}$ wird anhand des Anstiegs der Zahnfußspannung beim Wechsel vom Doppel- zum Einzeleingriffsgebiet berechnet.

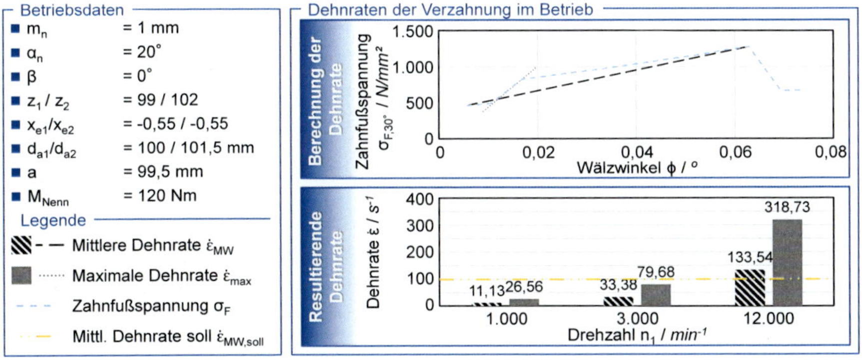

Bild 5-4: Analyse der erreichbaren Dehnraten der Prüfverzahnung

Analysis of the Achievable Strain Rates of the Test Gear Set

Im unteren Teil von Bild 5-4 sind die mittleren und maximalen Dehnraten der Prüfverzahnung bei variablen Drehzahlen n_1 dargestellt. Zusätzlich ist die geforderte mittlere Dehnrate $\dot{\varepsilon}_{MW,soll}$ eingezeichnet. Für eine Drehzahl von n_1 = 1.000 min⁻¹ betragen die mittlere und maximale Dehnrate der Verzahnung $\dot{\varepsilon}_{MW,1.000\ U/min}$ = 11,13 s⁻¹ und $\dot{\varepsilon}_{max,1.000\ U/min}$ = 26,56 s⁻¹. Eine Steigerung der Drehzahl n_1 um den Faktor 12 führt zu einer entsprechenden Steigerung der Dehnraten. Die mittlere Dehnrate ist in diesem

Fall größer als die geforderte mittlere Dehnrate $\dot{\varepsilon}_{MW,soll}$ = 100 s^{-1}. Die maximale Dehnrate der Verzahnung ist aufgrund des steilen Spannungsanstiegs im Einzeleingriffsgebiet größer als die geforderte mittlere Dehnrate, was das Untersuchungsziel nicht beeinflusst. Höhere mittlere Dehnraten können über eine Steigerung der Drehzahl, der Zähnezahl des Ritzels oder der maximalen Zahnfußspannung erreicht werden.

Die Verifizierung der ausgelegten Prüfverzahnung mithilfe der FE-STIRNRADKETTE zeigt, dass die in Kapitel 5.1 definierten Anforderungen durch die Verzahnungsgeometrie V3.3 erfüllt werden. Die Verzahnung ist kritisch hinsichtlich Zahnfußbruch beim Nenndrehmoment M_{Nenn} = 120 Nm und die Dehnraten bei maximaler Betriebsdrehzahl n_1 = 12.000 min^{-1} liegen in einem Bereich, in welchem Einflüsse der Dehnrate auf die Ermüdungsfestigkeit zu erwarten sind. Eine Steigerung der Dehnrate um den Faktor 10 bei n_1 = 12.000 min^{-1} ist nur bei einer Vergleichsdrehzahl von n_1 = 1.000 min^{-1} möglich. Da die Versuchsdauer in diesem Fall nicht praktikable Werte annähme, wird als Vergleichsdrehzahl für die Untersuchungen in Kapitel 6 die für Tragfähigkeitsuntersuchungen übliche Drehzahl von n_1 = 3.000 min^{-1} verwendet. Da der Einfluss der Dehnrate in diesem Fall verringert wird, ist die Streuung bei der Planung und Auswertung der Versuche zu berücksichtigen. Auf diese Weise kann eine bessere Aussage zur Konfidenz der Ergebnisse getroffen werden.

5.3 Prüfstandsaufbau

Test Rig Setup

Ausgehend von der Prüfverzahnung und den Prüfstandsanforderungen werden die Komponenten des Prüfstands konstruiert. Im Folgenden werden die zentralen Prüfstandskomponenten zur Lastaufbringung, Lagerung und Schmierung vorgestellt.

5.3.1 Lastaufbringung

Load Application

Die Lastaufbringung des Hochdrehzahl-Verspannungsprüfstands erfolgt über eine axial verschiebbare Schrägverzahnung im Vergleichsgetriebe. Im linken Teil von **Bild 5-5** sind die Hauptanforderungen an die Lastaufbringung dargestellt. Die Betriebsdrehzahl beträgt n_1 = 12.000 min^{-1} und erfordert einerseits eine möglichst geringe radiale Baugröße. Andererseits ist der axiale Lagerabstand so gering wie möglich zu wählen, damit die Eigenfrequenzen der Getriebewellen außerhalb des Betriebsbereichs liegen.

Da der Prüfstand aufgrund der hohen Drehzahlen und der zu erwartenden Lastspitzen bei Zahnfußbrüchen mit Gleitlagern ausgestattet wird, ist ein lastfreies Anfahren bis zur Betriebsdrehzahl der Gleitlager erforderlich. Daraus resultiert, dass die Lastaufbringung eine Regelung des Drehmoments im Betrieb ermöglichen muss. Für Prüfstände mit hohen Drehzahlen und einer Drehmomentregelung im Betrieb wird häufig das Verspannungsprinzip durch axiales Verschieben einer Schrägverzahnung im Vergleichsgetriebe eingesetzt [JOOP18, CIUL19]. Anhand der Geometrie der Getriebewellen sowie den Verzahnungssteifigkeiten aus der FE-STIRNRADKETTE wurde die Verdrehung der Wellen im Vergleichsgetriebe bei maximalen Drehmoment mit $\varphi_{Gesamt,max} \approx 1{,}6°$ berechnet. Unter Annahme einer maximalen Axialverschiebung der verschiebbaren Verzahnung (2) von $s_{max} < 5$ mm ergibt sich ein notwendiger Schrägungswinkel im Vergleichsgetriebe von $\beta = 30°$. Daraus resultiert eine Axialkraft bei maximalen Verspanndrehmoment von $F_{axial,max} < 2$ kN. Da der Normalmodul der Vergleichsverzahnung bei konstantem Achsabstand und großen Schrägungswinkel kleiner als $m_n = 0{,}9$ mm wird, wurde die Vergleichsverzahnung mit einer Zähnezahl von $z_1 = 33$ und $z_2 = 34$ Zähnen ausgelegt. Daraus resultiert für das Vergleichsgetriebe ein Normalmodul von $m_n = 2{,}5$ mm bei gleichem Übersetzungsverhältnis und eine ausreichende Sicherheit gegen Zahnfußbruch und Grübchen.

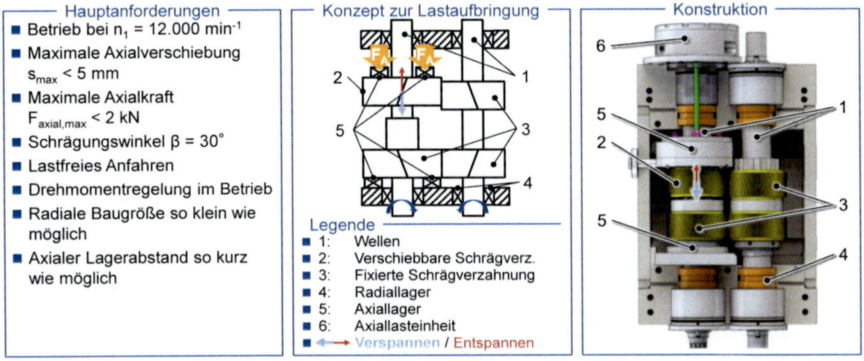

Bild 5-5: Lastaufbringung über verschiebbare Schrägverzahnung

Load Application via Displaceable Helical Gear

In der Mitte von Bild 5-5 ist das Konzept zur Lastaufbringung dargestellt. Zur Kompensation der Axialkräfte im Vergleichsgetriebe wird eine Doppelschrägverzahnung mit entgegengesetzten Schrägungswinkeln eingesetzt. Alle Verzahnungen sind über Keilwellenverbindungen mit den Wellen (1) verbunden. Die fixierten Schrägverzahnungen (3) sind durch Nutmuttern auf den Wellen fixiert und nicht axial verschiebbar. Die verschiebbare Schrägverzahnung (2) ist nur über eine Keilwellenverbindung mit der Welle verbunden und axial beweglich. Die zur Lastaufbringung notwendige Axialkraft wirkt gehäuseseitig über eine Axiallagerung auf die verschiebbare Verzahnung (2). In der Folge wirkt ein Drehmoment auf die Verzahnungen und Wellen im Vergleichsgetriebe. Die Axialkraft der linken Getriebewelle wird über ein Axiallager am Gehäuse abgestützt. Die Axialkräfte der rechten Getriebewelle werden durch die Doppelschrägverzahnung kompensiert.

Im rechten Teil von Bild 5-5 ist die Konstruktion des Vergleichsgetriebes mit der Axiallasteinheit dargestellt. Um den axialen Lagerabstand und den Einfluss der Getriebetemperatur auf die Axiallasteinheit gering zu halten, ist diese außerhalb des Getriebegehäuses angebracht. Die Axialkraft wird durch drei Hydraulikkolben erzeugt und über Druckstäbe durch das Gehäuse auf das Axiallager an der verschiebbaren Schrägverzahnung übertragen. Zur Regelung des Öldrucks in den Hydraulikkolben wird das Drehmoment im Verspannkreislauf während des Betriebs mit einen Drehmomentmesssystem überwacht. Die Verschiebung der Schrägverzahnung (2) hat eine Verlagerung des virtuellen Schnittpunktes der Flankenlinien beider Zahneingriffe, des sogenannten Apex-Punktes, zur Folge. Daraus resultiert, dass sich die axiale Position der Doppelschrägverzahnungen bei der Lastaufbringung frei einstellen können muss, um axiale Zwangskräfte auszuschließen [NIEM03]. Da die linke Welle des Vergleichsgetriebes durch die Axiallager fixiert ist, muss die rechte Welle axial verschiebbar ausgeführt werden. Dies ist im Lagerungskonzept zu berücksichtigen.

5.3.2 Lagerung

Bearing

Die Anforderungen an das Lagerungskonzept sind in **Bild 5-6** dargestellt. Die maximale Axialkraft beträgt $F_{axial,max}$ = 2 kN und die maximale Radialkraft $F_{radial,max}$ = 2,4 kN. Für einen effizienten Betrieb müssen die Verlustleistung und der Ölbedarf der eingesetzten Gleitlager gering sein. Die auftretende Temperaturdehnung im Prüfstand muss so durch die Lagerung kompensiert werden, dass keine Zwangskräfte im System auftreten.

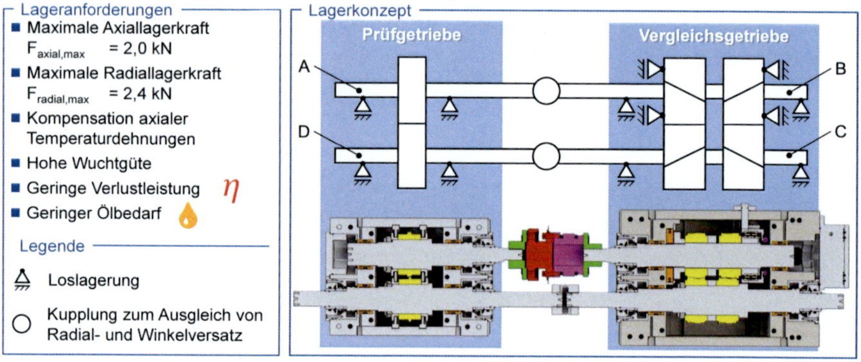

Bild 5-6: Lagerungskonzept
Bearing Concept

Der schematische Aufbau des Lagerungskonzept ist rechts oben in Bild 5-6 dargestellt. Die Wellen werden möglichst nah an der Verzahnung radial gelagert, um die Steifigkeit und damit die Eigenfrequenzen zu erhöhen. Die Vergleichsgetriebewelle mit der verschiebbaren Schrägverzahnung (B) wird axial gelagert. Die Vergleichsgetriebewelle (B) und die Prüfgetriebewelle (A) werden mithilfe einer Kupplung verbunden. Diese gleicht Winkel- und Radialversatz, aber keinen Axialversatz aus, sodass die axiale Position der Prüfgetriebewelle definiert ist. Das Prüfgetriebe ist aufgrund der geradverzahnten Prüfverzahnung axialkraftfrei. Die axiale Position der Vergleichsgetriebewelle (C) ergibt sich aus dem Apex-Punkt der Doppelschrägverzahnung. Die Wellen (C) und (D) werden analog zu den anderen Wellen mit einer Kupplung verbunden. Daraus resultiert, dass sich die Prüfgetriebewelle (D) im Betrieb axial bewegt. Um im Prüfgetriebe Kantentragen zu vermeiden, wird das Rad auf der Prüfgetriebewelle (C) zur Kompensation der axialen Verschiebung breiter ausgeführt. Die Lagersitze der Wellen werden breiter ausgeführt, um die axiale Verschiebung zu kompensieren. Das gewählte Lagerungskonzept garantiert einen vollständigen Ausgleich von temperaturbedingten Axialdehnungen der Wellen. Die axiale Verschiebung der Wellen stellt kein Problem für die Abdichtung der Getriebegehäuse dar, da aufgrund der hohen Drehzahl individuell angepasste Schleuderdichtungen eingesetzt werden.

5.3.3 Schmierölversorgung

Lubrication Supply

Das Schmierungssystem des Prüfstands führt die auftretenden Verluste ab und stellt die Ölversorgung der Zahneingriffe und Gleitlager sicher. Im Zahneingriff stellt das Öl einerseits den notwendigen Schmierfilm zur Vermeidung von Fressschäden bei hohen Drehzahlen sicher. Andererseits wird nach NIEMANN/WINTER der überwiegende Teil des Volumenstroms bei einer Einspritzschmierung zum Abführen der Verlustwärme benötigt [NIEM03]. Die Ölviskosität wird nach NIEMANN/WINTER für Turbogetriebe mit ISO VG 32 angenommen [NIEM03]. Um die Quetsch- und Planschverluste bei hohen Drehzahlen zu minimieren, ist der Ölvolumenstrom so gering wie möglich einzustellen. Die Berechnung des Ölvolumenstroms in Abhängigkeit der Kühlleistung und der Temperaturdifferenz des Öls zwischen Ein- und Auslass ist in **Formel (5-3)** dargestellt [TIPL15].

$$\dot{Q}_{Öl} = \frac{P_{Kühlung}}{c_{Öl} \cdot \rho_{Öl} \cdot (T_{Aus} - T_{Ein})} \qquad \textbf{(5-3)}$$

Die Öleinspritztemperatur wird durch die maximale Einspritztemperatur der Gleitlager definiert und beträgt T_{Ein} = 45 °C. Für den Zahneingriff wird eine Auslasstemperatur von T_{Aus} = 65 °C angenommen. Mit diesen Werten ergibt sich ein notwendiger Ölvolumenstrom je Zahneingriff von $\dot{Q}_{Zahneingriff,max}$ = 8 l/min bei maximaler Verspannleistung. Der benötigte Ölvolumenstrom der Gleitlager ist primär drehzahlabhängig und beträgt $\dot{Q}_{Lager,gesamt}$ = 26 l/min. Das Schmierungssystem muss dementsprechend einen Gesamtvolumenstrom von $\dot{Q}_{Gesamt}$ = 42 l/min bereitstellen. Bei einer Verweildauer von t = 3 min des Öls im Tank entspricht dies einem Tankvolumen von V_{Tank} = 120 l.

Das Schmierungskonzept des Prüfstands ist in **Bild 5-7** dargestellt. Da der Einspritzdruck an den Gleitlagern p_{ein} = 1,5 bar beträgt und nicht für die Einspritzschmierung der Verzahnungen ausreicht, werden die Gleitlager und Verzahnungen über separate Ölvorläufe mit unterschiedlichen Drücken aus einem Tank versorgt. Jeder Ölvorlauf verfügt über eine regelbare Pumpe und eine Volumenstrommessung zur Einstellung eines definierten Ölvolumenstroms. Darüber hinaus werden der Druck und die Temperatur des Öls überwacht. Im rechten Teil von Bild 5-7 ist die Einspritzschmierung an der Verzahnung schematisch dargestellt. Da der Ölvolumenstrom zur Vermeidung von Fressschäden signifikant geringer ist als für die Wärmeabfuhr, wird der eingespritzte Ölvolumenstrom aufgeteilt [NIEM03]. Ca. 30-50 % des Ölvolumenstroms werden in den Zahneingriff eingespritzt (1). Der restliche Teil wird hinter dem Zahneingriff eingespritzt (2) und dient ausschließlich zur Kühlung der Verzahnung. Mithilfe dieses Vorgehens können die Quetschverluste, die beim Einspritzen in den Zahneingriff auftreten, reduziert werden.

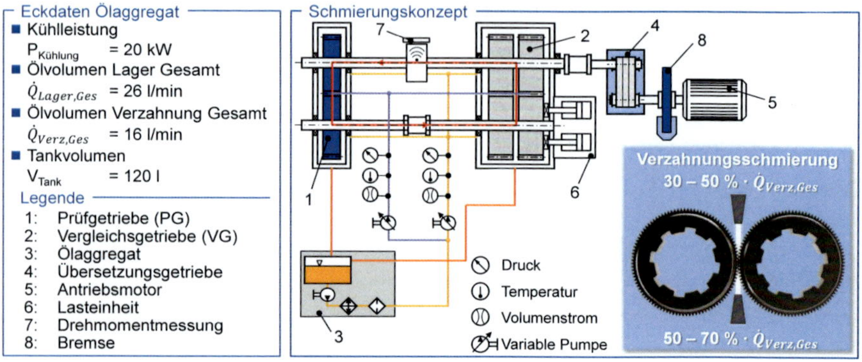

Bild 5-7: Aufbau der Schmierölversorgung
Setup of the Lubrication System

5.4 Inbetriebnahme des Prüfstands

Commissioning of the Test Rig

Die Inbetriebnahme des Prüfstands umfasst einerseits die Analyse der Betriebsparameter über lange Versuchszeiten, andererseits ist die korrekte Detektion eines Zahnfußbruchs sicherzustellen. Insbesondere die Einstellung eines konstanten Drehmoments sowie einer konstanten Drehzahl sind für die wiederholgenaue Durchführung von Tragfähigkeitsversuchen wichtig. In **Bild 5-8** sind ausgewählte Sensordaten für den ersten Versuch auf dem Hochdrehzahl-Verspannungsprüfstand dargestellt. Alle Sensordaten des Prüfstands (Lagertemperaturen, Öldrücke, etc.) werden mit einer Frequenz von f = 0,5 Hz gespeichert. Auf diese Weise kann jeder Versuch nachträglich analysiert werden.

Der vorliegende Versuch wurde bei einem Solldrehmoment von M_2 = 145 Nm und einer Solldrehzahl von n_1 = 12.000 min^{-1} durchgeführt. Mit den Zähnezahlen z_1 = 99 und z_1 = 102 ergibt sich am Rad eine Drehzahl von n_2 = 11.647 min^{-1}. Die Versuchszeit bis zum Zahnfußbruch betrug t = 66 h:37 min. Die Überwachung des Prüfstands erfolgt über den Körperschall. Dieser wird außen am Prüfgetriebegehäuse im Bereich eines Gleitlagers der Ritzelwelle gemessen. Das Signal wird hinsichtlich der Stoßimpulse bewertet und ein Körperschallkennwert abgeleitet. Mithilfe des Körperschallkennwerts kann der Zeitpunkt des Zahnfußbruchs im Betrieb wiederholgenau detektiert werden, obwohl die Anregung aus dem Zahneingriff durch die Gleitlagerung gedämpft wird. Eine mögliche Erklärung hierfür ist, dass die in Bild 5-8 erkennbare Änderung des Körperschallkennwerts nicht durch die veränderte Verzahnungsanregung verursacht wird. Stattdessen führt das Aufschlagen des gebrochenen Zahns auf die Innenseite des Gehäuses zu einem kurzen Stoßimpuls, der detektiert werden kann. Ob der Körperschall auch zur Detektion von Flankenschäden geeignet ist, muss bei entsprechenden Versuchen geprüft werden.

Prüfbedingungen

- $M_{2,Soll}$ = 145 Nm
- $n_{2,Soll}$ = 11.647 min^{-1}
- Laufzeit: 66 h 37min
- Bruchlastspielzahl ($n_{2,Soll}$) N_{Bruch} = 47.964.000
- Bruchlastspielzahl ($n_{2,Ist}$) N_{Bruch} = 47.959.640

	Drehzahl n_2 / min^{-1}	Drehmoment M_2 / Nm
Min	11.567	131
Mittelwert	11.646	145
Max	11.720	159

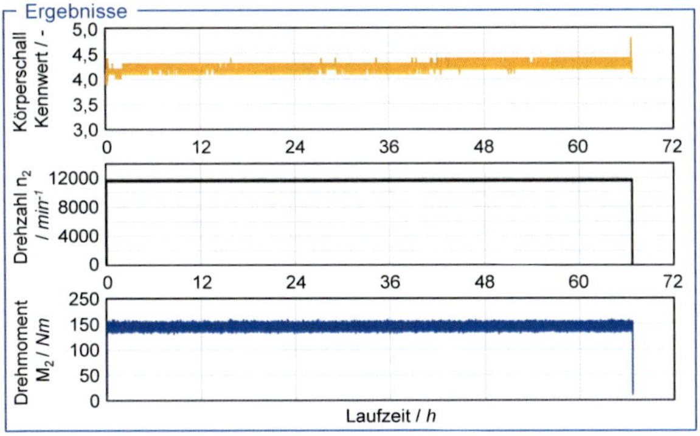

Bild 5-8: Sensordaten der Prüfstandsinbetriebnahme
Sensor Data of the Test Rig Commissioning

Neben der sicheren Abschaltung des Prüfstands im Schadensfall ist ein konstanter Betriebspunkt über die gesamte Prüfdauer notwendig. Änderungen in der Drehzahl führen zu Trägheitskräften, die das Versuchsergebnis beeinflussen. Eine Abweichung des tatsächlichen Drehmoments vom vorgegebenen Solldrehmoment bedingt eine systematische Verfälschung der Versuchsergebnisse. Die mittlere Drehzahl weicht um Δn_2 = 0,0086 % von der vorgegebenen Solldrehzahl ab. Für den vorliegenden Versuch ergibt sich damit eine Abweichung der rechnerischen Bruchlastspielzahl von ΔN_{Bruch} =4360 Lastwechsel. Innerhalb der Versuchslaufzeit beträgt die Schwankung der Drehzahl ca. Δn_2 =+/- 79 min^{-1}. Die Abweichungen der Drehzahl werden als vernachlässigbar eingestuft. Das Drehmoment wird, wie in Kapitel 5.3.1 beschrieben, während des Versuchs geregelt. Der Verlauf des Drehmoments in Bild 5-8 zeigt keine signifikanten Abweichungen über der Versuchslaufzeit. Das mittlere gemessene Drehmoment stimmt mit dem vorgegebenen Sollwert überein. Die Schwankung des Drehmomentsignals beträgt ΔM_2 = +/- 14 Nm bzw. ca. 10 %. Diese Schwankung war aufgrund der dynamischen Anregung durch den Zahneingriff zu erwarten. Eine Änderung des Drehmoments durch Einlaufeffekte zu Beginn des Versuchs ist nicht zu erkennen, da diese Setzeffekte durch die Regelung kompensiert werden.

Abschließend ist festzuhalten, dass der neuartige Hochdrehzahl-Verspannungsprüfstand für die Untersuchung der Zahnfußtragfähigkeit geeignet ist und eine wiederholgenaue Einstellung des Betriebspunktes gewährleistet. Eine Einlaufprozedur vor Versuchsbeginn ist nicht notwendig.

5.5 Zwischenfazit

Interim Conclusion

Der Hochdrehzahl-Verspannungsprüfstand zur Untersuchung des Dehnrateneinflusses auf die Zahnfußtragfähigkeit von Verzahnungen bei hohen Drehzahlen muss unterschiedliche Anforderungen erfüllen. Im ersten Schritt werden die Leistungsanforderungen an den neuen Prüfstand abgeleitet. Anhand dieser Anforderungen wird im zweiten Schritt anhand der ISO 6336 [ISO19a, ISO19d] eine Prüfverzahnung für den Prüfstand ausgelegt. Die Auslegung wird mithilfe der FE-basierten Zahnkontaktanalyse FE-STIRNRADKETTE verifiziert und die erzielbaren Dehnraten im Betrieb analysiert. Im dritten Schritt wird der Prüfstand hinsichtlich der Lastaufbringung, des Lagerungskonzeptes, der Schmierölversorgung sowie der möglichen Schadensdetektion konzipiert.

Ausgehend von der angesetzten Laufzeit für einen Versuch von t = 6 d und der Grenzlastspielzahl von $N_G = 10^8$ Lastwechsel ergibt sich eine Betriebsdrehzahl von $n_1 = 12.000\ min^{-1}$. Aus der maximalen Antriebsleistung $P_{An,max} = 20$ kW und einem Verlustgrad von $\eta_{Verlust} = 8$ % ergibt sich ein maximales Verspanndrehmoment von $M_{max} = 199$ Nm und ein Nenndrehmoment von $M_{Nenn} = 120$ Nm.

Die Prüfverzahnung wird anhand der Kennwerte des Verzahnungswerkstoffes 16MnCr5 ausgelegt. Die Vorauslegung erfolgt mithilfe der ISO 6336 und den Vereinfachungen nach LINKE [LINK10, ISO19c]. Die Makrogeometrie der Vorauslegung wird in der FE-basierten Zahnkontaktanalyse FE-STIRNRADKETTE verifiziert. Die Prüfverzahnung mit einem Normalmodul von $m_n = 1$ mm und einem Achsabstand von a = 99,5 mm ist beim Nenndrehmoment $M_{Nenn} = 120$ Nm zahnfußbruchkritisch. Die hohen Zähnezahlen von $z_1 = 99$ und $z_2 = 102$ führen zu Dehnraten von $\dot{\varepsilon}_{MW} = 133{,}54\ s^{-1}$ bei einer Drehzahl von $n_1 = 12.000\ min^{-1}$.

Die Lastaufbringung erfolgt durch die axiale Verschiebung einer Schrägverzahnung im Vergleichsgetriebe. Die Axialkräfte werden hydraulisch erzeugt. Zur Lagerung werden aufgrund der hohen Dämpfung und der einfachen Bauform Gleitlager verwendet. Die Gleitlager und die Zahneingriffe werden durch eine Einspritzschmierung mit Öl versorgt. Dies reduziert die Quetsch- und Planschverluste im Betrieb und ermöglicht zusätzlich eine Kühlung des Prüfstands über das Schmierölaggregat. Die Schmierölkreisläufe für Gleitlager sowie Prüf- und Vergleichsgetriebe werden aufgrund unterschiedlicher Einspritzdrücke im Vorlauf getrennt.

Die Inbetriebnahme des Prüfstands zeigt, dass eine wiederholgenaue Detektion von Zahnfußbrüchen mithilfe des Körperschalls möglich ist. Ein möglicher Grund hierfür ist, dass der Körperschall nicht primär die Änderung der Verzahnungsanregung, sondern das Auftreffen des ausgebrochenen Zahns am Gehäuse detektiert. Die Betriebsdrehzahl des Prüfstands weist eine vernachlässigbare Schwankung von $\Delta n_2 < 0{,}0086$ % auf. Die Aufbringung und Regelung des Drehmoments wurde erfolgreich in Betrieb genommen. Das mittlere gemessene Drehmoment stimmt mit der Vorgabe überein.

Die Schwankung des gemessenen Drehmoments liegt mit ΔM_2 = +/- 10 % im erwarteten Bereich. Abschließend ist festzuhalten, dass der neuartige Hochdrehzahl-Verspannungsprüfstand für die Untersuchung der Zahnfußtragfähigkeit geeignet ist und eine wiederholgenaue Einstellung des Betriebspunktes gewährleistet.

6 Zahnfußtragfähigkeit in Abhängigkeit von der Dehnrate

Tooth Root Bending Strength as a Function of the Strain Rate

Im folgenden Kapitel wird der Einfluss der Dehnrate auf die Zahnfußtragfähigkeit untersucht. Im ersten Schritt werden die Prüfbedingungen hinsichtlich der Verzahnungsvarianten, dem Verfahren zur Lebensdauerprüfung und der untersuchten Betriebspunkte definiert. Anschließend werden die verwendeten Prüfverzahnungen im zweiten Schritt hinsichtlich ihrer Geometrie und Materialeigenschaften charakterisiert und verglichen. Darauf folgt im dritten Schritt die Vorstellung der verwendeten Prüfstände und eine Einflussanalyse zu statischen und dynamischen Einflüssen auf die resultierende Zahnfußspannung im Betrieb. Im vierten Schritt werden die Ergebnisse der Tragfähigkeitsuntersuchungen vorgestellt, analysiert und der Einfluss der Dehnrate auf die Zahnfußtragfähigkeit sowie der Einfluss der Härte auf den Dehnrateneinfluss quantifiziert.

6.1 Prüfbedingungen

Testing Conditions

Nachfolgend werden die untersuchten Varianten, verschiedene Verfahren zur Lebensdauerprüfung und geeignete Betriebspunkte der Prüfverzahnung für die Lebensdauerprüfung vorgestellt und diskutiert.

6.1.1 Vorstellung der Prüfverzahnungsvarianten

Introduction of the Test Gear Variants

Aus dem Stand der Technik geht hervor, dass der Einfluss der Dehnrate auf die Ermüdungsfestigkeit und die Bruchlastspielzahl von der Härte des entsprechenden Bauteils abhängt [ZHAO12, SCHN14]. Bisherige Untersuchungen sind an durchgehärteten Vergütungsstählen in Form von Standardproben und nicht an für Verzahnungsanwendungen üblichen Einsatzstählen oder an Verzahnungen erfolgt. Daher werden für die Tragfähigkeitsuntersuchungen zwei unterschiedliche Einsatzhärtetiefen betrachtet, um den Einfluss der Einsatzhärtetiefe auf den Dehnrateneffekt quantifizieren zu können. Der Unterschied in der Einsatzhärtetiefe wird durch ein unterschiedliches Schleifaufmaß erreicht, das bei der Weichbearbeitung der Verzahnungen vorgehalten wird. In **Bild 6-1** sind die Endgeometrie sowie die Konturen nach der Weichbearbeitung der Varianten VA und VB dargestellt. Beide Varianten wurden gemeinsam in einer Charge wärmebehandelt. Die Endgeometrie der beiden Varianten nach der Hartbearbeitung ist identisch. Die Prüfverzahnung entspricht der in Kapitel 5.2 ausgelegten Verzahnungsgeometrie. Für die Weich- und Hartbearbeitung der Verzahnung wird das identische Werkzeugprofil verwendet. Dadurch ergeben sich, wie in Bild 6-1 zu erkennen ist, unterschiedliche Aufmaße auf der Zahnflanke und im Zahnfuß. Bedingt durch den Eingriffswinkel von $\alpha_n = 20°$ ist das Aufmaß im Zahnfuß dreimal größer als auf der Zahnflanke. Daraus resultiert, dass im Zahnfußbereich eine kleinere Einsatzhärtetiefe am Fertigteil erreicht wird. Die Einsatzhärtetiefe der Variante VA von $CHD_{550HV1,Flanke,VA}$ = 0,38 mm im Fertigzustand entspricht der oberen Grenze zur Einsatzhärtung nach NIEMANN/WINTER. Es ist jedoch zu beachten, dass die Einsatzhärtetiefe an der schadenskritischen 30°-Tangente aufgrund des größeren Aufmaßes geringer ausfällt. Die Einsatzhärtetiefe der Variante VB ist mit $CHD_{550HV1,Flanke,VB}$ = 0,16 mm im Fertigzustand deutlich geringer gewählt. In Kombination mit dem größeren Aufmaß im Zahnfuß ist damit zu rechnen, dass sich im Bereich der 30°-Tangente der Variante VB eine vernachlässigbare Einsatzhärtetiefe einstellt. Die Unterschiede in der Einsatzhärtetiefe werden ausschließlich durch das Schleifaufmaß erzeugt. Alle Zahnräder haben die gleiche Wärmebehandlung durchlaufen.

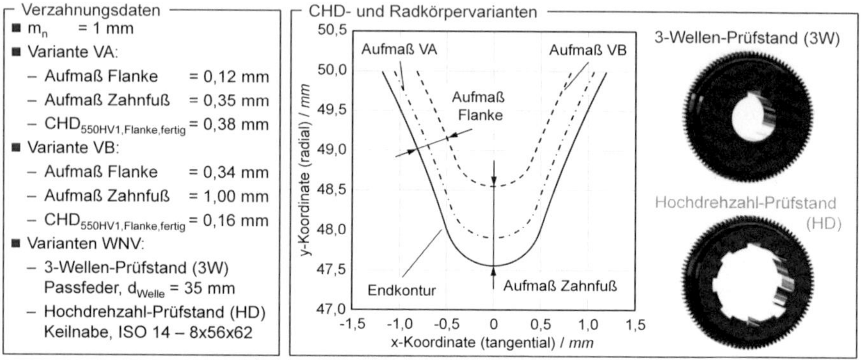

Bild 6-1: Vorstellung der Prüfvarianten

Introduction of Testing Variants

Die unterschiedlichen Dehnraten an der Prüfverzahnung werden im Versuch durch unterschiedliche Betriebsdrehzahlen eingestellt. Der in Kapitel 5 vorgestellte Hochdrehzahl-Verspannungsprüfstand wurde so ausgelegt, dass eine Grenzlastspielzahl von $N_G = 10^8$ Lastwechseln innerhalb von sechs Tagen erreicht wird. Bei der notwendigen, geringeren Drehzahl von $n_1 = 3.000\ min^{-1}$ würden bei einem Eingriff pro Umdrehung sehr lange Versuchszeiten von $t_{Versuch} > 20$ Tage resultieren. Daher wird für die Versuche mit geringerer Dehnrate ein 3-Wellen-Verspannungsprüfstand mit zwei Eingriffen pro Umdrehung verwendet (siehe auch Kapitel 6.3.1). Aufgrund der unterschiedlichen Prüfstände unterscheiden sich die Radkörper der jeweiligen Verzahnungsvarianten. Wie in Bild 6-1 dargestellt, besitzen die Verzahnungen für den 3-Wellen-Verspannungsprüfstand (Variante 3W) eine Passfeder wohingegen die Verzahnungen für den Hochdrehzahl-Verspannungsprüfstand (Variante HD) mit einer Keilnabenverbindung ausgeführt werden. Die Vergleichbarkeit der Varianten 3W-VA und HD-VA sowie der Varianten 3W-VB und HD-VB hinsichtlich ihrer Zahnflanken- und Zahnfußgeometrie ist im Rahmen der Prüfkörpercharakterisierung nachzuweisen, um systematische Einflüsse aus den Prüfkörpern auf die Tragfähigkeitsergebnisse auszuschließen. Ein Vergleich der Tragfähigkeit zwischen den Varianten VA und VB ist aufgrund der unterschiedlichen Härtezustände nicht zielführend.

6.1.2 Vorgehen zur Lebensdauerprüfung

Procedure for Service Life Testing

Die Aussagekraft und Sicherheit von statistischen Kenngrößen bzw. Materialdaten (z.B. mittlere Bruchlastspielzahl oder mittlere Dauerfestigkeit) hängt signifikant vom genutzten Verfahren und der Versuchsanzahl ab. Aus dem Stand der Technik geht hervor, dass die Änderung der mittleren Dauerfestigkeit bei großen Dehnratenunterschieden weniger als 10 % beträgt und damit in der gleichen Größenordnung wie die zu erwartende Versuchsstreuung liegt. In Richtung der mittleren Bruchlastspielzahl liegen die Änderungen der Lebensdauer ebenfalls im Bereich der üblichen Versuchsstreuung von VHCF-Untersuchungen. Um den Effekt der Dehnrate auf die Zahnfußtragfähigkeit bei geringeren Dehnratenunterschieden als im Stand der Technik statistisch signifikant ermitteln und bewerten zu können, sind dementsprechend die Versuchsstreuung und die Versuchsanzahl zu berücksichtigen.

Die mittlere Bruchlastspielzahl einer Stichprobe (SP) N_{SP} weicht in der Regel von der mittleren Bruchlastspielzahl der Grundgesamtheit (GG) N_{GG} ab. Darüber hinaus weicht auch die Standardabweichung der Stichprobe s_{SP} von der Standardabweichung der Grundgesamtheit s_{GG} ab. In Abhängigkeit von der Standardabweichung der logarithmierten Bruchlastspielzahl s_{log}, der Bruchlastspielzahl N_{SP}, der Versuchsanzahl n_{SP} und dem Quantil der Normalverteilung K_1 kann das sogenannte Konfidenzintervall KI bestimmt werden. Das Quantil der Normalverteilung K_1 wird im Folgenden für eine Irrtumswahrscheinlichkeit von 5 % gewählt. In **Bild 6-2** ist die Berechnung des Konfidenzintervalls beispielhaft dargestellt. Im Folgenden wird die Standardabweichung der logarithmierten Lastspielzahlen betrachtet.

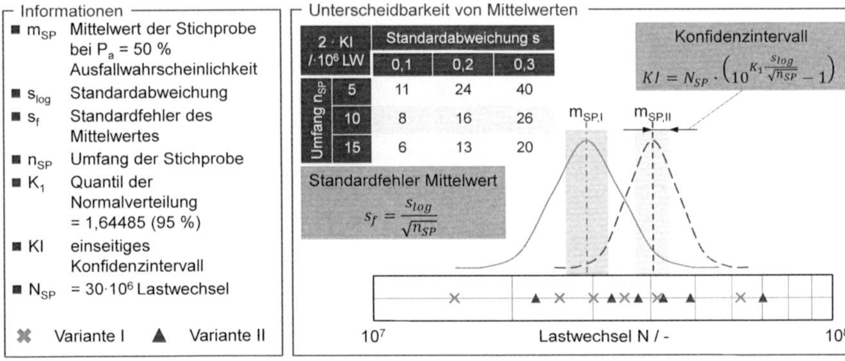

Bild 6-2: Konfidenzintervall in Abhängigkeit von Standardabweichung und Versuchsanzahl

Confidence Interval as a Function of the Standard Deviation and the Number of Test

Der Standardfehler des Mittelwerts s_f wird anhand der Standardabweichung s und dem Umfang der Stichprobe n_{SP} berechnet. Zusammen mit dem Quantil der Normalverteilung K_1 kann das einseitige Konfidenzintervall KI berechnet werden. Werden zwei Varianten auf demselben Lastniveau miteinander verglichen, müssen die Mittelwerte mindestens um das doppelte Konfidenzintervall voneinander abweichen, damit sie statistisch signifikant unterscheidbar sind. Das doppelte Konfidenzintervall stellt damit den minimal auflösbaren Tragfähigkeitsunterschied dar. Im rechten Teil von Bild 6-2 sind die zweifachen Konfidenzintervalle für die Bruchlastspielzahl in der Zeitfestigkeit in Abhängigkeit von der Standardabweichung und der Versuchsanzahl dargestellt. Der betrachtete Bereich der Standardabweichung entspricht den üblichen Wertebereichen der logarithmischen Standardabweichung ($0{,}1 \leq s_{log,N} \leq 0{,}3$ in Richtung der Bruchlastspielzahl und $0{,}02 \leq s_{log,S} \leq 0{,}05$ in Lastrichtung) [ADEN01]. Die Halbierung des zweifachen Konfidenzintervalls erfordert eine Steigerung des Stichprobenumfangs von $n_{SP} = 5$ auf $n_{SP} = 15$. Weiterhin führt eine größere Standardabweichung zu einem größeren Konfidenzintervall, da die Unsicherheit der Versuchsergebnisse zunimmt. Eine Steigerung der Standardabweichung um $\Delta s = 0{,}1$ führt zu einer Verdopplung des Konfidenzintervalls. Die Ergebnisse zeigen, dass die Standardabweichung der statistischen Kenngrößen und der Umfang der Stichprobe n_{SP} einen signifikanten Einfluss auf die statistische Aussagekraft der Ergebnisse haben. Für eine signifikante Unterscheidung von Varianten ist es daher notwendig, das Konfidenzintervall der vorliegenden Ergebnisse zu berechnen und den Mittelwert sowie die Standardabweichung möglichst genau zu bestimmen. Darüber hinaus muss die Versuchsstreuung soweit wie möglich gesenkt werden, z.B. durch eine hohe Fertigungsqualität der Prüfkörper. Dementgegen steht die Bestrebung möglichst wenige Versuche respektive Prüfkörper für die Bestimmung der Tragfähigkeit zu verwenden, um den Zeit- und Kostenaufwand gering zu halten.

Die Bestimmung der statistischen Kenngrößen metallischer Werkstoffproben erfolgt mithilfe statistischer Methoden. Dabei ist zu unterscheiden, welcher Bereich der Wöhlerlinie untersucht werden soll. Abschnitte der Wöhlerlinie mit veränderlicher Beanspruchbarkeit über der Lastspielzahl werden als Zeitfestigkeits- oder Übergangsbereich bezeichnet und können mit dem Horizonten- oder Perlschnurverfahren bestimmt werden [MÜLL15]. Dementgegen werden Abschnitte mit konstanter Beanspruchbarkeit als Dauer- oder Langzeitfestigkeit bezeichnet und können beispielsweise mit dem Treppenstufenverfahren, dem Abgrenzungsverfahren oder dem Probitverfahren ermittelt werden [MÜLL15]. Die Wahl des Verfahrens ist abhängig von den Vorkenntnissen bzgl. der zu erwartenden Tragfähigkeit, der gewünschten Konfidenz der Versuchsergebnisse sowie der möglichen Versuchsanzahl.

Beim Perlschnurverfahren werden Versuche auf mehreren Lasthorizonten in der Zeitfestigkeit bis zum Bruch durchgeführt. Sofern sich die Versuchspunkte entlang einer Geraden im Wöhlerdiagramm anordnen, kann die Zeitfestigkeitsgerade für eine Ausfallwahrscheinlichkeit von $P_a = 50$ % über eine lineare Regression bestimmt werden. Zur Umrechnung auf andere Ausfallwahrscheinlichkeiten muss die logarithmische Standardabweichung der Stichprobe bestimmt werden. Dazu werden die Versuchspunkte entlang der Zeitfestigkeitsgeraden auf ein gemeinsames Lastniveau verschoben und die logarithmische Standardabweichung berechnet [MART11b]. Versuchspunkte, die in den Übergangsbereichen zur Dauerfestigkeit platziert werden, müssen bei der Auswertung ausgeschlossen werden. Es wird die grundlegende Annahme getroffen, dass die Streuung der Versuche über dem betrachteten Lastbereich konstant ist [ZENN99].

Wird die Zeitfestigkeit mithilfe des Horizontenverfahrens untersucht, werden mehrere Versuche auf konstanten Lasthorizonten durchgeführt. Je Lasthorizont können der logarithmische Mittelwert und die logarithmische Standardabweichung berechnet werden [ZENN99, MART11a, MART11b]. Dabei können unterschiedliche Streuungen je Lasthorizont berücksichtigt werden. Zur Definition der Lasthorizonte sind Vorkenntnisse über die Wöhlerlinie notwendig, um eine Platzierung in den Übergangsbereichen zu vermeiden [MART11a].

Das Treppenstufenverfahren zur Ermittlung der mittleren Dauerfestigkeit nutzt konstante, logarithmisch äquidistante Lasthorizonte. Der Lasthorizont des ersten Versuchs kann frei gewählt werden. Der nächste Lasthorizont wird auf Basis des Ergebnisses des vorherigen Versuchs festgelegt (Bruch – Last verringern, Durchläufer – Last steigern). Die sich ergebende Versuchsabfolge wird Treppenstufe genannt und kann mithilfe verschiedener Verfahren ausgewertet werden. Es können der Mittelwert und die Versuchsstreuung berechnet werden. [HÜCK83]

Beim Abgrenzungsverfahren wird eine möglichst gleiche Anzahl von Versuchen auf zwei Lasthorizonten durchgeführt. Für beide Horizonte kann die Ausfallwahrscheinlichkeit nach Rossow in Abhängigkeit der Anzahl an Brüchen und des Stichprobenumfangs geschätzt werden. Zur Bestimmung der beiden Lasthorizonte sind Vorkenntnisse zur Langzeitfestigkeit sowie der Standardabweichung notwendig. [MAEN77]

Zur Bestimmung der Dauerfestigkeit mit dem Probitverfahren werden vier Lasthorizonte definiert. Auf jedem dieser Lasthorizonte sind mindestens zehn Versuche durchzuführen. Die Lasthorizonte dürfen nur ausgewertet werden, wenn auf ihnen mindestens ein Durchläufer auftritt. Analog zum Abgrenzungsverfahren wird je Lasthorizont die Ausfallwahrscheinlich auf Basis der Anzahl an Brüchen und des Stichprobenumfangs geschätzt. [ZENN99]

Die vorgestellten Verfahren sind alle geeignet, um die jeweiligen Bereiche der Wöhlerlinie bestimmen zu können. Allerdings unterscheiden sich die Verfahren hinsichtlich der Belastbarkeit der Ergebnisse in Abhängigkeit von der Anzahl der durchgeführten Versuche. Neben der statistischen Unsicherheit (Konfidenzintervall) besteht dementsprechend die Unsicherheit des bestimmten Mittelwertes und der Standardabweichung durch das gewählte Verfahren. Demzufolge sind das Verfahren und der Bereich der Wöhlerlinie so zu wählen, dass eine möglichst geringe Unsicherheit der statistischen Kenngrößen bei minimaler Versuchsanzahl erreicht wird. Für eine belastbare Bewertung der Dauerfestigkeit sind unabhängig vom Verfahren mindestens $n_{SP} = 10$ Versuche notwendig (Ausnahme Probitverfahren, $n_{SP,min} = 16$) [MÜLL15]. Die oben vorgestellten Verfahren sind hinsichtlich der Streuspanne des Mittelwertes T_{MW}, des Mittelwerts der Standardabweichung m_{SD} und der Streuspanne der Standardabweichung T_{SD} in **Tabelle 6-1** vergleichend dargestellt. Die Streuspanne T ist das Verhältnis des 90 %-Quantils zum 10 %-Quantil des betrachteten Kennwerts und beschreibt die Streuung des ausgewerteten Kennwerts für unterschiedliche Stichproben. Je kleiner die Streuspanne ist, desto enger liegen die Quantile zusammen. Bei T = 1 liefert jede Stichprobe den gleichen Wert.

Tabelle 6-1: Vergleich der Schätzgüten verschiedener statistischer Verfahren [MÜLL15]
Comparison of the Estimation Qualities of Different Statistical Methods

	Annahme: n_{SP} = 10	Streuspanne Mittelwert T_{MW}	Mittelwert Standard-abweichung m_{SD}	Streuspanne Standard-abweichung T_{SD}
Dauerfestigkeit	Treppenstufen-verfahren	1,16	0,9	8
	Abgrenzungs-verfahren	1,19	0,99	5
	Probitverfahren n_{min} = 16	1,16	1,4	4
Zeitfestig-keit	Perlschnur-verfahren	1,5	0,95	4,5
	Horizonten-verfahren	1,4	0,96	3,5

Die Streuspanne des Mittelwertes ist bei Verfahren in der Dauerfestigkeit kleiner als bei Verfahren der Zeitfestigkeit. Allerdings sind die Schätzung der Standardabweichung und die Streuspanne der Standardabweichungsschätzung für die Verfahren der Dauerfestigkeit größer. Dementsprechend sind in der Dauerfestigkeit viele Versuche notwendig, um eine ausreichende Sicherheit der Standardabweichung zu erhalten. Darüber hinaus dauern die Versuche zur Dauerfestigkeit länger und führen nicht immer zum Bruch. Somit liefern die Verfahren der Zeitfestigkeit mehr Informationen zur Bruchlastspielzahl und erreichen gleichzeitig belastbarere statistische Kenngrößen bei gleicher Versuchsanzahl. Aus diesen Gründen werden die Versuche im Bereich des Festigkeitsabfalls im VHCF-Bereich der Wöhlerlinie ($10^7 < N_{Bruch} < 10^8$) durchgeführt. Anhand von Vorversuchen wird das Ermüdungsverhalten der beiden Prüfvarianten VA und VB bewertet. Anschließend wird das Horizontenverfahren genutzt, um die Bruchlastspielzahl im mittleren Lastbereich der Langzeitfestigkeitsgeraden bei geringer Drehzahl zu bestimmen. Die dazu notwendigen Vorkenntnisse über die Wöhlerlinie werden in Vorversuchen ermittelt. Für diesen Fall erlaubt das Horizontenverfahren bessere Schätzgüten des Mittelwertes und der Standardabweichung [MÜLL15]. Darüber hinaus sind die Einflüsse aus der Lastaufbringung im Prüfstand bei der Untersuchung fester Lastniveaus geringer. Bei hoher Drehzahl wird das Perlschnurverfahren genutzt, um den Verlauf der Langzeitfestigkeitsgeraden zu bestimmen. Anhand der mittleren Bruchlastspielzahl bei geringer Drehzahl und konstanter Last sowie der Langzeitfestigkeitsgeraden bei hoher Drehzahl ist eine Aussage zum Dehnrateneinfluss hinsichtlich der Beanspruchbarkeit und der Lebensdauer möglich.

6.1.3 Definition der Betriebspunkte

Definition of the Operating Points

Die Drehmomente für die Varianten VA und VB werden jeweils anhand von Vorversuchen bei einer Drehzahl von n_1 = 3.000 min^{-1} auf dem 3-Wellen-Prüfstand festgelegt. Durch die unterschiedliche Randhärte der Varianten VA und VB ist ein gemeinsamer Prüfhorizont nicht zielführend. Das Drehmoment wird jeweils so eingestellt, dass Zahnfußbrüche im VHCF-Bereich ($10^7 < N_{Bruch} < 10^8$) auftreten. Weiterhin ist darauf zu achten, dass der Prüfhorizont nicht im Übergang zu den HCF- und UHCF-Bereichen liegt. Als Grenzlastspielzahl wird $N_G = 10^8$ Lastwechsel definiert.

Im linken Teil von **Bild 6-3** sind die Ergebnisse der Vorversuche im Wöhlerdiagramm dargestellt. Für die Variante VA wird auf Basis der Vorversuche ein Drehmoment von $M_{1,VA}$ = 155 Nm gewählt. Die relativ kleinen Bruchlastspielzahlen im Drehmomentbereich von M_1 = 90 - 130 Nm sind darauf zurückzuführen, dass für diese Vorversuche Radsätze mit einer nicht ausreichenden Verzahnungsqualität verwendet wurden. Für die Variante VB ergeben sich aufgrund der geringeren Einsatzhärtetiefe und Randhärte geringere Bruchlastspielzahlen und Drehmomente. Bei einem Drehmoment von $M_{1,VB}$ = 114 Nm können für diese Variante wiederholbar Zahnfußbrüche im VHCF-Bereich erzeugt werden.

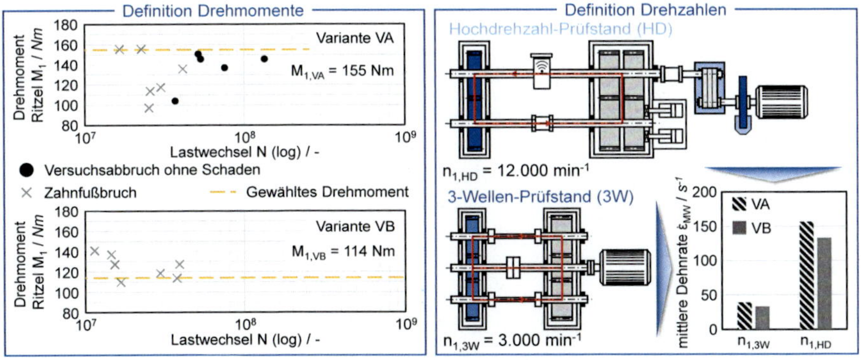

Bild 6-3: Definition der Betriebspunkte zur Lebensdauerprüfung im VHCF-Bereich

Definition of the Operating Points for the Life Time Testing in the VHCF Area

Zur Berechnung der Dehnrate im Betrieb ist die Berechnung der Zahnfußspannung notwendig. In **Tabelle 6-2** sind die Zahnfußspannungen unterschiedlicher Berechnungsansätze für die gewählten Prüfdrehmomente bei einer idealen Verzahnung dargestellt. Die Norm ISO 6336-3:2019-11 und die FE-STIRNRADKETTE werden in Kapitel 5.2 zur Auslegung der Prüfverzahnung verwendet. Das WZLGEARFORCE6D Element wurde in Kapitel 4 vorgestellt und validiert. Bei der Berechnung nach ISO 6336-3:2019-11 Methode B wird der Dynamikfaktor mit K_V = 1 angenommen.

Tabelle 6-2: Vergleich der Berechnungsansätze hinsichtlich der Zahnfußspannung
Comparison of the Calculation Approaches regarding the Tooth Root Stress

Drehmoment M_1 / *Nm*	Zahnfußspannung $\sigma_{F,max,1}$ / *N/mm²*		
	ISO 6336-3:2019	FE-STIRNRADKETTE	WZLGEARFORCE6D
114	1.150,2	1.117,8	874,3
155	1.563,8	1.502,9	1.029,2

Zwischen den Berechnungsansätzen treten teilweise erhebliche Unterschiede auf. Während die maximalen Zahnfußspannungen der ISO 6336-3 und der FE-STIRNRADKETTE um $\Delta = 3 - 4$ % voneinander abweichen, sind die Zahnfußspannungen im WZLGEARFORCE6D Element $\Delta = 24 - 34$ % kleiner. Die Analyse der Eingriffsverhältnisse zeigt, dass dieser Unterschied auf eine lastbedingte Überdeckungszunahme zurückzuführen ist. Aufgrund der ähnlichen Zähnezahlen von Ritzel und Rad und des im Vergleich zum Achsabstand kleinen Moduls von $m_n = 1$ mm kommt es zu einem signifikanten Anstieg der Überdeckung. Die lastfreie Profilüberdeckung beträgt $\varepsilon_\alpha = 1{,}24$. In der FE-STIRNRADKETTE entspricht dies der maximalen Gesamtüberdeckung unter Last. Bei einem Drehmoment von $M_1 = 114$ Nm wird das Drehmoment laut der Berechnung im WZLGEARFORCE6D Element durchgängig von mindestens zwei Zähnen übertragen, vgl. Gesamtüberdeckung $\varepsilon_\gamma > 2$. Durch das Verschwinden des Einzeleingriffsgebietes sinkt die maximale Zahnfußspannung innerhalb eines Zahneingriffs. Zur Verifizierung der Zahnfußspannung im WZLGEARFORCE6D Element werden die rechnerischen Werte mit den bekannten Festigkeitswerten der ISO 6336-5:2016-08 verglichen. Die maximal zulässige Zahnfußspannung bei einer Grenzlastspielzahl von $N_{G,ISO} = 3 \cdot 10^6$ Lastwechsel beträgt laut ISO 6336-5:2016-08 $\sigma_{FE,ISO\ 6336\text{-}5} = 1.050$ N/mm² [ISO16]. Durch Kugelstrahlen kann zusätzlich eine Tragfähigkeitssteigerung von ca. 10 % erreicht werden [SCHU16]. Für Variante VA mit einem üblichen Härtetiefenverlauf wäre damit nach Norm eine zulässige Zahnfußspannung von $\sigma_{FE,VA} = 1.155$ N/mm² zu erwarten. Für das gewählte Drehmoment liegt die Spannung nach ISO 6336-3:2019-11 bzw. FE-STIRNRADKETTE bereits ca. 35 % über diesem Wert, während kein Bruch innerhalb der Grenzlastspielzahl von $N_{G,ISO} = 3 \cdot 10^6$ Lastwechsel aufgetreten ist. Da ein üblicher 16MnCr5 Werkstoff ohne besondere Reinheit verwendet wird, ist dieser Wert nicht realistisch. Der Abfall der Zahnfußtragfähigkeit im VHCF-Bereich beträgt laut BRETL ca. 15 % für einsatzgehärtete Verzahnungen [BRET11]. Die Umrechnung der Zahnfußspannung des WZLGEARFORCE6D Elementes auf $N_{G,ISO} = 3 \cdot 10^6$ Lastwechsel (+15 %) führt zu $\sigma_{VA} = 1.183{,}6$ N/mm². Dieser Wert erscheint im Vergleich zur Festigkeitsgrenze von $\sigma_{FE,VA} = 1.155$ N/mm² realistisch. Daher wird davon ausgegangen, dass die Berechnung im WZLGEARFORCE6D Element korrekt ist. Die Abbildung der lastbedingten Überdeckungszunahme in der FE-STIRNRADKETTE ist aktueller Forschungsschwerpunkt im Forschungsvorhaben FVA 127 X – Profilkorrektur hochelastisches Umfeld. In der verwendeten Version kann die lastbedingte Überdeckungszunahme in der Berechnung nicht abgebildet werden, woraus die Abweichungen resultieren. Die Ergebnisse zeigen weiterhin, dass die Berechnung nach ISO 6336-3:2019-11 für Geradverzahnungen mit kleinem Modul den

Überdeckungszugewinn nicht abbildet. Dadurch ergibt sich eine sehr konservative Bewertung der Tragfähigkeit und es bleibt Tragfähigkeitspotential ungenutzt. Im weiteren Verlauf wird die Zahnfußspannung mithilfe des WZLGEARFORCE6D Elements berechnet.

Die Drehzahl der gewählten Betriebspunkte ergibt sich aus der Anforderung an die Steigerung der Dehnrate. Die Versuche mit geringer Dehnrate werden bei $n_{1,3W}$ = 3.000 min^{-1} auf einem 3-Wellen-Prüfstand durchgeführt, siehe Bild 6-3. Für die verwendete Prüfverzahnung ergibt sich bei dieser Drehzahl eine mittlere Dehnrate von $\dot{\varepsilon}_{MW,3W,VA}$ = 39,1 s^{-1} bzw. $\dot{\varepsilon}_{MW,3W,VB}$ = 33,2 s^{-1}. Die mittlere Dehnrate wird nach Formel (4-3) und (4-4) berechnet. Es wird die maximale Zahnfußspannung des WZLGEARFORCE6D Elements der jeweiligen Variante aus Tabelle 6-2 verwendet. Die erhöhte Dehnrate wird auf dem Hochdrehzahl-Verspannungsprüfstand bei einer Drehzahl von $n_{1,HD}$ = 12.000 min^{-1} untersucht. Die Vervierfachung der Drehzahl führt nach Kapitel 4.4 zu einer Vervierfachung der mittleren Dehnrate. Ein Vergleich mit untersuchten Dehnraten aus dem Stand der Technik legt nahe, dass zwischen den untersuchten Dehnraten ein Effekt auf die Beanspruchbarkeit bzw. die Bruchlastspielzahl zu erwarten ist. Aus Effizienzgründen werden die Versuche nicht auf demselben Prüfstand durchgeführt. Im Folgenden ist sicherzustellen, dass die maximale Zahnfußspannung im Betrieb auf beiden Prüfständen vergleichbar ist, um den Effekt der Dehnrate korrekt zu quantifizieren.

6.2 Charakterisierung der Prüfkörper

Characterization of the Test Gears

Im Folgenden werden die Prüfzahnräder der unterschiedlichen Varianten hinsichtlich ihrer Verzahnungsqualität, der Zahnfußgeometrie, der Rauheit und ihrer Werkstoffeigenschaften analysiert und miteinander verglichen.

6.2.1 Verzahnungsqualität

Gear Quality

Die Verzahnungsqualität umfasst die geometrischen Abweichungen der Zahnform, der Teilung, des Kopf- und Fußkreisdurchmessers sowie der Zahnweite. Die Einhaltung vorgegebener Toleranzen für die Abweichungsgrößen ist für den fehlerfreien Betrieb einer Getriebestufe unerlässlich [NIEM03, KLOC17]. Aus Kapitel 6.1.2 geht hervor, dass die Aussagekraft der mittleren Lebensdauer signifikant von der Streuung der ermittelten Lebensdauern bzw. der Standardabweichung der Bruchlastspielzahl abhängt. Ein signifikanter Einflussfaktor auf die Lebensdauer im Betrieb ist die Verzahnungsqualität. Beispielsweise führen Teilungsabweichungen zur Überlastung einzelner Zähne oder Flankenlinienwinkelabweichungen zu Spannungsüberhöhungen über der Zahnbreite. Daher werden im Folgenden die Verzahnungen der Prüfreihen 3-Wellen-Prüfstand (3W) und Hochdrehzahl-Prüfstand (HD) miteinander verglichen, um systematische Abweichungen zwischen den Prüfreihen auszuschließen. Die Varianten

VA und VB werden getrennt voneinander betrachtet, da aufgrund der geringeren Einsatzhärtetiefe der Variante VB mit einer geringeren Beanspruchbarkeit zu rechnen ist und damit ein direkter Vergleich der Varianten VA und VB nicht sinnvoll ist. Für alle Prüfverzahnungen wird die Genauigkeitsklasse A5 nach ISO 1328-1:2013-09 vorgegeben [ISO13]. Alle Ritzel und Gegenräder wurden auf einem Klingelnberg P16 Verzahnungsmesszentrum gemessen. Dabei wurde eine Profil- und eine Flankenlinie sowie der Kopfkreisdurchmesser an vier Zähnen über dem Umfang erfasst. Zusätzlich wurde die Teilung an allen Zähnen gemessen.

Für die Variante 3W-VA wurden 15 Radsätze und für die Variante HD-VA 21 Radsätze betrachtet, siehe **Bild 6-4**. Die Messergebnisse wurden nach dem Vorgehen der ISO 1328-1:2013-09 ausgewertet und die Abweichungen der Zahnflanken sowie der Umfangsgrößen berechnet. Für die Auswertung und die nachfolgenden Tragfähigkeitsversuche wurden nur Verzahnungen betrachtet, die die Klasse A5 bzgl. der Teilungsgrößen f_p, f_u und F_p einhalten. Weiterhin wurde je Verzahnung die Flankenseite mit den geringsten Abweichungen ausgewertet und im späteren Versuch verwendet. Neben der mittleren Abweichung je Abweichungsgröße sind auch die jeweiligen Maximal- und Minimalwerte dargestellt.

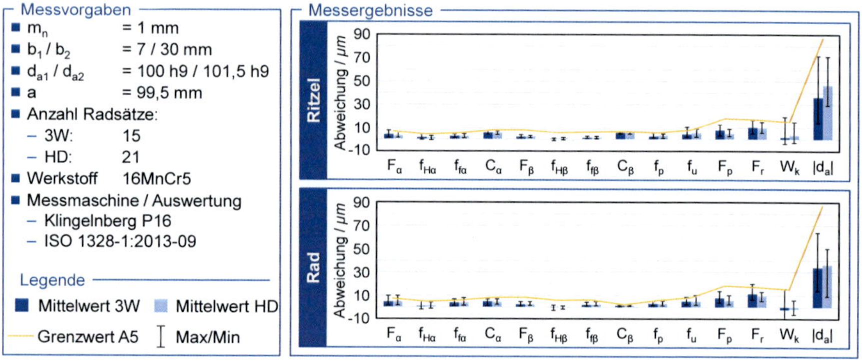

Bild 6-4: Auswertung der Verzahnungsqualität – Variante VA

Evaluation of the Gear Quality – Variant VA

Für die betrachteten Ritzel ist zu erkennen, dass die mittlere Abweichung aller Abweichungsgrößen innerhalb der Toleranzgrenzen der Genauigkeitsklasse A5 liegt. Darüber hinaus liegen auch die maximalen Abweichungen überwiegend innerhalb der gegebenen Grenzwerte. Die Überschreitung einzelner Grenzwerte ist auf Messausreißer, z.B. durch Verschmutzungen auf den Zahnflanken, zurückzuführen. Nach einzelner Prüfung der entsprechenden Ausreißer ist mit keinem Einfluss auf die Zahnfußtragfähigkeit zu rechnen. Zusätzlich wurde die betragsmäßige Abweichung vom Kopfkreisdurchmesser ausgewertet. Eine Änderung der Kopfkreisdurchmesser führt im Betrieb zu einer Verlängerung bzw. Verkürzung der Eingriffsstrecke und beeinflusst damit signifikant die reale Überdeckung im Betrieb bzw. die maximale Zahnfußspannung. Die vorgegebenen Toleranzen werden von allen Verzahnungen erfüllt. Zwischen den beiden Varianten 3W und HD ist jedoch ein signifikanter Unterschied hinsichtlich der mittleren Abweichungen der Kopfkreise der Ritzel von $\Delta d_{a,1,VA}$ = 10,5 µm erkennbar. Der Einfluss dieser Abweichung auf die Zahnfußspannung wird in Kapitel 6.3.2 analysiert. Aus den übrigen Abweichungsgrößen ist kein Einfluss auf die Zahnfußtragfähigkeit der Varianten 3W-VA und HD-VA zu erwarten.

In **Bild 6-5** sind die Abweichungen der Verzahnungsgeometrie für die Varianten 3W-VB und HD-VB dargestellt. Analog zur Variante VA liegen die mittleren sowie die maximalen Abweichungen der Zahnflanken sowie der Teilung, des Rundlaufs und der Zahnweite innerhalb der Grenzwerte der Genauigkeitsklasse A5 bzw. überschreiten diese nur geringfügig. Die Rundlaufabweichung F_r zeigt eine Überschreitung des Grenzwertes, welche auf Ausreißer bei der Messung zurückzuführen sind. Wie auch bei der Variante VA ist durch diese Abweichung mit keinem signifikanten Einfluss auf die Zahnfußtragfähigkeit zu rechnen und die Vergleichbarkeit der Varianten 3W-VB und HD-VB ist gegeben. Die betragsmäßigen Abweichungen der Kopfkreisdurchmesser am Ritzel zwischen den Varianten 3W-VB und HD-VB liegen innerhalb der vorgegebenen Toleranzen, sind jedoch größer als bei der Variante VA und weichen mit $\Delta d_{a,1,VB}$ = 25 µm am Ritzel signifikant voneinander ab. Der Einfluss dieser Abweichungen auf die Zahnfußspannung wird ebenfalls in Kapitel 6.3.2 bewertet.

Die Analyse der geometrischen Verzahnungsabweichungen zeigt, dass die ausgewählten Radsätze die vorgegebenen Toleranzen einhalten und eine geringe Streuung aufweisen. Die geringfügige Überschreitung der Toleranzgrenzen bei einzelnen Abweichungsgrößen wurde geprüft. Es ist kein signifikanter Einfluss auf die Zahnfußtragfähigkeit zu erwarten. Die Streuung innerhalb der Varianten ist gering und es wurden keine systematischen Verzahnungsabweichungen zwischen den Varianten 3W-VA und HD-VA bzw. 3W-VB und HD-VB identifiziert. Lediglich die Kopfkreisdurchmesser der Varianten 3W-VA und HD-VA bzw. 3W-VB und HD-VB zeigen signifikante Abweichungen, deren Einfluss auf die Zahnfußspannung nachfolgend zu analysieren ist.

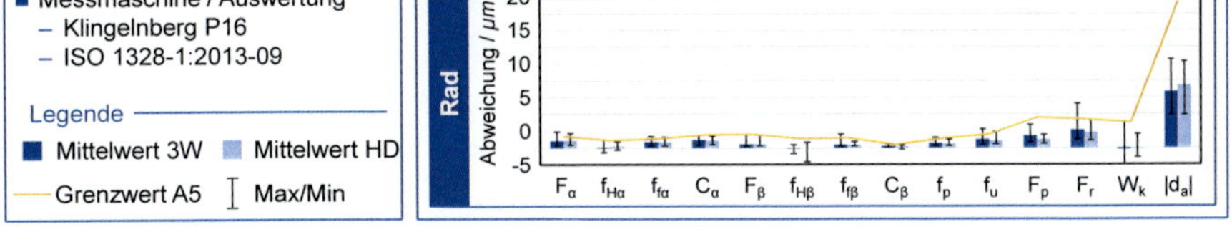

Bild 6-5: Auswertung der Verzahnungsqualität – Variante VB
Evaluation of the Gear Quality – Variant VB

6.2.2 Zahnfußgeometrie

Tooth Root Geometry

Die Zahnfußspannung wird maßgeblich durch die Form der Zahnfußkontur bestimmt. Um eine möglichst geringe Streuung der Zahnfußkontur zu erreichen, wurde der Zahnfuß beim Verzahnungsschleifen ebenfalls bearbeitet. Im Gegensatz zur Zahnflanke existieren für die Zahnfußkontur keine standardisierten Mess- und Auswertevorgehen zur Bewertung der Fertigungsqualität und zur Kompensation von Fertigungsabweichungen. Damit ein Einfluss der Zahnfußkontur auf die experimentell ermittelte Lebensdauer ausgeschlossen werden kann, wurde die Zahnfußgeometrie anhand des in **Bild 6-6** dargestellten Vorgehens gemessen und bewertet. Die Methode wurde im Forschungsvorhaben FVA 839 II – Closed Loop Zahnfuß entwickelt und ermöglicht den Konturvergleich gemessener Lückenkonturen. An einem Zahnrad wird im ersten Schritt an vier Lücken über dem Umfang die Lückenkontur mit dem taktilen Messgerät MARSURF XC 20 aufgenommen. Im zweiten Schritt wird der Auswertebereich für den Zahnfußbereich festgelegt. Anschließend erfolgt im dritten Schritt der Konturvergleich einer Referenzkontur mit den gemessenen Zahnfußkonturen. Die Ausrichtung der beiden Konturen erfolgt anhand der Zahnflanke, wobei dieser Bereich bei der Auswertung nicht betrachtet wird. Abschließend wird die Abweichung der beiden Zahnfußkonturen in Normalenrichtung über der x-Koordinate für den gewählten Auswertebereich ausgegeben.

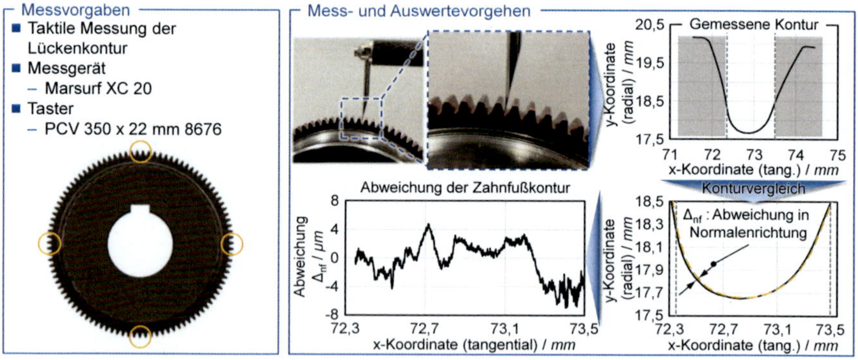

Bild 6-6: Vorgehen zur Bewertung der Zahnfußgeometrie

Procedure for the Evaluation of the Tooth Root Geometry

Mithilfe des vorgestellten Vorgehens wurden je Variante zwei Ritzel analysiert. Da die Schäden ausschließlich am Ritzel auftreten, wird die Zahnfußkontur am Rad nicht betrachtet. Die erste Messung am Ritzel der Variante 3W-VA wurde als Referenzkontur definiert. Alle weiteren Messungen wurden mit dieser Referenzkontur verglichen. Um die Auswertung zu vereinfachen, werden je Konturvergleich nur die statistischen Kenngrößen Mittelwert, Median, 25 %- und 75 %-Quantil sowie Maximum und Minimum ausgewertet und in **Bild 6-7** dargestellt. Werte, die größer als 97,5 % bzw. kleiner als 2,5 % aller Werte sind, werden als Ausreißer markiert.

Die Abweichungen innerhalb der Variante 3W-VA liegen in einem Bereich von -11,4 µm < $\Delta_{nf,Min/Max}$ < 10,2 µm. Weiterhin ist zu erkennen, dass der Streubereich der Mittelwerte nochmals kleiner ist. Für die Variante HD-VA ergeben sich größere Abweichungen. Einerseits ist die Streuung der Zahnfußkontur je Messung größer, andererseits ist der Streubereich der Mittelwerte ebenfalls größer. Trotz der größeren Streuung kann keine systematische Abweichung der Zahnfußkontur zu positiven oder negativen Werten festgestellt werden. Dementsprechend ist davon auszugehen, dass die Varianten 3W-VA und HD-VA keine signifikanten Unterschiede der Zahnfußtragfähigkeit aufgrund der Zahnfußkontur zeigen werden. Der Einfluss der mittleren Abweichungen von $\Delta_{nf,MW,max}$ = 5 µm (HD-VA, Zahnrad 1, Messung 4) und $\Delta_{nf,MW,min}$ = -5,1 µm (HD-VA, Zahnrad 2, Messung 3) der Zahnfußkontur auf die resultierende Zahnfußspannung wird in Kapitel 6.3.2 analysiert.

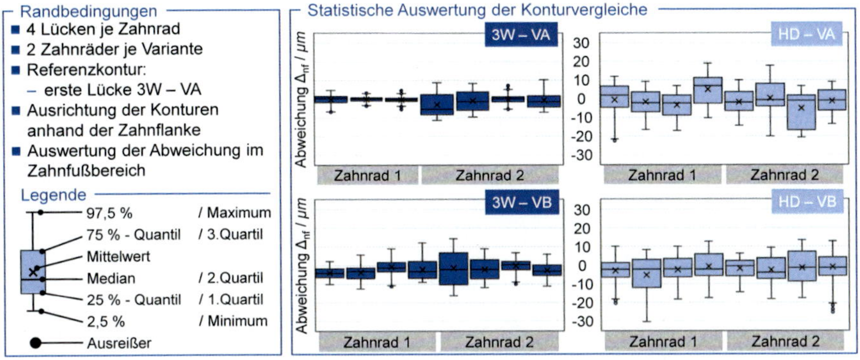

Bild 6-7: Auswertung der Geometriestreuung der Zahnfußkontur

Evaluation of the Geometry Scattering of the Tooth Root Contour

Der Vergleich der Varianten 3W-VB und HD-VB zeigt ebenfalls eine größere Streuung der Abweichungen der Variante HD-VB. Analog zur Variante VA sind keine systematischen Abweichungen der Zahnfußkonturen zu positiven oder negativen Werten erkennbar. Die gemessenen Konturen streuen also um die Referenzkontur und es ist kein signifikanter Einfluss der Zahnfußgeometrie auf die Vergleichbarkeit der Varianten 3W-VB und HD-VB zu erwarten. Der Streubereich des Mittelwertes der Abweichungen ist bei den Varianten VB kleiner als bei den Varianten VA. Daher wird auf eine gesonderte Analyse der Zahnfußspannung in Kapitel 6.3.2 verzichtet.

6.2.3 Rauheit

Roughness

Die Rauheit der Prüfverzahnungen wurde sowohl im Bereich des Zahnfußes als auch im Bereich der Zahnflanke gemessen. Aufgrund des kleinen Normalmodus von m_n = 1 mm ist eine Messung im Zahnfuß in Profilrichtung nicht möglich. Die Rauheitsmessung der Zahnflanke in Profilrichtung erfordert aufgrund des kurzen Profils eine sehr kurze Messstrecke, die für die zu erwartenden Rauheiten von Ra ≈ 0,1 - 0,3 µm nach ISO 21920-2:2021-12 nicht zulässig wäre [ISO20a]. Aus diesem Grund wurden alle Rauheiten in Flankenrichtung entlang der Zahnbreite gemessen, siehe **Bild 6-8**. Aufgrund des Festigkeitsstrahlens und Gleitschleifens der Verzahnungen nach dem Verzahnungsschleifen ist davon auszugehen, dass keine signifikante Richtungsabhängigkeit der Rauheitskennwerte durch Schleifriefen vorhanden ist. Alle Messungen wurden mit identischen Messvorgaben durchgeführt. Je Variante wurden zwei Ritzel an jeweils vier über dem Umfang verteilten Zähnen gemessen. Die acht Messungen je Variante wurden hinsichtlich Maxima, Minima und Mittelwert ausgewertet.

Die oberen Diagramme in Bild 6-8 zeigen den arithmetischen Mittenrauwert Ra auf der Zahnflanke und im Zahnfußgrund. Die Werte auf der Zahnflanke sind signifikant kleiner als im Zahnfußgrund. Dies ist auf die bessere Zugänglichkeit der Zahnflanke für die Schleifkörper im Gleitschleifprozess zurückzuführen. Dadurch kann die aus dem Festigkeitsstrahlen resultierende erhöhte Rauheit stärker reduziert werden. Weiterhin zeigen die Varianten 3W-VB und HD-VB erhöhte arithmetische Mittenrauwerte. Diese sind durch die erhöhte Rauheit dieser Varianten vor dem Gleitschleifen begründet, da die Verformung beim Festigkeitsstrahlen aufgrund der geringeren Oberflächenhärte größer ist. Die in den unteren Diagrammen dargestellte mittlere Rautiefe Rz zeigt die gleichen Effekte wie der arithmetische Mittenrauwert Ra.

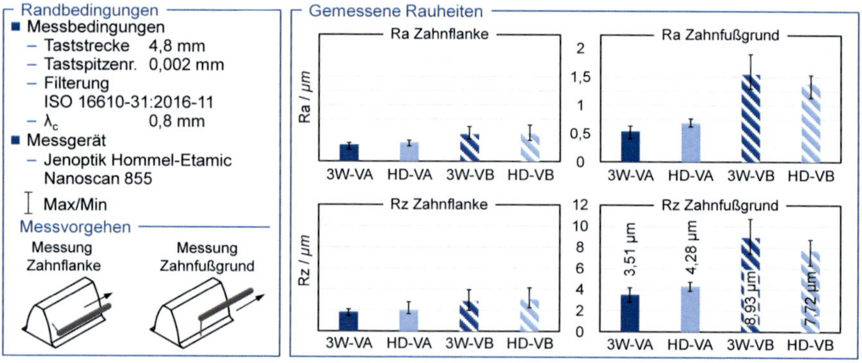

Bild 6-8: Rauheitsauswertung an Zahnflanke und Zahnfuß

Evaluation of Roughness at Tooth Flank and Tooth Root

Auf der Zahnflanke weisen der arithmetische Mittenrauwert Ra als auch die mittlere Rautiefe Rz keine signifikanten Unterschiede zwischen den Varianten 3W-VA und HD-VA bzw 3W-VB und HD-VB auf. Im Zahnfußgrund sind jedoch signifikante Unterschiede zwischen den genannten Varianten erkennbar. Eine Abschätzung dieser Unterschiede hinsichtlich der Zahnfußtragfähigkeit ist mithilfe des relativen Oberflächenfaktors $Y_{R\,rel\,T}$ nach ISO 6336-3:2019-11 möglich, siehe **Formel (6-1)** [ISO19a].

$$Y_{R\,rel\,T} = 1{,}674 - 0{,}529 \cdot (R_z + 1)^{0{,}1} \qquad \textbf{(6-1)}$$

Für die Variante 3W-VA und HD-VA ergeben sich Werte von $Y_{R\,rel\,T,\,3W\text{-}VA} = 1{,}059$ und $Y_{R\,rel\,T,\,HD\text{-}VA} = 1{,}049$. Die resultierende Abweichung in der Tragfähigkeit beträgt damit weniger als 1 %. Bei den Varianten 3W-VB und HD-VB ergibt sich mit den Werten $Y_{R\,rel\,T,\,3W\text{-}VB} = 1{,}0085$ und $Y_{R\,rel\,T,\,HD\text{-}VB} = 1{,}0171$ ebenfalls ein Unterschied von unter

1 %. Darüber hinaus ist zu beachten, dass die Rauheit im kritischen Bereich der 30°-Tangente voraussichtlich zwischen den gemessenen Werten des Zahnfußgrundes und der Zahnflanke liegt.

6.2.4 Metallografische Analyse

Metallographic Analysis

Die metallografische Analyse der Prüfritzel umfasst die Messung der Härtetiefenverläufe sowie der Eigenspannungen. In **Bild 6-9** sind die Ergebnisse der Härtemessungen dargestellt. Für jede Variante wurde jeweils ein Prüfritzel betrachtet. Je Prüfritzel wurden vier Zahnlücken herausgetrennt, in Zahnmitte halbiert und jeweils zwei Messungen an der Zahnflanke und eine Messung im Zahnfußgrund durchgeführt. Damit liegen je Variante acht Messungen des Härtetiefenverlaufs an der Zahnflanke und vier Messungen im Zahnfußgrund vor. Für die Auswertung werden die Messungen je Variante gemittelt. Die maximale Tiefe betrug bei allen Messungen 1 mm. Um die Auflösung in Tiefenrichtung zu erhöhen, wurde ein Messraster mit 14 Messpunkten verwendet. Aufgrund der Breite des Messrasters war eine Messung im Bereich der 30°-Tangente der Zahnfußausrundung nicht möglich. Es ist anzunehmen, dass die tatsächliche Härte an der 30°-Tangente aller Varianten zwischen den gemessenen Werten der Zahnflanke und des Zahnfußes liegt.

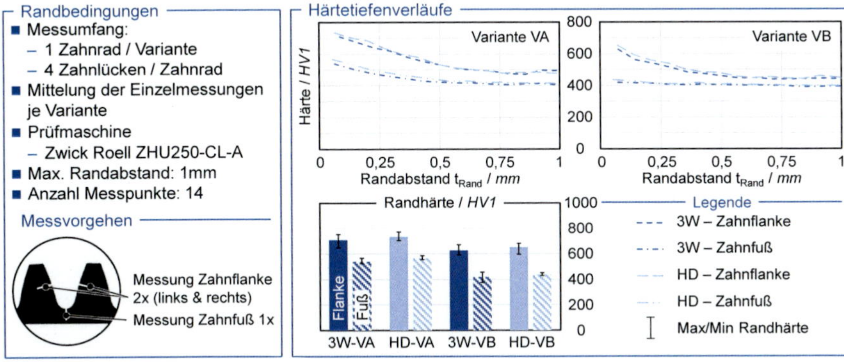

Bild 6-9: Härtetiefenverläufe der Prüfvarianten

Case Hardening Depths of the Test Variants

Die oberen Diagramme in Bild 6-9 zeigen die gemittelten Härtetiefenverläufe für die Zahnflanke und den Zahnfuß für die Varianten VA und VB. Es ist zu erkennen, dass die Verläufe der Varianten 3W-VA und HD-VA bzw. 3W-VB und HD-VB sowohl für die Zahnflanke als auch für den Zahnfuß übereinstimmen. Hinsichtlich der Einsatzhärtetiefe Chd_{550HV1} an der Zahnflanke unterscheiden sich die Varianten um $\Delta Chd_{550HV1,VA}$ = 0,02 mm bzw. $\Delta Chd_{550HV1,VB}$ = 0,06 mm bei einer mittleren Einsatzhärtetiefe von $Chd_{550HV1,VA}$ = 0,46 mm bzw. $Chd_{550HV1,VB}$ = 0,22 mm. Da die Zahnfußtragfähigkeit untersucht werden soll, wird der Einfluss der Schwankung der Einsatzhärtetiefe an der Zahnflanke als vernachlässigbar eingestuft.

Zwischen der Zahnflanke und dem Zahnfußgrund besteht ein Offset hinsichtlich der Kernhärte von $\Delta HV_{Kern,VA} \approx 70$ HV1 bzw. $\Delta HV_{Kern,VB} \approx 49$ HV1. Darüber hinaus ist zu erkennen, dass die Kernhärte im Zahnfuß früher erreicht wird als an der Zahnflanke. Für die Varianten VB fehlt der Anstieg der Härte im Randbereich vollständig. Dies ist auf den größeren Schleifabtrag im Zahnfußgrund im Vergleich zur Zahnflanke zurückzuführen, siehe Kapitel 6.1.1. Das Auslegungsziel der Varianten VB (keine ausgeprägte Randzonenhärtung im Fußbereich) wurde erreicht.

Zur Bewertung des Einflusses der Härte auf die Zahnfußtragfähigkeit wird die Härte im Randbereich betrachtet. Die Härte im Randbereich der Varianten 3W-VA und HD-VA weicht für die Zahnflanke und für den Zahnfuß um $\Delta HV_{Rand,Flanke,VA} = 25$ HV1 bzw. $\Delta HV_{Rand,Fuß,VA} = 27{,}7$ HV1 voneinander ab. Laut ISO 6336-5:2016-08 ist bei Randhärten von $600 < HV_{Rand} < 800$ HV kein Einfluss der Härte auf die Zahnfußtragfähigkeit zu erwarten [ISO16]. Für die Varianten 3W-VA und HD-VA ist der Härteeinfluss auf die Zahnfußtragfähigkeit damit vernachlässigbar. Die signifikant geringere Härte der Varianten VB im Randbereich führt, wie in Kapitel 6.1.3 gezeigt, zu einer verringerten Zahnfußtragfähigkeit im Vergleich zu den Varianten VA. Die mittlere Härte im Randbereich weicht um $\Delta HV_{Rand,Flanke,VB} = 26{,}1$ HV1 bzw. $\Delta HV_{Rand,Fuß,VB} = 17$ HV1 voneinander ab. Da der Streubereich zwischen Maximum und Minimum der Variante HD-VB innerhalb des entsprechenden Streubereichs der Variante 3W-VB liegt, wird davon ausgegangen, dass kein signifikanter Unterschied vorliegt und dementsprechend die Zahnfußtragfähigkeit nicht beeinflusst wird.

In **Bild 6-10** sind die Ergebnisse der Eigenspannungsmessungen dargestellt. Für jede der vier Varianten wurde die Eigenspannung am Wälzkreisdurchmesser d_w gemessen. Die tangentialen Eigenspannungen der Varianten 3W-VA und HD-VA betragen im Randbereich bei einer Tiefe von 4,7 µm < t_{Rand} < 40 µm $\sigma_t \approx -1322$ MPa. Ab einer Tiefe von $t_{Rand} = 200$ µm steigen die tangentialen Eigenspannungen für beide Varianten auf ein konstantes Niveau von $\sigma_t \approx -253$ MPa. Im Rand- und Kernbereich stimmen die tangentialen Eigenspannungen der beiden Varianten unter Berücksichtigung der Streubereiche überein. Die axialen Eigenspannungen sind im Vergleich zu den tangentialen Eigenspannungen geringfügig höher. Der Tiefenverlauf der beiden Varianten stimmt unter Berücksichtigung der Streubereiche überein. Dementsprechend wird davon ausgegangen, dass die Varianten 3W-VA und HD-VA hinsichtlich der Eigenspannungen übereinstimmen.

Für die Varianten 3W-VB und HD-VB reichen die minimalen Eigenspannungen in tiefere Werkstoffschichten. Dies ist auf die geringere Härte und die damit einhergehende größere Verformung des Werkstoffs beim Festigkeitsstrahlen zurückzuführen. Das Niveau der tangentialen und axialen Eigenspannungen im Randbereich ist vergleichbar zu den VA Varianten. Zwischen den Varianten 3W-VB und HD-VB sind unter Berücksichtigung der Streubereiche Abweichungen im Tiefenverlauf der Eigenspannungen zu erkennen. Allerdings treten keine systematischen Unterschiede zwischen den Varianten auf. Daraus folgt, dass kein Einfluss auf die mittlere Zahnfußtragfähigkeit zu erwarten ist.

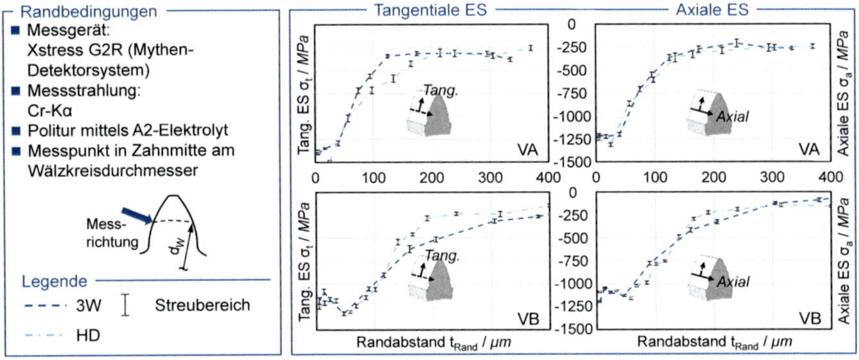

Bild 6-10: Eigenspannungstiefenverläufe der Prüfvarianten
Residual Stress States of the Test Variants

6.3 Einflüsse auf die Zahnfußspannung im Betrieb

Influences on the Tooth Root Stress in Operation

Die Zahnfußspannung im Betrieb wird durch zahlreiche Faktoren beeinflusst. Diese können in statische und betriebspunktabhängige Einflüsse unterteilt werden. Statische Einflüsse treten unabhängig vom Betriebspunkt bereits im Stillstand auf, z.B. Achslageabweichungen durch Fertigungstoleranzen. Betriebspunktabhängige Einflüsse verändern sich mit der Betriebsdrehzahl oder der Last, beispielsweise dynamische Zusatzlasten durch Schwingungen im Antriebsstrang. Im Folgenden werden die Prüfstände zur Tragfähigkeitsuntersuchung vorgestellt, die statischen und betriebspunktabhängigen Einflüsse auf die Zahnfußspannung für jeden Prüfstand analysiert und abschließend verglichen.

6.3.1 Prüfstände zur Untersuchung der Zahnfußtragfähigkeit

Test Rigs for the Determination of the Tooth Root Bending Strength

In **Bild 6-11** sind die Prüfstände zur Untersuchung der Zahnfußtragfähigkeit dargestellt. Die Versuche bei geringer Dehnrate werden bei einer Drehzahl von $n_1 = 3.000\ min^{-1}$ auf einem 3-Wellen-Prüfstand durchgeführt. Der Prüfstand besteht analog zu standardisierten Verspannungsprüfständen nach DIN ISO 14635-1:2006-05 aus einem Prüf- und einem Vergleichsgetriebe, die über Wellen miteinander verbunden werden [ISO06]. Zusätzlich ist der 3-Wellen-Prüfstand mit einer zweiten Gegenwelle ausgestattet. Die Verspannung erfolgt über die mittlere Prüfritzelwelle mithilfe eines Hebels und Gewichts. Auf diese Weise werden zwei identische Eingriffe am Prüfritzel erzielt und die Prüfzeit durch zwei Lastwechsel pro Umdrehung halbiert. Die Anordnung der Wellen führt darüber hinaus zu einer Kompensation der Kräfte am Prüfritzel und dadurch zu geringen Einflüssen der Wellenbiegung- bzw. –verlagerung auf die Zahnkontakte. Die gleichmäßige Aufteilung des Drehmomentes auf die beiden Gegenräder wurde mithilfe von DMS-Messungen an den Torsionswellen vor Versuchsbeginn bestätigt. Während des Betriebs wird die Öleinspritztemperatur und –menge überwacht. Die Abschaltung im Schadensfall erfolgt über einen Körperschallsensor am Prüfgetriebegehäuse. Die Achslage der Wellen in der horizontalen Ebene wird durch Ausrichtewellen eingestellt. Der Einfluss möglicher Achslageabweichungen in dieser Ebene wird dementsprechend teilweise kompensiert. Vertikale Achslagefehler werden durch die Fertigungsqualität der Gehäuse definiert. Der Einfluss auf die Zahnfußspannung wird nachfolgend analysiert. Die Berechnung des tatsächlichen Drehmoments im Versuch erfolgt über die gemessene Hebellänge und Gewichte, wobei Reibungsverluste in der Kupplung vorab gemessen und berücksichtigt werden. Um einen Einfluss der Hebellage auf das Drehmoment im verspannten Zustand auszuschließen, wird die Hebellage bei jedem Versuch im unbelasteten Zustand auf den gleichen Wert eingestellt und zusätzlich im belasteten Zustand gemessen. Zu Versuchsbeginn verringert sich das Drehmoment aufgrund von Setzeffekten. Anhand von DMS-Messungen wurde festgestellt, dass die Setzverluste innerhalb der ersten 30 Minuten auftreten und danach durch ein erneutes Verspannen kompensiert werden können. Dementsprechend wird der Prüfstand nach einem 30-minütigen Einlauf bei Prüflast erneut verspannt. Weitere Drehmomentverluste sind vernachlässigbar.

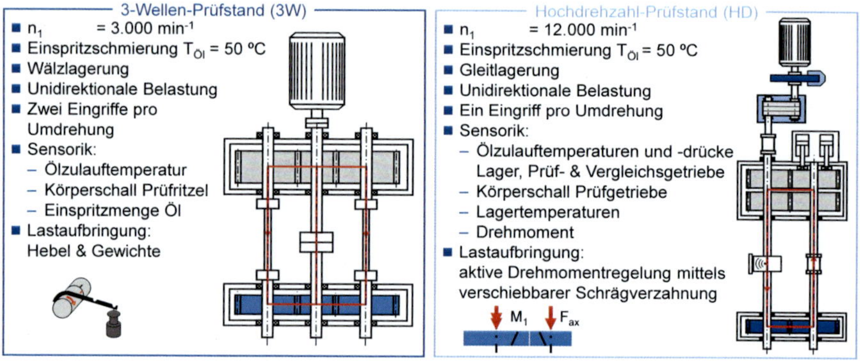

Bild 6-11: Vorstellung der verwendeten Prüfstände
Introduction of used Test Rigs

Die Versuche bei erhöhter Dehnrate werden bei einer Drehzahl von n_1 = 12.000 min^{-1} durchgeführt. Der Hochdrehzahl-Prüfstand ist ebenfalls mit einer Einspritzschmierung ausgestattet, wobei die Ölmengen und –temperaturen jeweils für Prüf- und Vergleichsverzahnung als auch die Gleitlager separat eingestellt und überwacht werden. Zusätzlich werden die Einspritzdrücke überwacht, um bei hohen Tangentialgeschwindigkeiten eine ausreichende Schmierung und Kühlung der Zahnflanken sicherzustellen. Die Abschaltung im Fall eines Verzahnungsschadens erfolgt analog zum 3-Wellen-Prüfstand über den Körperschall am Prüfgetriebegehäuse. Die Lastaufbringung erfolgt über die axiale Verschiebung einer Schrägverzahnung im Vergleichsgetriebe. In Kapitel 5.3.1 wird das Konzept der Lastaufbringung im Detail erläutert. Zur Regelung des

Drehmoments im Betrieb wird dieses mithilfe eines Messaufnehmers im Betrieb gemessen und aufgezeichnet. Die aktive Drehmomentregelung macht einen Einlauf zu Versuchsbeginn überflüssig, da Setzeffekte direkt ausgeglichen werden.

Im Gegensatz zum 3-Wellen-Prüfstand ist der Hochdrehzahl-Prüfstand ein 2-Wellen-Prüfstand. Daraus folgen größere Einflüsse der Wellenbiegungen auf den Zahnkontakt. Der Einfluss von fertigungs- und lastbedingten Achslageabweichungen auf die Zahnfußspannung wird im Folgenden analysiert. In beiden Prüfständen wird das Turbinenöl Aeroshell 555 bei einer Einspritztemperatur von $T_{Öl}$ = 50 °C verwendet.

6.3.2 Statische Einflüsse auf die Zahnfußspannung

Static Influences on the Tooth Root Stress

Statische Einflüsse auf die Zahnfußspannung wirken bereits im Stillstand bzw. bei sehr kleinen Drehzahlen. Hierzu zählen einerseits Einflüsse aus der Verzahnungsgeometrie wie z.B. die Zahnfußkontur. Andererseits wird die Zahnfußspannung durch die Achslage im Prüfstand beeinflusst, beispielsweise durch Schiefstellung der Verzahnungen. Im ersten Schritt wird der Einfluss der Verzahnungsgeometrie auf die Zahnfußspannung untersucht. Aus der Charakterisierung der Prüfkörper geht hervor, dass sich die Verzahnungsvarianten hinsichtlich der Kopfkreisdurchmesser signifikant unterscheiden. Darüber hinaus liegen Unterschiede in der Zahnfußkontur vor. Beide Effekte werden getrennt voneinander betrachtet. Im dritten Schritt wird der Einfluss der Achslage auf die Zahnfußspannung analysiert.

Die Analyse der statischen Einflüsse erfolgt anhand der in der Zahnkontaktanalyse GEARFORCE6D berechneten maximalen Zahnfußspannung am Ritzel $\sigma_{F,max,1}$. Für alle Berechnungen werden die gemessenen Profil- und Breitenballigkeiten aus Kapitel 6.2.1 berücksichtigt. Die entsprechenden Werte und zugehörigen Auswertedurchmesser sind in **Tabelle 6-3** dargestellt. Sofern die Einflussfaktoren keine signifikante Drehmomentabhängigkeit zeigen, wird das Drehmoment $M_{1,VA}$ = 155 Nm in der Auswertung betrachtet. Als Referenzwert wird jeweils die maximale Zahnfußspannung unter Berücksichtigung der gemittelten gemessenen Mikrogeometrie in Tabelle 6-3 verwendet. Die maximalen Zahnfußspannungen der gemittelten Mikrogeometrie betragen $\sigma_{F,max,1,114\,Nm}$ = 917,21 MPa und $\sigma_{F,max,1,155\,Nm}$ = 1099,94 MPa. Die Fertigungsabweichungen der Mikrogeometrie führen zu einem Anstieg der maximalen Zahnfußspannung im Vergleich zur idealen Verzahnung.

Tabelle 6-3: Mikrogeometrievorgaben für Berechnungen
Micro Geometry Definition for Calculation

	d_{M1} / *mm*	d_{M2} / *mm*	b_{M1} / *mm*	b_{M2} / *mm*	C_α / *µm*	C_β / *µm*
Ritzel	97,58	99,93	0,35	6,65	5,6	5,6
Rad	99,35	101,44	1	19	4,7	1,1

Im linken Teil von **Bild 6-12** sind die Ergebnisse zur Variation der Kopfkreise dargestellt. Am Ritzel werden die gemittelten Kopfkreisdurchmesser je Variante betrachtet. Da die Schwankung der Kopfkreisdurchmesser am Rad über alle Varianten unter 4 µm beträgt, wird ein konstanter Kopfkreisdurchmesser von $d_{a,2}$ = 101,465 mm angenommen. Weiterhin erfolgt die Berechnung mit der idealen Zahnfußkontur. Die maximale Zahnfußspannung am Ritzel wird durch die Variation des Kopfkreisdurchmessers am Ritzel nicht signifikant beeinflusst. Die Schwankungen betragen weniger als $\Delta\sigma_{F,da1,VA} < 0{,}13$ % bzw. $\Delta\sigma_{F,da1,VB} < 0{,}23$ % und sind damit vernachlässigbar.

Die Ergebnisse zum Einfluss der Zahnfußkontur sind im mittleren Teil von Bild 6-12 dargestellt. Als Referenzkontur wird, analog zu Kapitel 6.2.2, die erste gemessene Zahnfußkontur der Variante 3W-VA verwendet. Die Zahnfußkontur HD-VA-M4 entspricht der maximalen Mittelwertabweichung und der maximalen Abweichung des 75 %-Quantils. Die Zahnfußkontur HD-VA-M7 weist das minimale 25 %-Quantil auf. Der Kopfkreisdurchmesser am Ritzel wird entsprechend der Messdaten gewählt. Am Rad wird der mittlere gemessene Kopfkreisdurchmesser $d_{a,2}$ = 101,465 mm verwendet. Die Berücksichtigung der realen Zahnfußkontur führt zu einer signifikanten Reduktion der maximalen Zahnfußspannung von $\Delta_{Kontur,Ref}$ = -2,4 %. Dies ist darauf zurückzuführen, dass die gefertigte Zahnfußgeometrie eine gleichmäßigere Spannungsverteilung aufweist. Die Änderung der Zahnfußgeometrie der Messungen HD-VA-M4 und HD-VA-M7 führt zu einer größeren Reduktion von $\Delta_{Kontur,M4}$ = -7,7 % bzw. $\Delta_{Kontur,M7}$ = -4,9 % im Vergleich zur idealen Sollgeometrie. Da die mittlere geometrische Abweichung der gemessenen Zahnfußkonturen laut Kapitel 6.2.2 zueinander keine systematischen Verschiebungen aufweist, wird davon ausgegangen, dass die Schwankung der Zahnfußkontur nur zu einer vergrößerten Versuchsstreuung und nicht zu systematischen Abweichungen zwischen den Varianten führt. Die Varianten VB werden nicht betrachtet, da die Abweichungsbeträge vergleichbar oder kleiner sind.

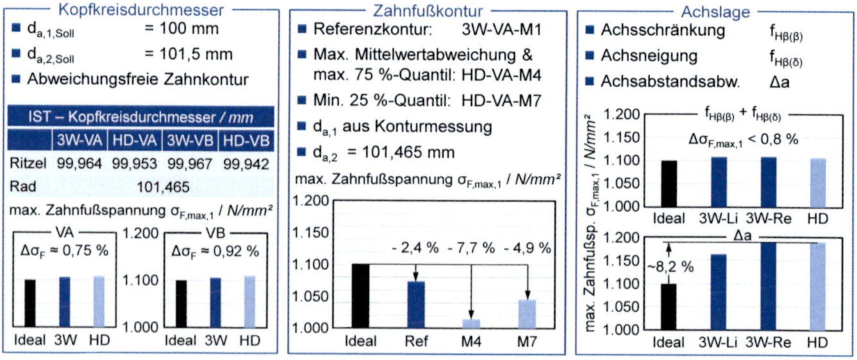

Bild 6-12: Statische Einflüsse auf die Zahnfußspannung

Static Influences on the Tooth Root Stress

Der Einfluss von Achslageabweichungen auf die maximale Zahnfußspannung wird in zwei Schritten analysiert. Dazu werden die fertigungsbedingten Abweichungen der Lagerstellen jeder Getriebewelle in die Wellenschiefstellung und die Achsabstandsänderung umgerechnet. Die Messung des Istzustands der Getriebegehäuse ist auf einem

Koordinatenmessgerät erfolgt. Die Achsabstandsänderung wird direkt in der Berechnung vorgegeben. Die Wellenschiefstellung wird mithilfe der **Formeln (6-2)** und **(6-3)** nach NIEMANN/WINTER in eine Flankenlinienwinkelabweichung überführt [NIEM03]. Mit Formel (6-2) wird die Achsschränkung $f_{\Sigma\beta}$ (veränderliche Achshöhe) und mit Formel (6-3) die Achsneigung $f_{\Sigma\delta}$ (veränderlicher Achsabstand) umgerechnet.

$$f_{H\beta(\beta)} = b/L_G \cdot f_{\Sigma\beta} \cdot cos\,\alpha_{wt} \qquad \textbf{(6-2)}$$

$$f_{H\beta(\delta)} = b/L_G \cdot f_{\Sigma\delta} \cdot sin\,\alpha_{wt} \qquad \textbf{(6-3)}$$

In **Tabelle 6-4** sind die Werte der Flankenlinienwinkel- und Achsabstandsabweichungen dargestellt. Für den 3-Wellen-Prüfstand (3W) erfolgt die Auswertung für den linken und rechten Zahneingriff separat. Beim Hochdrehzahl-Prüfstand (HD) berücksichtigt die Achsabstandsabweichung zusätzlich zur Gehäuseabweichung die Verlagerung der Gleitlager im Betriebspunkt ($\Delta a_{Gleitlager} \approx 45$ µm). Alle Berechnungen erfolgen mit den gemessenen mittleren Kopfkreisdurchmessern $d_{a,1}$ = 99,957 mm und $d_{a,2}$ = 101,465 mm.

Tabelle 6-4: Abweichungen aus Achslage
Deviations due to the Axis Position

	3W Links	3W Rechts	HD
$f_{H\beta(\beta)}$ / *µm*	0,305	0,294	-0,152
$f_{H\beta(\delta)}$ / *µm*	1,593	1,239	0,0001
Δa / *µm*	36,348	11,749	44,417

Für die Berechnung werden die Flankenlinienwinkelabweichungen aus Achsschränkung und Achsneigung summiert. Im rechten Teil von Bild 6-12 ist die maximale Zahnfußspannung in Abhängigkeit von Schiefstellungen und der Achsabstandsänderung dargestellt. Die Achsschränkung und Achsneigung haben sowohl für den 3-Wellen-Prüfstand als auch für den Hochdrehzahl-Prüfstand keinen signifikanten Einfluss auf die maximale Zahnfußspannung. Darüber hinaus wird der Einfluss der gemessenen Achsneigung $f_{H\beta(\delta)}$ durch die Ausrichtung im 3-Wellen-Prüfstand kompensiert. Dementgegen hat die Achsabstandsabweichung im linken Eingriff des 3-Wellen-Prüfstands mit $\Delta\sigma_{F,max,1,\Delta a} \approx 8{,}2$ % einen nicht vernachlässigbaren Einfluss auf die maximale Zahnfußspannung. Für den Hochdrehzahl-Prüfstand ergibt sich aufgrund der gleitlagerbedingten Achsabstandsänderung ein Anstieg der maximalen Zahnfußspannung von ebenfalls $\Delta\sigma_{F,max,1,\Delta a} \approx 8{,}2$ %. Daraus folgt, dass die maximale Beanspruchung auf beiden Prüfständen vergleichbar ist. Der Anstieg der Zahnfußspannung bei vergrößertem Achsabstand ist auf eine reduzierte Überdeckung zurückzuführen, die ein verlängertes Einzeleingriffsgebiet bedingt. Alle betrachteten Einflüsse wurden ebenfalls bei einem Drehmoment von M_1 = 114 Nm analysiert. Die relative Änderung der maximalen Zahnfußspannung ist in allen Fällen vergleichbar oder geringer als bei einem Drehmoment von M_1 = 155 Nm.

6.3.3 Drehzahl- und lastabhängige Einflüsse auf die Zahnfußspannung

Speed and Load Depended Influences on the Tooth Root Stress

Es können allgemeine und spezifische drehzahl- und lastabhängige Einflüsse auf die Zahnfußspannung unterschieden werden. Allgemeine Einflüsse sind unabhängig vom Prüfstand und korrelieren mit dem Betriebspunkt. Hierzu zählen der Einfluss der drehzahlabhängigen Reibkraft im Zahnkontakt und der Einfluss der Fliehkraft auf die Volumenspannungen und Geometrieänderungen. Spezifische Einflüsse erfordern zusätzlich die Berücksichtigung des Prüfstands. Hierzu zählen lastbedingte Verlagerungen der Wellen und dynamische Zusatzlasten, die aus der Verzahnungsanregung des elastischen Schwingungssystems resultieren.

Drehzahleinfluss auf die Reibkraft

Die Reibkraft im Zahneingriff ist der Gleitgeschwindigkeit auf der Zahnflanke entgegengerichtet und führt zu einem Drehmomentverlust im Betrieb [LÖPE15]. Eine höhere Drehzahl führt aufgrund der veränderten Gleitgeschwindigkeiten im Zahnkontakt zu einer Änderung des Reibkoeffizienten μ. Der resultierende Reibkraftunterschied bedingt eine Änderung der Zahnkraft und damit der Zahnfußspannung. Der Einfluss der Drehzahl auf die Reibkraft wird anhand von **Formel (6-4)** nach LÖPENHAUS bewertet [LÖPE15].

$$\mu = 93{,}25 \cdot \frac{e^{-0{,}0001 \cdot p_H} \cdot R_a^{0{,}055}}{v_\Sigma^{0{,}13} \cdot \rho_{Ers}^{0{,}2}} \cdot \left(8{,}51 \cdot 10^{-6} \cdot \eta_{Öl}^2 - 0{,}001 \cdot \eta_{Öl} + 0{,}55\right) \cdot \frac{|s|}{(|s| + 108{,}1)^2 - 11630} \cdot X_L \cdot X_{OS} \tag{6-4}$$

In **Tabelle 6-5** sind die Eingabegrößen für die Berechnung des Reibkoeffizienten dargestellt. Die Berechnung erfolgt für die Wälzstellung mit der maximalen Zahnfußspannung am Ritzel und ein Drehmoment von $M_{1,VA}$ = 155 Nm. Da sich die Varianten VA und VB signifikant in der Rauheit der Zahnflanke unterscheiden, erfolgt die Berechnung der Reibkoeffizienten für beide Varianten separat. Für die Variante VA ergeben sich Reibkoeffizienten von μ_{VA} (3.000 min^{-1}) = 0,072 und μ_{VA} (12.000 min^{-1}) = 0,06. Bei einer Normalkraft von F_{bN} = 3332,27 N ergibt sich damit ein Unterschied in der Reibkraft von ΔF_R = 39,7 N. Unter der vereinfachenden Annahme, dass die Reibkraft nur zu einer Änderung der Radialkraft am Zahn führt, kann die drehzahlbedingte Reibkraftänderung mit der Fläche des kritischen Zahnfußquerschnittes in eine Normalspannungsänderung umgerechnet werden. Der Zahnfußquerschnitt an der 30°-Tangente beträgt $A_{30°\text{-}Tangente}$ = 15,56 mm². Damit ergibt sich eine Normalspannungsänderung von $\Delta\sigma_{F,1,VA}$ = 2,6 N/mm². Ein kleineres Antriebsdrehmoment führt einerseits zu einer Zunahme des Reibwertes nach Formel (6-4) und andererseits zu einer geringeren Normalkraft. Der Effekt der Normalkraft überwiegt und führt bei $M_{1,VB}$ = 114 Nm zu

$\Delta\sigma_{F,1,VB}$ = 1,9 N/mm². Für den betrachteten Drehmomentbereich kann damit der Einfluss der Reibkraft auf die Zahnfußspannung für die Variante VA vernachlässigt werden.

Für die Variante VB ergeben sich aufgrund der höheren Zahnflankenrauheit Reibkoeffizienten von μ_{VB} (3.000 min^{-1}) = 0,075 und μ_{VB} (12.000 min^{-1}) = 0,063 bei einem Drehmoment von $M_{1,VB}$ = 114 Nm. Die drehzahlbedingte Reibkraft- und Normalspannungsänderung ist jedoch vergleichbar zu Variante VA. Damit ist der Einfluss der Reibkraft auf die Zahnfußspannung auch für Variante VB vernachlässigbar.

Tabelle 6-5: Vorgaben zur Berechnung des Reibkoeffizienten
Specifications for Calculating the Coefficient of Friction

p_H / N/mm²	Ra / µm	v_Σ / m/s	ρ_{Ers} / mm	$\eta_{Öl}$ / mPas	X_L / -	X_{OS} / -	s / -
1454,5	0,32 (VA)	1,31 (3.000 min^{-1})	7,72	28,83	1	0,9	23,83
	0,49 (VB)	5,26 (12.000 min^{-1})					

Fliehkrafteinfluss

Die Fliehkraft bzw. Zentrifugalkraft F_{Zf} beeinflusst die Zahnfußspannung durch zwei Effekte. Einerseits führt die Fliehkraft zu einem Spannungszustand im massebehafteten Zahnrad [NIEM01]. Diese Volumenspannungen in der Zahnfußrundung treten als Hauptnormalspannungen auf und können den Spannungen, die aus dem Zahnkontakt resultieren, überlagert werden. Andererseits bedingt die fliehkraftbedingte Aufweitung des Zahnrads eine geometrische Veränderung des Zahnkontaktes, die wiederum die Zahnfußspannung beeinflusst [BREC21]. Beide Einflüsse werden getrennt voneinander analysiert. Die Bewertung der Fliehkraft auf die Volumenspannung im Bauteil wird in ABAQUS simuliert. Der Einfluss der Geometrieänderung auf den Zahneingriff wird nach dem Vorgehen aus dem Vorhaben FVA 896 I berechnet [BREC21]. Die Höhe der Volumenspannungen ist unabhängig vom Drehmoment und korreliert bei identischer Geometrie und Rotationsachse nur mit der Drehzahl. Aufgrund der symmetrischen Zahnradgeometrie wird davon ausgegangen, dass sich der Fliehkrafteinfluss nicht über die Zahnbreite ändert. Dementsprechend wird im Folgenden die Zahnfußspannung in der Zahnmitte ausgewertet.

In **Bild 6-13** sind die Einflüsse der Fliehkraft auf den Spannungszustand im Zahnfuß dargestellt. Für die Berechnungen wurde eine Dichte von ρ_{Stahl} = 7,85 g/cm³ angenommen. In ABAQUS wird die maximale Hauptnormalspannung ausgewertet, um die Vergleichbarkeit zu den Tangentialspannungen im Zahnfuß zu gewährleisten. Die Fliehkraft führt insbesondere im Zahnfußgrund (d_f) zu einem signifikanten Spannungsanstieg von $\Delta\sigma_{I/II,df}$ = 29 N/mm² zwischen den Drehzahlen n_1 = 3.000 min^{-1} und n_1 = 12.000 min^{-1}. Mit steigendem Auswertedurchmesser nimmt der Einfluss der Fliehkraft ab. Im Bereich des Fußformkreisdurchmessers d_{Ff} beträgt die Änderung der Hauptspannung $\Delta\sigma_{I/II,dFf}$ = 0,75 N/mm². Die Abhängigkeit des Fliehkrafteinflusses vom

Auswertedurchmesser resultiert daraus, dass der zylindrische Radkörper den überwiegenden Anteil der Bauteilmasse ausmacht. An einem massebehafteten Zylinder führt eine Fliehkraft zu einer Zugspannung in Umfangsrichtung. Im Falle des Zahnrads entspricht der Fußkreisdurchmesser näherungsweise dem Außendurchmesser dieses Zylinders. Im Bereich des Fußformkreisdurchmessers wird der Spannungsanstieg hingegen durch die Fliehkraft eines Zahnes bestimmt. Da die Zahnmasse aufgrund des kleinen Moduls von m_n = 1 mm klein ist, ist auch der Einfluss der Fliehkraft klein. Die Abhängigkeit des Fliehkrafteinflusses vom Auswertedurchmesser führt dazu, dass sich neben dem Betrag der maximalen Zahnfußspannung auch der Ort ändert. Die maximale Zahnfußspannung steigt um $\Delta\sigma_{F,max,1}$ = 9,21 N/mm² und wandert zu einem kleineren Auswertedurchmesser. Dementsprechend ist damit zu rechnen, dass sich der Anrissort bei n_1 = 12.000 min⁻¹ in Richtung des Zahnfußgrundes verschiebt.

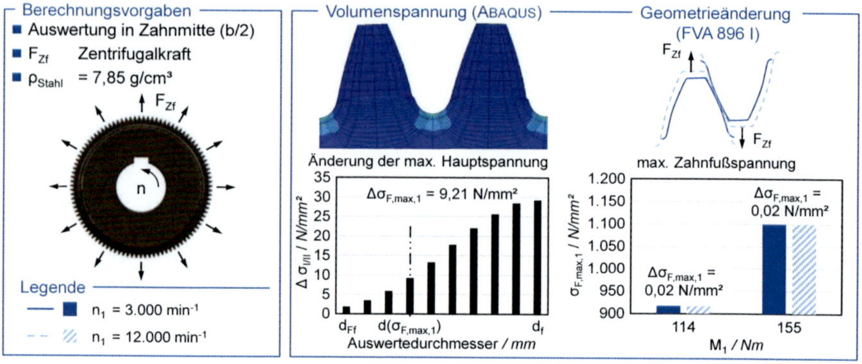

Bild 6-13: Einfluss der Fliehkraft auf die Zahnfußspannung
Influence of the Centrifugal Force on the Tooth Root Stress

Der Einfluss der fliehkraftbedingten Geometrieänderung ist im rechten Teil von Bild 6-13 dargestellt. Die Geometrieänderung führt zu einer Aufweitung der Verzahnungen und damit zu einer Zunahme der Zahnweite sowie zu einem verringerten Achsabstand. Bei einem Antriebsdrehmoment von M_1 = 120 Nm ergibt sich ein Anstieg der maximalen Zahnfußspannung von $\Delta\sigma_{F,max,1}$ = 0,02 N/mm² bei einer Steigerung der Drehzahl von n_1 = 3.000 min⁻¹ auf n_1 = 12.000 min⁻¹. Das Antriebsdrehmoment hat keinen Einfluss auf den absoluten fliehkraftbedingten Spannungsanstieg. Der geringe Einfluss ist darauf zurückzuführen, dass die Evolvente robust gegen Änderungen des Achsabstandes ist und die geringe Geometrieänderung zu keiner Änderung der Überdeckung führt.

Spezifische last- und drehzahlabhängige Einflüsse

Die spezifischen Einflüsse auf die Zahnfußspannung umfassen einerseits die lastbedingen Wellenverlagerungen und andererseits die dynamischen Schwingungseinflüsse aus der Verzahnungsanregung. Zur Bewertung der Einflüsse werden der 3-Wellen- sowie der Hochdrehzahl-Prüfstand in die Mehrkörpersimulation SIMPACK überführt. Der Modellaufbau erfolgt analog zu Kapitel 4.2. Rotierende Bauteile, wie Wellen und Flansche, werden als elastische Körper unter Berücksichtigung der Eigenmoden abgebildet. Die Wälzlager des 3-Wellen-Prüfstands werden anhand ihrer Geometrie im SIMPACK Force-Element 88 (Rolling Bearing) modelliert. Für die Gleitlager im Hochdrehzahl-Prüfstand werden die rechnerischen Steifigkeiten des Gleitlagerherstellers im Force-Element 88 hinterlegt. Die Zahneingriffe im Prüf- und Vergleichsgetriebe werden durch das WZLGEARFORCE6D Element abgebildet. Dabei werden die gefertigte und gemittelte Mikrogeometrie der Zahnflanken berücksichtigt, vgl. Tabelle 6-3. Für die Koppelstellen von Zahnrädern zu Wellen und zwischen den Wellen werden die in **Bild 6-14** dargestellten Torsionssteifigkeiten angenommen. Die Werte basieren auf Erkenntnissen aus dem Stand der Technik für vergleichbare Keilwellen- und Passfederverbindungen. Die Einflussanalyse in Kapitel 4.2.5 zeigt, dass die Wahl des Dämpfungswertes außerhalb von Resonanzen einen vernachlässigbaren Einfluss auf die maximale Zahnfußspannung hat. Als Dämpfungswert für die Koppelstellen wir daher ein Wert von k = 10 Nms/rad angenommen. Das Drehmoment wird analog zur realen Anwendung durch die Vorgabe eines Verdrehwinkels innerhalb der Verspannkreisläufe eingestellt. Die Drehzahl wird durch ein externes Drehmoment vorgegeben. In Vorberechnungen wurde der Einfluss der Achslageabweichungen auf die dynamischen Zusatzlasten untersucht. Die Änderung der maximalen Zahnfußspannung ist dabei im idealen und im realen Fall identisch. Umlaufende Verzahnungsabweichungen, z.B. Teilungs- und Rundlauffehler, werden in der Simulation nicht berücksichtigt. Die gemessenen Teilungsfehler der Prüfverzahnungen erfüllen zu einem überwiegenden Teil den Grenzwert der Klasse A2. Daher wird der Einfluss auf die maximale Zahnfußspannung im Betrieb als vernachlässigbar angenommen. Der maximale Rundlauffehler der Getriebewellen beträgt $F_{r,Welle}$ = 5 µm. Der Einfluss von Rundlaufabweichungen auf die maximale Zahnfußspannung wird daher ebenfalls vernachlässigt.

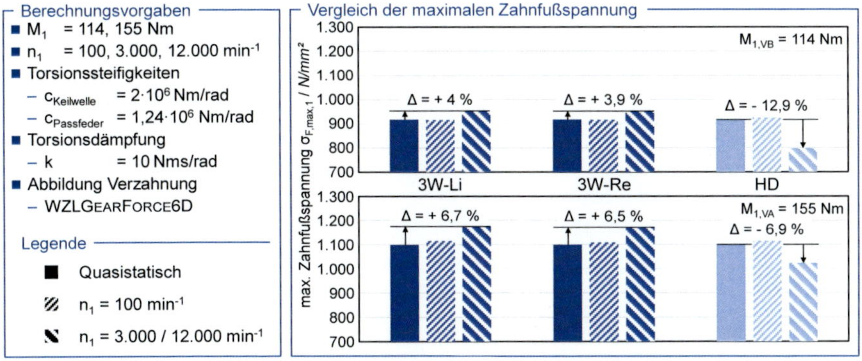

Bild 6-14: Statischer und dynamischer Prüfstandseinfluss auf die Zahnfußspannung
Static and Dynamic Test Rig Influences on the Tooth Root Stress

Die Bewertung der lastabhängigen Wellenverlagerungen erfolgt anhand der maximalen Zahnfußspannung bei einer Drehzahl von n_1 = 100 min^{-1}. Bei dieser Drehzahl sind die Einflüsse aus dynamischen Zusatzlasten zu vernachlässigen. Als Vergleichswert wird die maximale Zahnfußspannung der quasistatischen Berechnung des WZLGEARFORCE6D Elements ohne Berücksichtigung des Prüfstands verwendet. Das obere Diagramm in Bild 6-14 zeigt die Ergebnisse für das Antriebsdrehmoment $M_{1,VB}$ = 114 Nm. Für den linken (3W-Li) und rechten Zahneingriff (3W-Re) des 3-Wellen-Prüfstands beträgt der Anstieg $\Delta\sigma_{F,max,1,3W} \approx 0,2$ %. Der Anstieg durch die Wellenverlagerung beim Hochdrehzahl-Prüfstand (HD) ist größer, aber mit $\Delta\sigma_{F,max,1,HD} \approx 0,8$ % ebenfalls vernachlässigbar. Für das Antriebsdrehmoment $M_{1,VA}$ = 155 Nm ergeben sich größere Veränderungen der maximalen Zahnfußspannung. Dies war zu erwarten, da die Wellenverlagerungen durch die höheren Kräfte ebenfalls größer ausfallen. Beim 3-Wellen-Prüfstand steigt die maximale Zahnfußspannung um $\Delta\sigma_{F,max,1,3W} \approx 1,2$ % und beim Hochdrehzahl-Prüfstand um $\Delta\sigma_{F,max,1,HD} \approx 1,5$ %. Der etwas größere Anstieg beim Hochdrehzahl-Prüfstand resultiert einerseits aus den größeren Lagerabständen zur Verzahnung. Andererseits werden die Verzahnungskräfte der Mittelwelle beim 3-Wellen-Prüfstand kompensiert.

Die Bewertung der dynamischen Zusatzlasten durch die Verzahnungsanregung in den jeweiligen Prüfständen erfolgt anhand der jeweiligen Betriebsdrehzahlen. Bei einem Antriebsdrehmoment von $M_{1,VB}$ = 114 Nm und einer Drehzahl von n_1 = 3.000 min^{-1} tritt im 3-Wellen-Prüfstand eine Steigerung der maximalen Zahnfußspannung von $\Delta\sigma_{F,max,1,3W} \approx 4$ % auf. Im Hochdrehzahl-Prüfstand beträgt die Steigerung bei n_1 = 12.000 min^{-1} $\Delta\sigma_{F,max,1,HD} \approx -13,6$ %. Für das Antriebsdrehmoment $M_{1,VA}$ = 155 Nm ergibt sich eine Steigerung der maximalen Zahnfußspannung von $\Delta\sigma_{F,max,1,3W} \approx 7$ % im 3-Wellen-Prüfstand und von $\Delta\sigma_{F,max,1,HD} \approx -7,4$ % im Hochdrehzahl-Prüfstand. Die Abnahme der maximalen Zahnfußspannung bei n_1 = 12.000 min^{-1} im Hochdrehzahl-Prüfstand ist darauf zurückzuführen, dass der Betriebspunkt oberhalb der Verzahnungseigenfrequenz liegt. Im unterkritischen Fall (3-Wellen-Prüfstand) treten nach NIEMANN/WINTER die maximalen Zahnkräfte im Einzeleingriffsgebiet auf, in dem ebenfalls die maximale Zahnfußspannung auftritt [NIEM03]. Im überkritischen Fall (Hochdrehzahl-Prüfstand) ist die kinetische Rotationsenergie nach NIEMANN/WINTER so groß, dass Ritzel und Rad mit nahezu konstanten Geschwindigkeiten rotieren. Daraus resultiert, dass die maximalen Zahnkräfte im Bereich höchster Eingriffssteifigkeit auftreten. Der für die maximale Zahnfußspannung maßgebliche Eingriffsbereich mit geringer Steifigkeit wird dadurch entlastet und die maximale Zahnfußspannung sinkt. Grundsätzlich ist die Änderung der maximalen Zahnfußspannung bei größerem Drehmoment ebenfalls größer (vgl. 3-Wellen-Prüfstand). Die Reduktion mit höherem Antriebsdrehmoment beim Hochdrehzahl-Prüfstand ist darauf zurückzuführen, dass der Einfluss durch lastbedingte Wellenverlagerungen größer ist und der Abnahme entgegenwirkt.

Die Ergebnisse zum Einfluss der statischen und dynamischen Prüfstandseinflüsse zeigen signifikante Unterschiede zwischen den beiden Prüfständen. Beide Einflüsse müssen bei der Bewertung der Tragfähigkeitsunterschiede beachtet werden, um den Einfluss der Dehnrate korrekt zu quantifizieren.

6.3.4 Korrektur der rechnerischen Zahnfußspannung

Correction of the Calculated Tooth Root Stress

Die Quantifizierung des Dehnrateneinflusses auf die Zahnfußtragfähigkeit erfordert die Korrektur der theoretischen Zahnfußspannung um die oben genannten Einflüsse.

Dazu werden die Änderungen der maximalen Zahnfußspannung für die Kombination aus Prüfstand (3W & HD) und Variante (VA & VB) ausgewertet. In **Bild 6-15** sind die entsprechenden Ergebnisse dargestellt. Die Werte des 3-Wellen-Prüfstands beziehen sich auf eine Drehzahl am Ritzel von $n_{1,3W}$ = 3.000 min^{-1}. Für den Hochdrehzahl-Prüfstand wird eine Drehzahl von $n_{1,HD}$ = 12.000 min^{-1} angenommen. Die Ergebnisse der Variante VA gelten für ein Drehmoment am Ritzel von $M_{1,VA}$ = 155 Nm. Für die Variante VB gilt $M_{1,VB}$ = 114 Nm. Es wird je Einflussgröße die Änderung der maximalen Zahnfußspannung am Ritzel ausgewertet. Als Bezugswert wird die Verzahnungsgeometrie unter Berücksichtigung der gemittelten gemessenen Mikrogeometrie sowie der Sollvorgabe der Zahnfußkontur verwendet ($\sigma_{F,max,1,114\,Nm}$ = 917,21 N/mm² und $\sigma_{F,max,1,155\,Nm}$ = 1099,94 N/mm²). Unabhängig vom Betrag werden alle Einflussfaktoren bei der Korrektur berücksichtigt. Die Korrektur bzgl. der Zahnfußkontur berücksichtigt ausschließlich die drehmomentabhängige Veränderung der Zahnfußspannung zwischen der Sollkontur und der Referenzkontur (vgl. REF Bild 6-12).

Für die Variante VA auf dem 3-Wellen-Prüfstand ergibt sich im Vergleich zum Referenzwert eine um $\Delta\sigma_{F,max,1,3W}$ = 241,1 N/mm² höhere Zahnfußspannung. Die Änderung für den Hochdrehzahl-Prüfstand beträgt für die gleiche Variante $\Delta\sigma_{F,max,1,HD}$ = 88,1 N/mm². Der Unterschied zwischen den beiden Prüfständen liegt damit bei Δ = 13,9 % für das identische Antriebsdrehmoment und muss bei der Auswertung der Versuchsergebnisse berücksichtigt werden. Haupteinflussgrößen auf die maximale Zahnfußspannung sind die Rauheit im Zahnfuß, die Achsabstandsabweichung im Prüfstand und die statischen sowie dynamischen Prüfstandseinflüsse. Der Unterschied zwischen den Varianten wird dabei primär durch die statischen und dynamischen Prüfstandseinflüsse bestimmt. Die vergleichsweise geringe Rauheit im Zahnfuß führt nach ISO 6336 bei beiden Varianten zu einer Steigerung der Zahnfußtragfähigkeit im Vergleich zu einem Referenzzahnrad.

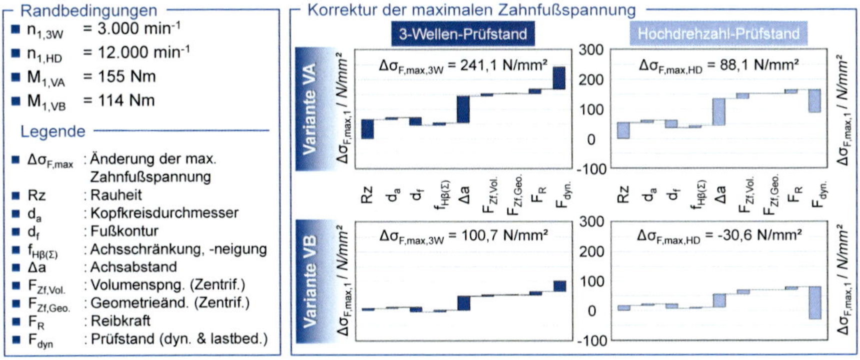

Bild 6-15: Korrektur der Zahnfußspannung

Correction of the Tooth Root Stress

Für die Variante VB sind die Haupteinflussgrößen ebenfalls die Achsabstandsabweichung und die statischen und dynamischen Prüfstandseinflüsse. Der Hauptunterschied zwischen dem 3-Wellen-Prüfstand und dem Hochdrehzahl-Prüfstand wird weiterhin durch die statischen und dynamischen Prüfstandseinflüsse definiert. Die Variante VB weist sowohl für den 3-Wellen-Prüfstand als auch für den Hochdrehzahl-Prüfstand eine geringere absolute Steigerung der maximalen Zahnfußspannung auf als die Variante VA. Dies ist einerseits auf die kleinere Tragfähigkeitssteigerung durch die Rauheit zurückzuführen, da die Rauheit bei der Variante VB größer ist. Andererseits sind die Einflüsse aus der Achsabstandsänderung und der Dynamik bei dem geringeren Drehmoment von $M_{1,VB}$ = 114 Nm kleiner. Der Unterschied zwischen den beiden Prüfständen beträgt für die Variante VB Δ = 14,3 % und ist vergleichbar zum Unterschied innerhalb der Variante VA. Dies ist darauf zurückzuführen, dass der überwiegende Teil der Einflussfaktoren lastabhängig ist. Dadurch bleibt der relative Unterschied zwischen den Varianten ähnlich, sinkt aber mit steigendem Drehmoment aufgrund der konstanten Unterschiede. Zusammenfassend ist festzuhalten, dass für einen korrekten Vergleich der beiden Prüfstände die Berücksichtigung aller vorgestellten Einflussfaktoren notwendig ist.

6.4 Ergebnisse der Tragfähigkeitsuntersuchungen

Results of the Load Capacity Tests

Im Folgenden werden die Versuchsergebnisse zur Zahnfußtragfähigkeit bei unterschiedlichen Drehzahlen bzw. Dehnraten vorgestellt. Dazu werden im ersten Schritt die Bruchlastspielzahlen der Varianten VA und VB im Wöhlerdiagramm und im Wahrscheinlichkeitsnetz bezogen auf das Drehmoment am Ritzel dargestellt. Im zweiten Schritt werden die Drehmomente unter Berücksichtigung der oben vorgestellten Einflussfaktoren in eine korrigierte Zahnfußspannung umgerechnet. Auf Basis dieser Ergebnisse wird der Einfluss der Dehnrate auf die Zahnfußtragfähigkeit quantifiziert. Abschließend erfolgt im dritten Schritt eine erweiterte Analyse der Versuchsergebnisse hinsichtlich der Bruchflächen, der auftretenden Schadensarten und des hochbeanspruchten Volumens.

6.4.1 Versuchsergebnisse bezogen auf das Drehmoment

Test Results according to the Torque

Im ersten Schritt erfolgt die Auswertung der Rohversuchsdaten ohne eine Korrektur der Zahnfußspannung anhand der Belastung. Dazu wird das Drehmoment am Ritzel M_1 über der Bruchlastspielzahl N_{Bruch} im doppelt-logarithmischen Wöhlerdiagramm dargestellt. Für alle folgenden Berechnungen, z.B. der logarithmierten Standardabweichung, wird der Logarithmus zur Basis 10 verwendet.

In **Bild 6-16** sind die Versuchsergebnisse zur Variante VA bei unterschiedlichen Drehzahlen dargestellt. Für die Variante 3W-VA wurden bei n_1 = 3.000 min^{-1} insgesamt $i_{Test,3W}$ = 10 Versuche durchgeführt. Dabei ist ein Versuch durch einen Zahnflankenbruch ausgefallen. Alle weiteren Versuche weisen einen Zahnfußbruch im Bereich der 30°-Tangente auf. Die Standardabweichung der logarithmierten Bruchlastspielzahlen aller Versuche der Variante 3W-VA beträgt $s_{log,3W}$ = 0,077. Werden nur Zahnfußbrüche betrachtet, ergibt sich eine Standardabweichung von $s_{log,3W,Fuß}$ = 0,079. In beiden Fällen liegt die Standardabweichung unterhalb der üblichen Werte für Standardproben mit s_{log} = 0,1-0,3 [ADEN01]. Diese geringen Streuungen bestätigen die hohe Fertigungsgenauigkeit der Prüfkörper und die Wiederholbarkeit der Prüfbedingungen im Prüfstand. Die Auswertung der Versuchspunkte im Wahrscheinlichkeitsnetz der logarithmischen Normalverteilung zeigt, dass die Versuchspunkte durch eine Ausgleichsgerade abgebildet werden können. Die Annahme einer logarithmischen Normalverteilung für die betrachteten Versuchspunkte ist damit zulässig.

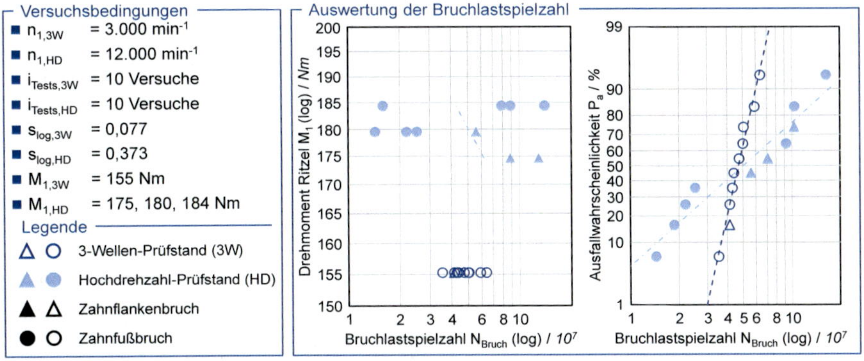

Bild 6-16: Versuchsergebnisse der Variante VA

Test Results of Variant VA

Die Versuche der Variante HD-VA wurden bei Drehmomenten von $M_{1,HD}$ = 180 – 190 Nm und einer Drehzahl von n_1 = 12.000 min^{-1} durchgeführt. Der Übergang in den Kurzzeitfestigkeitsbereich wurde durch Stichversuche bei $M_{1,HD}$ = 195 Nm, die nicht dargestellt sind, bestätigt. Der betrachtete Drehmomentbereich liegt dementsprechend innerhalb der Langzeitfestigkeitsgeraden und nicht in den Übergangsbereichen. Drehmomente mit $M_{1,HD}$ < 180 Nm wurden aufgrund der langen Versuchsdauern nicht untersucht. Für die Variante HD-VA liegen $i_{Test,HD}$ = 10 Versuche auf drei Lastniveaus vor. Im Vergleich zur Variante 3W-VA ist eine signifikant größere Streuung der Bruchlastspielzahl erkennbar. Darüber hinaus ist ein größeres Drehmoment der Variante HD-VA sowie das vermehrte Auftreten von Zahnflankenbrüchen auffällig.

Zur Darstellung im Wahrscheinlichkeitsnetz und der Auswertung der logarithmischen Standardabweichung werden die Versuche nach dem Perlschnurverfahren entlang der Ausgleichsgeraden im Wöhlerdiagramm auf ein gemeinsames Lastniveau von $M_{1,HD}$ = 180 Nm verschoben [ZENN99]. Die Standardabweichung der logarithmierten Bruchlastspielzahl beträgt $s_{log,HD}$ = 0,373 unter Berücksichtigung aller Versuche und bestätigt die wesentlich größere Streuung. Im Wahrscheinlichkeitsnetz der logarithmischen Normalverteilung ordnen sich die Versuche der Variante HD-VA ebenfalls entlang einer Geraden an, allerdings ist die Steigung der Ausgleichsgeraden im Wahrscheinlichkeitsnetz aufgrund der größeren Streuung wesentlich flacher. Für die Versuche der Variante HD-VA kann grundsätzlich eine logarithmische Normalverteilung im betrachteten Bereich von P_a = 10 – 90 % angenommen werden. Die größere Standardabweichung dieser Variante ist teilweise darauf zurückzuführen, dass zwei Schadensarten ausgewertet werden und daher die Streuung der Bruchlastspielzahl steigt. Eine Beschränkung der Auswertung auf eine Schadensart ist nicht zielführend, da die jeweilige Anzahl der Versuche nicht zur belastbaren Auswertung der Standardabweichung ausreicht. Darüber hinaus ist auffällig, dass Versuche bei geringen Lasten von $M_{1,HD}$ = 175 Nm und großen Bruchlastspielzahlen durch Flankenbrüche ausfallen. Dementgegen fallen Versuche bei $M_{1,HD}$ = 184 Nm und vergleichbaren Bruchlastspielzahlen mit Zahnfußbrüchen aus. Die Versuche auf dem Zwischenniveau $M_{1,HD}$ = 180 Nm weisen geringere Bruchlastspielzahlen auf als die Versuche ober- und unterhalb. Dies könnte beispielsweise auf dynamische Effekte zurückzuführen sein und ist im Weiteren zu prüfen.

In **Bild 6-17** sind die Versuchsergebnisse der Variante VB mit geringerer Oberflächenhärte dargestellt. Es wurden insgesamt $i_{Test,3W}$ = 11 Versuche bei n_1 = 3.000 min^{-1} (3W-VB) und $i_{Test,HD}$ = 10 Versuche bei n_1 = 12.000 min^{-1} (HD-VB) durchgeführt. Das Prüfdrehmoment der Variante 3W-VB beträgt $M_{1,3W}$ = 114 Nm. Bis auf einen Versuch sind ausschließlich Zahnfußbrüche aufgetreten. Die Standardabweichung der logarithmierten Bruchlastspielzahlen beträgt bei $i_{Test,3W}$ = 11 Versuchen $s_{log,3W}$ = 0,092 und liegt damit ebenfalls unterhalb der üblichen Werte für Standardproben mit s_{log} = 0,1-0,3 [ADEN01]. Wenn nur Zahnfußbrüche zur Auswertung der Streuung herangezogen werden, verringert sich die Standardabweichung auf $s_{log,3W,Fuß}$ = 0,063. Diese geringen Streuungen bestätigen auch für die Variante 3W-VB die hohe Fertigungsgenauigkeit der Prüfkörper und die Wiederholbarkeit der Prüfbedingungen im Prüfstand. Die Versuchspunkte im Wahrscheinlichkeitsnetz der logarithmischen Normalverteilung ordnen sich an einer Ausgleichsgeraden an. Damit kann für die Variante 3W-VB im betrachteten Bereich von P_a = 10 – 90% eine logarithmische Normalverteilung angenommen werden.

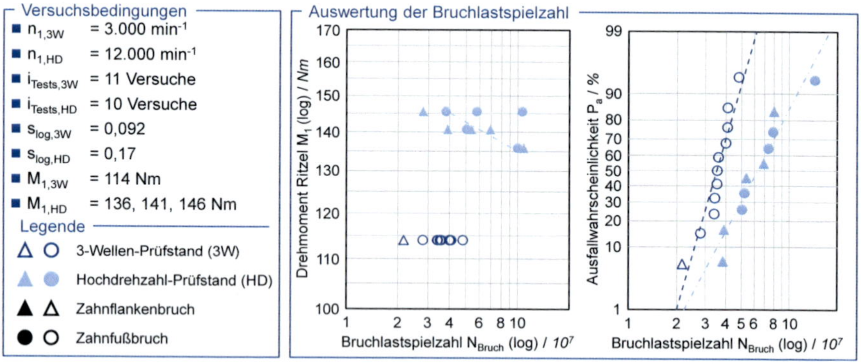

Bild 6-17: Versuchsergebnisse der Variante VB

Test Results of Variant VB

Für die Versuche der Variante HD-VB wurden Drehmomente von $M_{1,HD}$ = 136 – 146 Nm untersucht. Ein ausreichender Abstand des betrachteten Drehmomentbereichs zum HCF-Bereich wurde durch Stichversuche bei $M_{1,HD}$ = 150 Nm, die nicht dargestellt sind, bestätigt. Die Versuche der Variante HD-VB ordnen sich entlang der Langzeitfestigkeitsgeraden an und können analog zur Variante HD-VA nach dem Perlschnurverfahren ausgewertet werden. Im Vergleich zur Variante 3W-VB treten bei der Variante HD-VB vermehrt Zahnflankenbrüche auf. Insgesamt sind fünf von zehn Versuchen durch einen Zahnflankenbruch ausgefallen. Unabhängig von der tatsächlichen Beanspruchung ist damit ein Einfluss der Drehzahl auf die kritische Schadensart festzuhalten. Dies kann unter anderem auf die Stärkung des Zahnfußes durch den Effekt der Dehnrate zurückgeführt werden. Da durch die höhere Beanspruchbarkeit des Zahnfußes größere Beanspruchungen erreicht werden, steigt die Auftretenswahrscheinlichkeit von Zahnflankenbrüchen.

Zur Auswertung der Versuchsstreuung und zur Einordnung in das Wahrscheinlichkeitsnetz werden die Versuche der Variante HD-VB nach dem Perlschnurverfahren auf ein gemeinsames Lastniveau von $M_{1,HD}$ = 141 Nm verschoben [ZENN99]. Die Standardabweichung der logarithmierten Bruchlastspielzahlen beträgt auf diesem Lastniveau $s_{log,HD}$ = 0,17. Die im Vergleich zur Variante 3W-VB erhöhte Streuung ist auf die Auswertung unterschiedlicher Schadensarten und die unterschiedlichen Lasthorizonte zurückzuführen. Die Anordnung der Versuchspunkte der Variante HD-VB bestätigt die Annahme einer logarithmischen Normalverteilung im betrachteten Bereich von P_a = 10 - 90 %. Im Vergleich zur Variante HD-VA ist darüber hinaus festzuhalten, dass auch mit dem Hochdrehzahl-Prüfstand im Vergleich zu Standardproben geringe Versuchsstreuungen realisierbar sind, was die Wiederholbarkeit der Prüfbedingungen bestätigt. Daraus folgt, dass die erhöhte Versuchsstreuung der Variante HD-VA wahrscheinlich auf Veränderungen in der Rissinitiierung und dem Risswachstum zurückzuführen ist und nicht auf den Prüfstand.

Die vier betrachteten Varianten können in Lebensdauerrichtung durch eine logarithmische Normalverteilung beschrieben werden, analog zu HÖHN ET AL. [HÖHN99]. In diesem Fall kann die Ausfallwahrscheinlichkeit nach ROSSOW berechnet werden [ROSS64]. Für die Variante VB ist die Bruchlastspielzahl bei n_1 = 12.000 min^{-1} größer als bei n_1 = 3.000 min^{-1} und der Drehmomentunterschied beträgt $\Delta_{3W\text{-}HD,VB}$ = 23,7 %. Der Dehnrateneffekt auf die Beanspruchbarkeit wäre dementsprechend größer als 23,7 %. Für die Variante VA sind die Bruchlastspielzahlen bei n_1= 3.000 min^{-1} und n_1 = 12.000 min^{-1} vergleichbar und der Drehmomentunterschied beträgt $\Delta_{3W\text{-}HD,VA}$ = 12,9 %. Die Werte beider Varianten sind im Vergleich zu den Ergebnissen aus dem Stand der Technik (maximaler Dehnrateneffekt hinsichtlich Beanspruchbarkeit ca. 10 %) nicht realistisch und unterstreichen die Tatsache, dass zur Bewertung des Dehnrateneinflusses ein Vergleich auf Basis der korrigierten Zahnfußspannung entsprechend der Einflussfaktoren aus Kapitel 6.3.4 notwendig ist.

6.4.2 Einfluss der Dehnrate auf die Beanspruchbarkeit

Influence of the Strain Rate on the Strength

Der Vergleich der Bruchlastspielzahlen in Abhängigkeit vom Drehmoment zeigt einen erkennbaren Einfluss der Drehzahl bzw. Dehnrate auf die kritische Schadensart der Verzahnung. Zur Quantifizierung des Dehnrateneinflusses auf die Beanspruchbarkeit bzw. die Bruchlastspielzahl müssen die Drehmomente unter Berücksichtigung der jeweiligen Einflüsse in eine korrigierte Zahnfußspannung überführt werden. Die Überführung und Korrektur erfolgen anhand der Ergebnisse aus Kapitel 6.3.4, Bild 6-15. Die oben genannten Werte sind für die Korrektur um die zusätzlichen Drehmomentniveaus auf dem Hochdrehzahl-Prüfstand erweitert worden, da die Korrekturbeträge aufgrund der lastunabhängigen Einflüsse nicht linear mit dem Drehmoment korrelieren. In **Tabelle 6-6** sind die maximalen Zahnfußspannungen am Ritzel $\sigma_{F,1}$ für das jeweilige Drehmoment am Ritzel M_1 und den entsprechenden Prüfstand dargestellt. Darüber hinaus ist die Dehnrate auf Basis der korrigierten Zahnfußspannung angegeben. Die Berechnung erfolgt wie oben auf Basis der Formeln (4-3) und (4-4) und unter Annahme einer Gesamtüberdeckung von $\varepsilon_\gamma = 1{,}24$. Aufgrund der höheren maximalen Zahnfußspannung der Variante VA sind die Dehnraten im Vergleich zur Variante VB größer. Die Veränderung der Dehnrate zwischen den Laststufen auf dem Hochdrehzahl-Prüfstand ist für beide Varianten vernachlässigbar. Die Dehnrate auf dem Hochdrehzahl-Prüfstand ist viermal so groß wie auf dem 3-Wellen-Prüfstand und entspricht der Drehzahlsteigerung.

Tabelle 6-6: Korrigierte Zahnfußspannung und Dehnrate je Drehmomentniveau
Adjusted Tooth Root Stress and Strain Rate per Torque Level

Prüf-stand	3W	HD	HD	HD	3W	HD	HD	HD
M_1 / *Nm*	114	136	141	146	155	175	180	184
$\sigma_{F,1}$ / *N/mm²*	1.025	1.025	1.052	1.081	1.344	1.288	1.316	1.336
$\dot{\varepsilon}_{MW}$ / s^{-1}	39	155,9	160	164,4	51,1	195,9	200,1	203,1

In **Bild 6-18** sind die korrigierten Versuchsergebnisse anhand der Zahnfußspannung und der Bruchlastspielzahl aufgetragen. Aufgrund der Korrektur rücken die Versuche in Richtung der Beanspruchung näher zusammen. Der Unterschied der Zahnfußspannung zwischen den Prüfständen beträgt sowohl für die Variante VA als auch für die Variante VB ca. 14 % bei gleichem Drehmoment, siehe Kapitel 6.3.4. Für die Variante VA ist zu erkennen, dass die Versuchspunkte bei $n_{1,HD} = 12.000\ min^{-1}$ nach der Korrektur unterhalb des Spannungsniveaus auf dem 3-Wellen-Prüfstand liegen. Der Unterschied des obersten Lastniveaus der Variante HD-VA und der Variante 3W-VA beträgt ca. 0,6 % und ist vernachlässigbar.

Anhand der Ausgleichsgeraden nach ZENNER wird die mittlere Bruchlastspielzahl $N_{50\%,HD\text{-}VA}$ der Variante HD-VA bei einer Zahnfußspannung von $\sigma_{F,1} = 1.344\ N/mm^2$

berechnet [ZENN99]. Im Diagramm oben rechts in Bild 6-18 sind die mittleren Bruchlastspielzahlen für den jeweiligen Prüfstand dargestellt. Die mittleren Bruchlastspielzahlen betragen $N_{50\,\%,3W\text{-}VA}$ = 46,9 Mio. und $N_{50\,\%,HD\text{-}VA}$ = 40,2 Mio. Lastwechsel. Darüber hinaus sind die jeweiligen Konfidenzintervalle im Diagramm eingetragen. Die einseitigen Konfidenzintervalle betragen $KI_{3W\text{-}VA}$ = 4,7 Mio. und $KI_{HD\text{-}VA}$ = 22,7 Mio. Lastwechsel. Das signifikant größere Konfidenzintervall der Variante HD-VA resultiert aus der großen Streuung der Bruchlastspielzahlen. Anhand der Ergebnisse kann kein signifikanter Unterschied hinsichtlich der Lebensdauer zwischen den beiden Prüfständen bzw. Drehzahlen festgestellt werden. Dementsprechend ist auch kein Effekt der Dehnrate auf die Bruchlastspielzahl für die Variante VA mit hoher Oberflächenhärte feststellbar. Dies könnte damit begründet werden, dass die Rissinitiierung innerhalb der einsatzgehärteten Randschicht mit einer vergleichsweise hohen Härte erfolgt. Laut dem Stand der Technik ist der Einfluss der Dehnrate bei hohen Härten klein. Allerdings ist bei den Versuchen eine Änderung der kritischen Schadensart bei hohen Beanspruchungen und eine erhöhte Versuchsstreuung erkennbar, die auf einen möglichen Zusammenhang der Drehzahl bzw. Dehnrate mit der Rissinitiierung hinweisen.

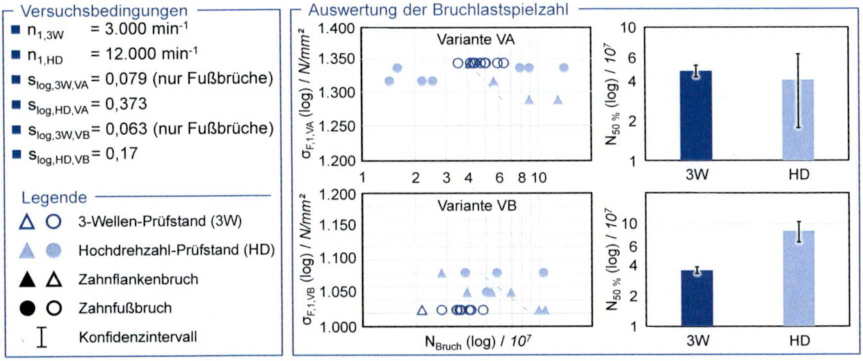

Bild 6-18: Korrigierte Versuchsergebnisse

Adjusted Test Results

Die unteren Diagramme in Bild 6-18 zeigen die korrigierten Ergebnisse der Variante VB. Im Gegensatz zur Variante VA besteht bei der Variante VB nach der Korrektur eine Restabweichung hinsichtlich der Bruchlastspielzahl und der Beanspruchung. Analog zur Variante VA wird die mittlere Bruchlastspielzahl der Variante HD-VB nach dem Vorgehen von ZENNER anhand der Ausgleichsgeraden des Perlschnurverfahrens auf dem Spannungsniveau $\sigma_{F,1}$ = 1.025 N/mm² der Variante 3W-VB berechnet [ZENN99]. Die mittleren Bruchlastspielzahlen betragen $N_{50\,\%,3W\text{-}VB}$ = 35,2 Mio. und $N_{50\,\%,HD\text{-}VB}$ = 85,1 Mio. Lastwechsel. Die einseitigen Konfidenzintervalle betragen $KI_{3W\text{-}VB}$ = 2,6 Mio. und $KI_{HD\text{-}VB}$ = 19,2 Mio. Lastwechsel. Unter Berücksichtigung der jeweiligen Konfidenzintervalle beträgt die signifikante Differenz der mittleren Bruchlastspielzahl $\Delta N_{50\,\%,VB}$ = 28.037.223 Lastwechsel bzw. 79,6 %. Bei einer geringen Härte im Zahnfuß hat die Dehnrate demzufolge einen statistisch nachweisbaren Effekt und führt analog zum Stand der Technik zu einer Steigerung der Bruchlastspielzahl. Weiterhin weisen die Versuche der Variante HD-VB, analog zur Variante VA, eine im Vergleich zur Variante 3W-VB erhöhte Versuchsstreuung auf. In Richtung der Beanspruchung ergibt sich für die Variante HD-VB eine theoretische Zahnfußspannung von $\sigma_{F,1,HD\text{-}VB}^* = 1.106$ N/mm² bei der mittleren Bruchlastspielzahl $N_{50\,\%,3W\text{-}VB} = 35.227.328$ Lastwechsel. Da eine Auswertung der Versuchsstreuung in Richtung der Beanspruchung nicht möglich ist, wird auf eine Berechnung der Konfidenzintervalle verzichtet. Die Steigerung der Zahnfußspannung liegt mit 7,9 % in einem Bereich, der mit den Ergebnissen von SCHNEIDER an Standardproben vergleichbar ist (Steigerung ~10 %) [SCHN14]. Damit ist festzuhalten, dass der Dehnrateneffekt auf die Zahnfußtragfähigkeit erfolgreich im Laufversuch nachgewiesen werden konnte.

Sowohl die Variante VA als auch die Variante VB zeigen vermehrt Zahnflankenbrüche bei einer Drehzahl von $n_1 = 12.000$ min^{-1}. Dies könnte einerseits auf eine Steigerung der Zahnfußtragfähigkeit durch die Dehnrate zurückzuführen sein. Andererseits könnte dies auch eine Folge der veränderten Zahnflankennormalkraft im Verlauf eines Zahneingriffs aufgrund der unterschiedlichen Betriebspunkte sein. Darüber hinaus zeigen sich Unterschiede bei den Bruchflächen zwischen den untersuchten Drehzahlen. Diese Einflüsse werden im Folgenden analysiert.

6.4.3 Erweiterte Analyse der Versuchsergebnisse

Extended Analysis of the Test Results

Im Folgenden werden die Versuchsergebnisse hinsichtlich der Schadensart und Schadensausprägung analysiert. Im ersten Schritt erfolgt eine Analyse der Bruchflächen im Hinblick auf die Tiefe der Rissinitiierung und das Erscheinungsbild der Bruchfläche. Im zweiten Schritt werden mögliche Ursachen für den Wechsel zwischen den Schadensarten Zahnfußbruch und Zahnflankenbruch in Abhängigkeit der Drehzahl diskutiert. Im dritten Schritt wird bewertet, ob das hochbeanspruchte Volumen zur Erklärung der geringen Streuung der Bruchlastspielzahlen im Vergleich zu Standardproben herangezogen werden kann.

Bruchflächenanalyse

Die Ergebnisse der Tragfähigkeitsuntersuchungen zeigen, dass sowohl bei der Variante VA als auch der Variante VB Unterschiede hinsichtlich der Bruchlastspielzahl sowie der Streuung zwischen den Varianten 3W und HD auftreten. In **Bild 6-19** sind beispielhafte Bruchflächen aller Varianten dargestellt. Die Bruchflächen der Variante VA sind sowohl auf dem 3-Wellen-Prüfstand (3W) als auch auf dem Hochdrehzahl-Prüfstand (HD) durch eine mit dem Auge erkennbare Bruchlinse gekennzeichnet. Dies gilt sowohl für Zahnfuß- als auch Zahnflankenbrüche. Lediglich bei einem Versuch der Variante 3W-VA konnte mittels Mikroskop keine Bruchlinse festgestellt werden. Bei allen Schäden mit Bruchlinse liegt der Rissausgang unterhalb der Oberfläche. Dies war aufgrund der Einsatzhärtung und der Druckeigenspannungen an der Oberfläche durch das Festigkeitsstrahlen zu erwarten und Ziel des Fertigungsprozesses. Eine belastbare Quantifizierung der Tiefe des Rissstarts mittels Mikroskopie war nicht möglich. Weitergehende Analysen mittels Rasterelektronenmikroskop (REM) wurden nicht durchgeführt. Ein Einfluss der Drehzahl auf die Größe der bruchauslösenden Fehlstelle kann ebenfalls nicht zweifelsfrei nachgewiesen werden.

Die Versuche auf dem Hochdrehzahl-Prüfstand sind durch zahlreiche abgebrochene Zähne gekennzeichnet, da zwischen Schadensdetektion und Stillstand des Prüfstands ca. t = 5 sec bzw. N = 1.000 Lastwechsel vergehen. Der fehlende ausgebrochene Zahn und das vorhandene Restdrehmoment führen zum Gewaltbruch nachfolgender Zähne. Bei der Variante HD-VA sind in der Regel mindestens zwei der nachfolgenden Gewaltbruchflächen ebenfalls durch eine Bruchlinse gekennzeichnet, die nicht zum Ausfall geführt hat. Dies ist sowohl bei initialen Zahnfuß- als auch Zahnflankenbrüchen der Fall.

Auf dem 3-Wellen-Prüfstand treten grundsätzlich weniger Gewaltbrüche auf, da die Anzahl von Lastwechseln zwischen Schadensdetektion und Stillstand aufgrund der geringeren Drehzahl kleiner ist. Dennoch sind bei sechs der insgesamt elf Versuche mehr als ein Zahn ausgebrochen. An keinem der Gewaltbrüche konnte mittels Mikroskopie eine Bruchlinse festgestellt werden. Damit ist festzuhalten, dass der Betriebspunkt, die Dehnrate oder der Prüfstand einen Einfluss auf die Rissinitiierung bzw. das Risswachstum im Versuch haben, obwohl kein signifikanter Einfluss der Dehnrate auf die Tragfähigkeit erkennbar ist. Der Ort des Rissausgangs von Zahnfußbrüchen liegt sowohl für die Variante HD-VA als auch die Variante 3W-VA im Bereich der 30°-Tangente und wird nicht signifikant durch die Drehzahl bzw. Dehnrate beeinflusst.

Versuchsbedingungen

- Vergrößerung: 30-fach
- 3W-VA-V5
  - N_{Bruch} = 41.376.000
  - M_1 = 155
- HD-VA-V4
  - N_{Bruch} = 16.008.000
  - M_1 = 190 Nm
- 3W-VB-V2
  - N_{Bruch} = 34.020.000
  - M_1 = 114 Nm
  - ohne erkennbare Bruchlinse
- HD-VB-V4
  - N_{Bruch} = 50.400.000
  - M_1 = 145 Nm

Repräsentative Bruchflächen

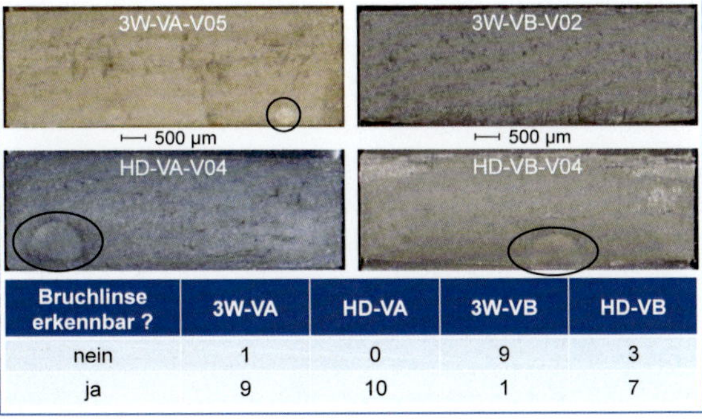

Bruchlinse erkennbar ?	3W-VA	HD-VA	3W-VB	HD-VB
nein	1	0	9	3
ja	9	10	1	7

Bild 6-19: Beispielhafte Bruchflächen

Exemplary Fracture Surfaces

Im rechten Teil von Bild 6-19 sind die beispielhaften Bruchflächen der Variante VB dargestellt. Die Bruchflächen der Variante 3W-VB zeigen in der Regel keine erkennbare Bruchlinse. Bei zehn Bruchflächen ist eine Bruchlinse mittels Mikroskopie feststellbar. Dementgegen sind die Bruchflächen der Variante HD-VB in sieben von zehn Fällen durch eine Bruchfläche gekennzeichnet. Bei den anderen drei Schäden handelt es sich um Zahnflankenbrüche, die durch die unebene Bruchfläche keine zweifelsfreie Feststellung einer Bruchlinse zulassen. Die Rissinitiierung erfolgt bei Variante HD-VB immer unterhalb der Oberfläche. Grundsätzlich können im VHCF-Bereich „späte Zahnfußbrüche" auftreten, deren Rissinitiierung an der Oberfläche erfolgt [BRET11]. Dies ist bei Variante 3W-VB der Fall, da die Werkstofffestigkeit an der Oberfläche durch die geringe Härte ebenfalls gering ist. Die Veränderung der Schadensart und -ausprägung der Variante HD-VB kann durch die Dehnrate erklärt werden. Die Dehnrate ist direkt an der Oberfläche am größten, da hier die maximale Zahnfußspannung auftritt. Die hohe Dehnrate hemmt die Rissinitiierung bzw. das Mikrorisswachstum an der Oberfläche. Unterhalb der Oberfläche fällt die Dehnrate analog zur Zahnfußspannung ab. Dadurch wird das Mikrorisswachstum in diesem Bereich weniger stark gehemmt und es treten Suboberflächenschäden mit Bruchlinsen auf. Analog zur Variante HD-VA sind bei der Variante HD-VB Gewaltbrüche an den nachfolgenden Zähnen aufgetreten. Die Variante HD-VB zeigt, anders als die Variante HD-VA, keine Bruchlinsen an diesen Gewaltbruchflächen.

Neben der Ausprägung der Bruchfläche wird bei Variante VB auch der Schadensort durch die Drehzahl bzw. Dehnrate beeinflusst. Die Zahnfußbrüche der Variante 3W-VB gehen alle von der 30°-Tangente aus. Dementgegen verlagert sich der Ort der Rissinitiierung bei den Zahnfußbrüchen der Variante HD-VB in Richtung des Zahnfußgrundes und liegt entweder unterhalb der 30°-Tangente oder im Zahnfußgrund. Diese Verlagerung ist eine Folge des Fliehkrafteinflusses, vgl. Kapitel 6.3.3. Eine wiederholgenaue Messung des Rissstarts an einer Verzahnung mit Modul m_n = 1 mm ist aufgrund der geringen Größe mit aktuell verfügbaren Messmethoden nicht möglich. Daher erfolgt keine quantitative Auswertung des Rissausgangsortes.

Die Analyse der Bruchflächen zeigt, dass sowohl für die Variante VA als auch für die Variante VB ein Einfluss der Dehnrate bzw. des Betriebspunktes auf die Schadensausprägung und –art vorliegt. Die erhöhte Betriebsdrehzahl führt aufgrund der Fliehkräfte zu einer Verlagerung der Rissinitiierung in Richtung des Zahnfußgrundes. Die Veränderungen der Rissinitiierung und des Risswachstums könnten ein möglicher Erklärungsansatz für die größere Versuchsstreuung auf dem Hochdrehzahl-Prüfstand sein. Das vermehrte Auftreten von Zahnflankenbrüchen kann für die Variante HD-VB durch den Dehnrateneffekt erklärt werden, der zu einer Steigerung der Zahnfußbeanspruchbarkeit führt. Die höhere Beanspruchung zur Erzeugung von Schäden führt wiederum zu einem vermehrten Auftreten von Zahnflankenbrüchen. Für die Variante HD-VA konnte kein Einfluss der Dehnrate auf die Zahnfußbeanspruchbarkeit festgestellt werden. Dennoch treten vermehrt Flankenbrüche auf. Daher wird im nächsten Schritt der Einfluss der Dynamik auf die Zahnflankenbruchtragfähigkeit analysiert.

Schadensart

Die Ergebnisse zeigen, dass die Drehzahl einen Einfluss auf die kritische Schadensart der Verzahnung hat. Während bei einer Drehzahl von n_1 = 3.000 min^{-1} überwiegend Zahnfußbrüche auftreten, liegen bei n_1 = 12.000 min^{-1} gleichermaßen Zahnfuß- und Zahnflankenbrüche vor. Der Wechsel der Schadensart kann einerseits damit erklärt werden, dass die Zahnfußtragfähigkeit durch die höhere Dehnrate gesteigert wird. Bei einer Verzahnung, deren Überlebenswahrscheinlichkeit hinsichtlich Zahnflankenbruch nur geringfügig über der für Zahnfußbrüche liegt, führt der Dehnrateneinfluss zu einem

Wechsel der Schadensart. Andererseits kann der Wechsel der Schadensart auch auf den Einfluss der Dynamik und die daraus resultierende Änderung des Verlaufs der Zahnnormalkraft innerhalb einer Teilung zurückzuführen sein.

Der Zahnflankenbruch hat seinen Rissausgang in einem Tiefenbereich von $t_{Rand} \approx 2*CHD_{550HV1}$, typischerweise an einer Fehlstelle im Gefüge [WITZ12, GOER23]. Als Ursache für die Rissinitiierung wird die Spannungsüberhöhung durch den E-Modul-Unterschied sowie die Kerbwirkung der Fehlstelle angenommen [WITZ12, BAUE17, WICK17]. Im Gegensatz zum Zahnfußbruch tritt der Zahnflankenbruch im Bereich der aktiven Zahnflanke häufig zwischen dem unteren Einzeleingriffsgebiet und dem Wälzkreis auf [MACK02, BOIA15, KONO18, VULL20]. In der Rissausbreitungsphase entsteht ein Primärriss, der mit ca. 45° zur aktiven Zahnflanke verläuft [THOM98]. Darüber hinaus können Sekundär- und Tertiärrisse auftreten, die parallel zum Zahnkopf in Richtung der aktiven Zahnflanke verlaufen [WITZ12]. Aufgrund der großen Tiefe der Rissinitiierung können die tribologischen Beanspruchungen durch die Kinematik und Reibung vernachlässigt werden. Stattdessen wird die Kombination aus Kontaktpressung, mechanischer Sekundärbeanspruchung (Schub, Stauchung, Biegung) und dem Eigenspannungszustand als maßgeblich angesehen [BRUC06, WITZ12, BAUE17, KONO18].

Um den Einfluss der Dynamik auf die Zahnflankenbruchtragfähigkeit zu bewerten, wird die Verzahnung einerseits in der WZL-Zahnflankenbruchberechnung nach KONOWALCZYK und GOERGEN abgebildet [KONO18, GOER23]. Andererseits erfolgt eine Berechnung der Zahnflankenbruchtragfähigkeit nach ISO/TS 6336-4:2019-07 für die jeweiligen Betriebsdrehzahlen [ISO19b]. Der Normansatz ISO/TS 6336-4:2019-07 basiert auf den Arbeiten von WITZIG und ermöglicht eine Aussage zum Schadensrisiko unterhalb der Oberfläche unter Berücksichtigung der Einsatzhärtetiefe und des Eigenspannungstiefenverlaufs [WITZ12]. Der Einfluss von Stauchung, Zahnbiegung und Querschub wird im Normansatz vernachlässigt [GOER23]. Der Dynamikeinfluss wird durch den normbasierten K_V Faktor abgebildet.

Die WZL-Zahnflankenbruchberechnung nach GOERGEN und KONOWALCZYK nutzt die mithilfe der FEM berechneten Spannungstensoren des schlupffreien Makrokontaktes der Zahnflanken [KONO18, GOER23]. Die Spannungswerte aus dem Zahnflankenkontakt im Zahnvolumen werden mit den tiefenabhängigen Eigenspannungswerten zur Werkstoffbeanspruchung verrechnet [GOER23]. Die Beanspruchbarkeit wird nach MURAKAMI auf Basis der Härte und der Fehlstellengröße bestimmt [MURA19]. Die Berechnung der Tragfähigkeit erfolgt im Treppenstufenverfahren. Für jede Laststufe werden auf Basis der definierten Verteilung Fehlstellen zufällig im Zahnvolumen verteilt und die lokale Anstrengung berechnet [KONO18]. Überschreitet die Anstrengung den Wert 1, wird der Versuchspunkt als Bruch gewertet und die Last für den nächsten Versuchspunkt reduziert. Andernfalls wird der Versuchspunkt als Durchläufer gewertet und die Last erhöht. Im Folgenden werden jeweils i = 50 Versuche simuliert und das mittlere dauerfeste Drehmoment für eine Ausfallwahrscheinlichkeit von $P_A = 50$ % nach HÜCK ausgewertet [HÜCK83]. Die Streuung wird in Form der Standardabweichung bestimmt [GOER23].

Für die WZL-Zahnflankenbruchberechnung wird die Fehlstellenverteilung nach GOERGEN für einen üblichen 16MnCr5 angenommen, da für die untersuchten Verzahnungen keine Analyse der Einschlussverteilung vorliegt. Die entsprechenden Werte für die angenommene Paretoverteilung sind im linken Teil von **Bild 6-20** dargestellt. Die Einsatzhärtetiefe $CHD_{550\,HV1}$ sowie die Werte der Rand- und Kernhärte entsprechen den Messwerten aus Kapitel 6.2 für die jeweilige Variante. Die Approximation des gemessenen Härtetiefenverlaufs erfolgt nach LANG [LANG88]. Der Eigenspannungstiefenverlauf wird nach dem Vorgehen aus FVA 835 I berechnet [FVA22]. Die Berücksichtigung der dynamischen Zusatzlasten erfolgt über die Manipulation der Zahnnormalkräfte in der FE-STIRNRADKETTE. Aus der MKS-Berechnung wird das Drehmoment über einer Teilung in Abhängigkeit des Wälzwinkels ϕ für die Drehzahlen $n_1 = 3.000\ min^{-1}$ und $12.000\ min^{-1}$ ausgewertet und mithilfe des mittleren Drehmomentes in einen wälzwinkelabhängigen Dynamikfaktor umgerechnet. Bei der Berechnung der Spannungstensoren wird die Zahnnormalkraft der jeweiligen Wälzstellung mit dem entsprechenden Dynamikfaktor multipliziert und so der Einfluss der Dynamik berücksichtigt. Eine direkte Nutzung der Spannung-Zeit-Verläufe aus WZLGEARFORCE6D in der Zahnflankenbruchberechnung ist derzeit nicht möglich.

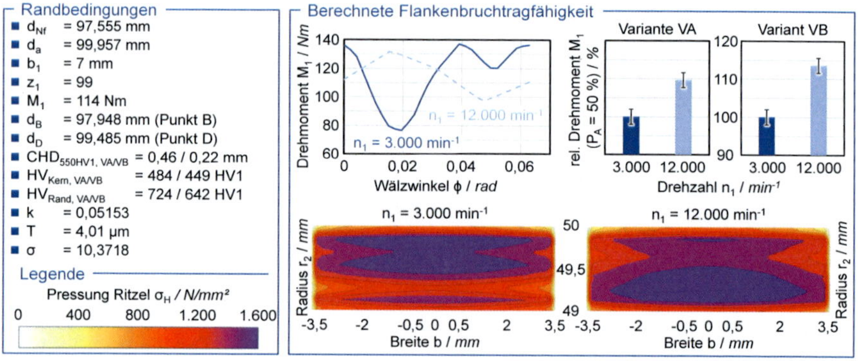

Bild 6-20: Analyse des Dynamikeinflusses auf die Zahnflankenbruchtragfähigkeit

Analysis of the Dynamic Influence on the Tooth Flank Breakage Strength

Aufgrund der oben beschriebenen Annahmen bei der Modellerstellung und der Überschätzung der Zahnfußspannung der untersuchten Verzahnung in der FE-STIRNRADKETTE wird nicht die absolute Dauerfestigkeit hinsichtlich Zahnflankenbruch, sondern ausschließlich die relative Änderung durch den Dynamikeinfluss bewertet. Die Unterschätzung ist darauf zurückzuführen, dass der Überdeckungszugewinn der Prüfverzahnung in der verwendeten Version nicht vollständig durch die FE-STIRNRADKETTE abgebildet wird. Rechts oben in Bild 6-20 sind die relativen dauerfesten Drehmomente für eine Ausfallwahrscheinlichkeit von $P_A = 50\ \%$ und die Streubereiche dargestellt. Das Drehmoment steigt für die Variante VA um ca. 10 % und für die Variante VB um ca. 14 % an. In beiden Fällen ist der Anstieg unter Berücksichtigung der Standardabweichung signifikant. Die veränderte Zahnnormalkraft hat einen signifikanten Einfluss auf die Pressung im Zahnkontakt. In Bild 6-20 ist die Pressungsverteilung auf der Ritzelflanke dargestellt. Bei einer Drehzahl von n_1 = 3.000 min^{-1} tritt die maximale Pressung am Punkt D bzw. danach auf. Dementgegen tritt die maximale Pressung bei n_1 = 12.000 min^{-1} zwischen den Punkten B und D auf. Die Höhe der Pressung wird durch die Dynamik nicht signifikant beeinflusst.

Weiterhin wird die Zahnflankenbruchtragfähigkeit nach ISO 6336-4:2019-07 berechnet [ISO19b]. Innerhalb der ISO 6336:2019-11 wird der Einfluss der Dynamik durch den Dynamikfaktor K_V abgebildet [ISO19c]. Für den vorliegenden Fall wird nicht auf die Berechnung des K_V-Faktors nach Methode B zurückgegriffen. Stattdessen wird der Dynamikfaktor aus der MKS-Berechnung entsprechend der Methode A abgeleitet [ISO19c]. Nach ISO 6336-1:2019-11 ist der Dynamikfaktor das Verhältnis des maximalen Drehmoments innerhalb eines Zahneingriffs bei Betriebsbedingungen zum Drehmoment bei einer Drehzahl nahe null [ISO19c]. Damit ergeben sich die maximalen Dynamikfaktoren $K_{V,3000\ min-1}$ = 1,19 und $K_{V,12000\ min-1}$ = 1,14 innerhalb eines Zahneingriffs. Die maximale Anstrengung für Zahnflankenbruch im Material sinkt für die Variante VA um $\Delta A_{ISO\ 6336-4,VA}$ = -4,5 % und für die Variante VB um $\Delta A_{ISO\ 6336-4,VB}$ = -3,7 %. Damit liegt die Änderung der Anstrengung im Bereich des Dynamikeinflusses (ΔK_V = -4,2 %).

Die Analyse des Dynamikeinflusses auf die Zahnflankenbruchtragfähigkeit zeigt sowohl in der WZL-Zahnflankenbruchberechnung als auch in der Normberechnung nach ISO 6336-4:2019-07 die gleiche Tendenz. Durch die Dynamik steigt die Zahnflankenbruchtragfähigkeit bzw. die Anstrengung sinkt. In der Normberechnung ist dies auf die Abnahme des vorgegebenen Dynamikfaktors zurückzuführen. In der WZL-Zahnflankenbruchberechnung könnte der Anstieg des dauerfesten Drehmomentes auf den veränderten Ort der maximalen Belastung zurückzuführen sein. Die maximale Pressung bei n_1 = 12.000 min^{-1} tritt im unteren Bereich der Ritzelflanke auf. In diesem Bereich ist die aus der nachgelagerten Zahnbiegung resultierende Beanspruchung geringer als im oberen Bereich der Ritzelflanke. Dies ist auf das größere Flächenträgheitsmoment im unteren Zahnquerschnitt zurückzuführen. In der Folge ist eine höhere Belastung notwendig, um eine kritische Anstrengung hervorzurufen. Zum besseren Verständnis des Drehzahleinflusses auf die Zahnflankenbruchtragfähigkeit ist eine Analyse des Dynamikeinflusses auf den Anstrengungszustand und das hochangestrengte Zahnvolumen unter Berücksichtigung der Fliehkräfte notwendig.

Abschließend ist festzuhalten, dass das vermehrte Auftreten von Zahnflankenbrüchen bei höherer Drehzahl nicht mit der Höhe und dem Verlauf der dynamischen Zusatzlasten innerhalb eines Zahneingriffs erklärt werden kann. Bestehende Berechnungsmodelle weisen statt einer Abnahme der Zahnflankenbruchtragfähigkeit einen Anstieg auf. Das vermehrte Auftreten von Zahnflankenbrüchen kann damit einerseits auf die Steigerung der Zahnfußtragfähigkeit durch den Dehnrateneffekt zurückgeführt werden. Andererseits könnte die Abweichung der Berechnungsmethoden auch darauf zurückzuführen sein, dass der mehrachsige, nichtproportionale Beanspruchungsverlauf durch bestehende Vergleichsspannungsansätze nicht korrekt in der Berechnung abgebildet wird [GOER23]. Weiterhin ist der Einfluss der Dynamik auf das hochangestrengte Zahnvolumen unklar.

Streuung der Bruchlastspielzahl

Die Versuche der Varianten 3W-VA und 3W-VB, die durch einen Zahnfußbruch ausgefallen sind, weisen eine geringe Streuung der Bruchlastspielzahlen auf. Die Standardabweichung der logarithmierten Bruchlastspielzahlen beträgt $s_{log,3W\text{-}VA} = 0{,}079$ bzw. $s_{log,3W\text{-}VB} = 0{,}063$. In Versuchen an Standardproben ergeben sich in Lebensdauerrichtung üblicherweise Standardabweichungen von $0{,}1 < s_{log} < 0{,}3$. Damit ist die Streuung der Versuche zur Zahnfußtragfähigkeit signifikant kleiner als üblich, obwohl die Geometrie der Zahnräder wesentlich komplexer ist als die Geometrie einer Standardprobe. Eine mögliche Erklärung für dieses Verhalten ist das hochbeanspruchte Volumen im Versuch.

Die Werkstofffestigkeit im Versuch hängt maßgeblich vom untersuchten Volumen und damit von der Probengeometrie ab [HECK75, ZIEB77, FKM03]. Mit sinkendem hochbeanspruchtem Volumen sinkt auch die Größe der bruchauslösenden Fehlstelle [ZIEB77]. Da bei kleinerem Volumen die Wahrscheinlichkeit für eine Fehlstelle mit einer kritischen Größe sinkt, steigt die mittlere Festigkeit bzw. Lebensdauer an. HECKEL und KÖHLER führen Versuche zur Zugschwellfestigkeit an blankgezogenem Draht aus X2CrNi19-9 mit unterschiedlichen kritischen Volumina durch [HECK75]. Die Ergebnisse zeigen einerseits, dass die mittlere Lebensdauer mit steigendem kritischen Volumen sinkt. Andererseits ist aber auch erkennbar, dass die Streuung bei steigendem kritischen Volumen ebenfalls sinkt. Dies ist damit zu erklären, dass bei einem großen kritischen Volumen die Wahrscheinlichkeit zunimmt, dass eine ähnlich große kritische Fehlstelle zum Bruch führt und damit die Bruchlastspielzahl vergleichbar ist.

Für die Bewertung des Einflusses des hochbeanspruchten Volumens auf die Versuchsstreuung bei Standardproben und Zahnrädern ist die Berechnung des hochbeanspruchten Volumens für beide Fälle erforderlich. In **Bild 6-21** sind die hochbeanspruchten Flächen im Zahnfußbereich der untersuchten Verzahnung und einer beispielhaften Standardprobe dargestellt. Für die Verzahnung wird die maximale Hauptspannung über der Tiefe im Stirnschnitt bei $b_1 = 0$ mm (Zahnmitte) ausgewertet. Das Drehmoment beträgt $M_1 = 146$ Nm. Die Berechnung der hochbeanspruchten Fläche erfolgt für den Kennwert $A_{90\,\%}$ bei dem alle Spannungswerte berücksichtigt werden, die zwischen 90 % der Maximalspannung und der Maximalspannung liegen. Die Werte zwischen den Knoten des FE-Netzes werden dabei interpoliert. Nach WEBER stimmt der so gewonnene Wert gut mit der analytisch bestimmbaren hochbeanspruchten Fläche überein [WEBE15]. Darüber hinaus kann das hochbeanspruchte Volumen unter der Annahme einer konstanten Spannungsverteilung über der Breite mithilfe der Verzahnungsbreite in ein hochbeanspruchtes Volumen umgerechnet werden. Im linken Diagramm in Bild 6-21 ist die Grenze $\sigma_{90\,\%}$ eingezeichnet. Die entsprechende Fläche im Zahnquerschnitt beträgt $A_{90\%,Zahn} = 0{,}009072$ mm². Für das gesamte Zahnrad ergibt sich ein 90 %-Volumen von $V_{90\,\%} = 6{,}287$ mm³. Im Vergleich dazu ist im rechten Teil von Bild 6-21 der Querschnitt einer Zylinderprobe mit $d_{Zylinder} = 3$ mm dargestellt.

Im Vergleich zum Zahnquerschnitt beträgt der Maßstab der Kreisfläche 1:2. Unter der Annahme, dass der gesamte zylindrische Teil der Standardprobe kritisch für eine Rissinitiierung ist, entspricht das hochbeanspruchte Volumen dem Zylindervolumen. Damit beträgt das kritische Volumen der Standardprobe V_{krit} = 35,34 mm³. Es ist zu beachten, dass für die Berechnung nur die rechnerischen Spannungswerte aus der Zahnkontaktanalyse WZLGEARFORCE6D verwendet wurden. Eine Korrektur bzgl. der Druckeigenspannungen aus dem Kugelstrahlprozess ist nicht erfolgt. Es ist anzunehmen, dass in diesem Fall die maximale Spannung im Zahnfußquerschnitt sinkt und das hochbeanspruchte Volumen weiter in die Tiefe wandert. Die Größe des hochbeanspruchten Volumens wird wahrscheinlich nicht signifikant beeinflusst.

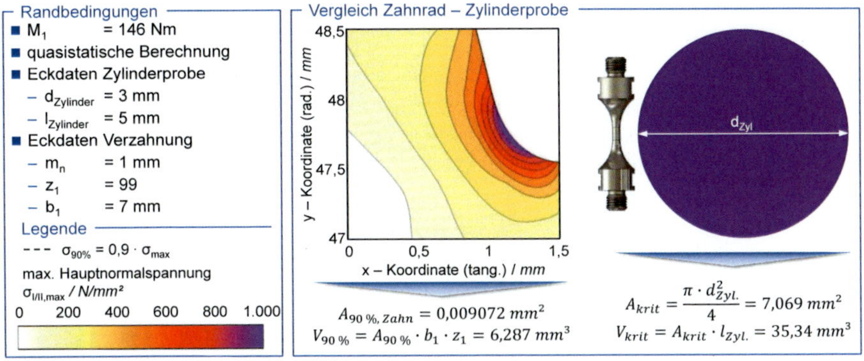

Bild 6-21: Analyse des hochbeanspruchten Volumens
Analysis of Highly Stressed Volume

Die Berechnung zeigt, dass das für einen Bruch relevante Volumen einer Standardprobe mehr als 5-mal größer ist als das 90 %-Volumen der untersuchten zahnfußkritischen Verzahnung. Daraus folgt, dass die geringe Versuchsstreuung nicht durch die Unterschiede im hochbeanspruchten Volumen erklärt werden kann. Mögliche andere Erklärungsansätze sind im Vergleich zu den vorliegenden Versuchsergebnissen größere Unsicherheiten bei der Prüfung von Standardproben, z.B. durch Schwankungen der Lastaufbringung im Versuch oder durch die geometrische Streuung der Standardproben, was aufgrund der einfachen Probengeometrie und Prüfmethodik unwahrscheinlich erscheint. Darüber hinaus ist, wie bereits bei der Betrachtung der Zahnflankenbruchtragfähigkeit festgestellt, das hochangestrengte Volumen der Verzahnung unbekannt. Für weitergehende Analysen sollte daher für einsatzgehärtete und festigkeitsgestrahlte Verzahnungen das hochangestrengte Volumen unter Berücksichtigung der härteabhängigen Beanspruchbarkeit sowie der Eigenspannungen genutzt werden.

6.5 Zwischenfazit

Interim Conclusion

Die statistisch signifikante Quantifizierung des Dehnrateneinflusses erfordert die umfangreiche Analyse der Prüfkörper und Prüfbedingungen, um andere Einflussfaktoren quantifizieren und kompensieren zu können. Im ersten Schritt werden dazu die Prüfverzahnung vorgestellt, das geeignete Vorgehen zur Lebensdauerprüfung erarbeitet und die Betriebspunkte definiert. Im zweiten Schritt erfolgt die Charakterisierung der Prüfverzahnungen und die Quantifizierung der Einflüsse auf die Zahnfußspannung. Abschließend erfolgt im vierten Schritt die Untersuchung der Zahnfußtragfähigkeit bei unterschiedlichen Dehnraten, die Bewertung des Dehnrateneinflusses und die Analyse der Versuchsergebnisse.

Die Charakterisierung der Prüfverzahnungen zeigt, dass die Prüfstandsvarianten 3W (geringe Drehzahl bzw. Dehnrate) und HD (hohe Drehzahl bzw. Dehnrate) hinsichtlich Zahnfuß- und Zahnflankengeometrie sowie der Oberflächenrauheit und der Werkstoffeigenschaften vergleichbar sind. Der größte Unterschied zwischen den Prüfständen resultiert aus den dynamischen Zusatzkräften, die zu unterschiedlichen Zahnfußspannungen führen. Alle Einflüsse müssen zur Bewertung des Dehnrateneffektes berücksichtigt werden.

Die Variante VA mit hoher Randhärte weist bei geringer Drehzahl bzw. Dehnrate (3W-VA) eine geringe Versuchsstreuung von $s_{log,3W\text{-}VA} = 0{,}08$ und überwiegend Zahnfußbrüche mit einem Rissausgang an der 30°-Tangente auf. Dabei sind alle Bruchflächen durch Bruchlinsen mit einem Rissausgang unterhalb der Oberfläche gekennzeichnet. Bei höherer Drehzahl bzw. Dehnrate (HD-VA) steigt sowohl die Versuchsstreuung ($s_{log,HD\text{-}VA} = 0{,}37$) als auch die Anzahl an Zahnflankenbrüchen, wobei Zahnfußbrüche weiterhin von der 30°-Tangente ausgehen. Der Vergleich der Bruchlastspielzahl anhand der korrigierten Zahnfußspannung zeigt, dass die Dehnrate keinen signifikanten Einfluss auf die Bruchlastspielzahl der Variante VA hat. Dies war aufgrund der hohen Randhärte zu erwarten.

Die Variante VB mit geringer Randhärte fällt bei geringer Drehzahl bzw. Dehnrate (3W-VB) überwiegend durch Zahnfußbrüche im Bereich der 30°-Tangente ohne erkennbare Bruchlinsen aus. Mit hoher Drehzahl bzw. Dehnrate (HD-VB) treten analog zu Variante VA vermehrt Zahnflankenbrüche auf. Außerdem sind die Zahnfußbrüche durch Bruchlinsen mit einem Rissausgang unterhalb der Oberfläche gekennzeichnet und der Rissausgang verlagert sich in Richtung des Zahnfußgrunds. Die logarithmische Standardabweichung beträgt $s_{log,3W\text{-}VB} = 0{,}06$ bzw. $s_{log,HD\text{-}VB} = 0{,}17$. Der Vergleich der Bruchlastspielzahlen anhand der korrigierte Zahnfußspannung weist für die Variante VB einen signifikanten Einfluss der Dehnrate auf die Bruchlastspielzahl bzw. die ertragbare Zahnfußspannung nach. Dieser kann auf das gehemmte Mikrorisswachstum an der Oberfläche zurückgeführt werden, das zu einer Verlagerung der Rissinitiierung unter die Oberfläche führt.

Die Bruchcharakteristik ändert sich mit der Dehnrate bzw. Drehzahl. Bei Variante HD-VA sind an den Gewaltbruchflächen nachfolgender Zähne Bruchlinsen erkennbar, die bei Variante 3W-VA nicht auftreten. Darüber hinaus steigt die Streuung der Bruchlastspielzahl mit höherer Dehnrate für die Varianten VA und VB an. Die Drehzahl bzw. Dehnrate hat damit einen nachweisbaren Effekt auf die Rissinitiierung und Schadensausprägung. Mögliche Einflussfaktoren sind zum Beispiel die Änderung des Kraft-Zeit-Verlaufs innerhalb eines Zahneingriffs durch die dynamischen Zusatzkräfte, die überlagerte Spannung aus der Fliehkraft und die veränderte Rissinitiierung im gesamten Zahnvolumen aufgrund der erhöhten Dehnrate.

Der Wechsel der Schadensart von Zahnfußbruch zu Zahnflankenbruch wird auf Basis des normbasierten Berechnungsmodells nach ISO 6336-4:2019-07 und dem höherwerten Berechnungsverfahren nach KONOWALCZYK und GOERGEN bewertet. Die Änderung der Zahnnormalkraft innerhalb einer Teilung durch die Dynamik des Prüfstands bei hoher Drehzahl führt nicht zu einer Abnahme der Zahnflankenbruchtragfähigkeit in den Berechnungsmethoden. Damit könnte der Wechsel der Schadensart einerseits auf die Steigerung der Zahnfußtragfähigkeit durch den Dehnrateneffekt zurückgeführt werden. Andererseits könnte die Zahnflankenbruchtragfähigkeit selbst eine Abhängigkeit von der Drehzahl aufweisen, die durch die bisher verfügbaren Vergleichsspannungshypothesen nicht korrekt abgebildet wird. Darüber hinaus ist auch die unzureichende Berücksichtigung dynamischer Effekte im höherwertigen Berechnungsverfahren ein möglicher Grund. Zur Beantwortung der Fragestellungen bedarf es weiterer Forschung.

Der Vergleich des hochbeanspruchten Volumens einer Zylinderprobe mit der Prüfverzahnung weist ein größeres Volumen der Zylinderprobe auf. Die geringe Versuchsstreuung kann damit nicht durch das hochbeanspruchte Volumen erklärt werden. Allerdings ist festzuhalten, dass für eine abschließende Aussage hierzu eine Analyse des hochangestrengten Volumens unter Berücksichtigung der Dynamik, der Fliehkraft und der tiefenabhängigen Werkstoffkennwerte notwendig ist.

Abschließend ist festzuhalten, dass die Dehnrate einen erkennbaren Einfluss auf die Zahnfußtragfähigkeit im VHCF-Bereich von Verzahnungen mit geringer Oberflächenhärte hat. Die Dehnrate hat darüber hinaus auch einen Einfluss auf die Bruchcharakteristik und führt zum vermehrten Auftreten von Bruchlinsen und Zahnflankenbrüchen sowie zu einer vergrößerten Versuchsstreuung. Die Gründe hierfür können nicht abschließend geklärt werden und bedürfen weiterer Forschung. Darüber hinaus zeigen die Versuchsergebnisse, dass mit einer hohen Fertigungsgüte und einem ausgereiften Prüfkonzept im Vergleich zu Standardproben geringe Streuungen hinsichtlich der Bruchlastspielzahl im Laufversuch im VHCF-Bereich erreicht werden können. Außerdem ist die Betrachtung der Versuchsanzahl und der Standardabweichung zur Bewertung der statistischen Signifikanz bei geringen Tragfähigkeitsunterschieden von wenigen Prozent zwingend erforderlich.

7 Analogieversuch zur Untersuchung des Dehnrateneinflusses bei Stirnrädern

Analogy Test for the Investigation of the Strain Rate Influence on Spur Gears

Die Zahnfußtragfähigkeit von Gerad- und Schrägverzahnungen kann für übliche Grenzlastspielzahlen von $N_G = 10^6 - 10^7$ Lastwechsel effizient im Pulsatorversuch ermittelt werden [HÖHN99, POLL20, RÜNG21]. Für Geradverzahnungen können die Festigkeitswerte anhand von empirischen Umrechnungsfaktoren in normbasierte Festigkeitskennwerte umgerechnet werden [HÖHN99]. Darüber hinaus können auch Schrägverzahnungen mithilfe geeigneter Vorrichtungen untersucht werden [POLL20, RÜNG21]. Die Vorteile des Pulsatorversuchs liegen einerseits in einer vereinfachten Lastaufbringung, die mehrere Versuche an einem Prüfzahnrad ohne Gegenrad ermöglicht. Andererseits kann die Anzahl von Einflussfaktoren auf die Zahnfußtragfähigkeit im Vergleich zum Laufversuch im Verspannungsprüfstand verringert werden. Nachteilig ist das geringere Prüfvolumen, welches zu einer systematischen Überschätzung der mittleren Festigkeit und der Streuung führt [HÖHN99]. Die Ergebnisse aus Kapitel 4.4 zeigen, dass die erzielbaren Dehnraten im Pulsatorversuch bei den heute üblichen Prüffrequenzen nicht mit den realen Dehnraten einer Verzahnung im Betrieb vergleichbar sind. Im Folgenden werden die Anforderungen an einen dehnratenäquivalenten Pulsatorversuch abgeleitet. Darauf aufbauend werden die bestehenden Konzepte zur Schwingfestigkeitsprüfung analysiert und mögliche Defizite identifiziert. Im Anschluss wird die Machbarkeit eines dehnratenäquivalenten Analogieversuchs auf Grundlage der bestehenden Konzepte geprüft und bewertet.

7.1 Ableitung der Prüfanforderungen

Derivation of the Test Requirements

Als Anforderung an das zu konzipierende Prüfstandskonzept werden die Pulsatorkraft F_{Puls}, die Prüffrequenz f_{Puls} und die Verformung der Verzahnung s_{Puls} im Betrieb definiert. Als Grundlage für die Ableitung der Prüffrequenz dient die zu erreichende Dehnrate im Pulsatorversuch. Die Dehnrate im Zahnfuß kann mithilfe der in Kapitel 4.4 vorgestellten Zusammenhänge vereinfacht berechnet werden. Zur Einordnung wird die mittlere Dehnrate der dehnratenäquivalenten Pulsatorfrequenz nach Formel (4-5) verwendet, da die Unterschiede zur mittleren Dehnrate aus der Zahnkontaktanalyse vernachlässigbar sind, vgl. Kapitel 4.4. Unter Verwendung von Formel (4-3) kann **Formel (7-1)** zur Berechnung der mittleren Dehnrate in Abhängigkeit von der Antriebsdrehzahl n_1, der maximalen Zahnfußspannung am Antriebsrad $\sigma_{F,max,1}$, der Zähnezahl am Antrieb z_1 und der Gesamtüberdeckung ε_γ abgeleitet werden.

$$\dot{\varepsilon}_{MW} = \frac{\sigma_{F,max,1} \cdot 2 \cdot n_1 \cdot z_1}{E_{Stahl} \cdot \varepsilon_\gamma} \qquad \textbf{(7-1)}$$

Für den Anwendungsfall eines Getriebes in E-Fahrzeugen kann eine Gesamtüberdeckung von $3{,}4 < \varepsilon_\gamma < 3{,}9$ und eine Zähnezahl am Ritzel von $23 < z_1 < 29$ angenommen werden [NAUN19]. In Anlehnung an die Verzahnungsauslegung aus Kapitel 5 und die Ergebnisse von BRETL wird eine maximal ertragbare Zahnfußspannung von $\sigma_{F,max}$ = 1.400 N/mm² verwendet [BRET11]. Mit den angenommenen Werten ergeben sich Dehnraten von 3,93 $s^{-1} < \dot{\varepsilon}_{MW} <$ 5,69 s^{-1} für eine Drehzahl von n_1 = 3.000 min^{-1}. Eine Steigerung der Drehzahl bedingt einen Anstieg der Dehnrate im Zahnfuß. In **Tabelle 7-1** sind die mittleren Dehnraten im Zahnfuß $\dot{\varepsilon}_{MW}$ und die dehnratenäquivalente Pulsatorfrequenz $f_{DR,Puls}$ nach Formel (4-3) in Abhängigkeit der Drehzahl n_1 dargestellt. Die minimale Pulsatorfrequenz zur Untersuchung des Dehnrateneinflusses beträgt damit ca. $f_{Puls,min}$ = 4.000 Hz. Es ist ein sinusförmiger Kraftverlauf anzustreben, da der stetige Verlauf einer harmonischen Schwingung gut durch bestehende Regelungen abgebildet wird und durch natürliche Schwingungen erzeugt werden kann.

Tabelle 7-1: Dehnrate und dehnratenäquivalente Pulsatorfrequenz
Strain Rate and Strain Rate Equivalent Pulsator Frequency

n_1 / *min^{-1}*	3.000	10.000	20.000	30.000
$\dot{\varepsilon}_{MW}$ / *s^{-1}*	3,93 – 5,69	13,1 – 18,97	26,2 – 37,93	39,3 – 56,9
$f_{DR,Puls}$ / *Hz*	294,75 – 426,75	982,5 – 1422,75	1965 – 2844,75	2947,5 – 4267,5

Neben der Frequenz und der Form des Kraftverlaufs sind die Maximalkraft und die resultierende Verformung Rahmenbedingungen für den Analogieversuch. Die erforderlichen Kräfte zur Untersuchung der Zahnfußtragfähigkeit hängen dabei von der Verzahnungsgeometrie und dem Werkstoff ab. Die Verformung der Verzahnung im Versuch hängt neben der Kraft maßgeblich von der Verzahnungsgeometrie ab. Für die Definition der Maximalkraft werden drei bekannte Prüfverzahnungen im Dauerfestigkeitsbereich bis $N_G = 3 \cdot 10^6$ Lastwechsel betrachtet. Die erste Prüfverzahnung (PV-1) ist die in Kapitel 5 ausgelegte Verzahnung zur Untersuchung des Dehnrateneinflusses im Zahnfuß. Die zweite Verzahnungsgeometrie (PV-2) stammt aus dem FVA Forschungsvorhaben FVA 718 „Lokale Biegewechsellast" und wird zur Untersuchung der Zahnfußtragfähigkeit im Laufversuch eingesetzt [BREC18]. Die dritte Verzahnung (PV-3) ist die Grübchenverzahnung vom Typ C, die ursprünglich zur Untersuchung der Grübchentragfähigkeit entwickelt wurde [HÖHN97]. Diese wird ebenfalls zur Ermittlung der Zahnfußfestigkeit im Pulsatorversuch verwendet [TRIP19]. In **Tabelle 7-2** sind die Geometriedaten der drei Prüfverzahnungen dargestellt. Alle Verzahnungen sind Geradverzahnungen und decken den üblichen Modulbereich zur Untersuchung der Zahnfußtragfähigkeit ab. Im Folgenden wird das Ritzel der jeweiligen Zahnradpaarungen betrachtet. Zur Ermittlung der Zahnfußtragfähigkeit im Pulsatorversuch wird ein Zahnpaar zwischen zwei planparallelen Backen eingespannt und mit einer Pulsatorkraft F_{Puls} belastet. Damit die Belastung der Zahnflanke vergleichbar zum Laufversuch ist, muss die Pulsatorkraft normal zur Zahnflanke und im evolventischen Bereich aufgebracht werden. In diesem Fall tangiert die Kraftwirkungslinie der Pulsatorkraft den Grundkreis, analog zum realen Zahneingriff. Die Anzahl der eingespannten Zähne z_{Puls} und der daraus resultierende Durchmesser der Berührlinie zwischen

Pulsatorbacke und Zahnflanke d_{Puls} ergeben sich aus der Verzahnungsgeometrie. Einerseits muss die Berührlinie unterhalb des Kopfformkreisdurchmessers der Verzahnung liegen, um eine Krafteinleitung über die Kopfkante zu vermeiden. Andererseits muss der Durchmesser d_{Puls} so groß sein, dass die Kraftwirkungslinie nicht den benachbarten Zahn schneidet. In diesem Fall wäre eine Krafteinleitung durch die Pulsatorbacke nicht möglich. In Tabelle 7-2 sind die eingespannten Zähnezahlen sowie die resultierenden Durchmesser der Pulsatorberührlinien aufgeführt. Zur Definition der Prüfanforderungen sind die notwendigen Pulsatorkräfte für die Ermittlung der Zahnfußtragfähigkeit erforderlich. Dazu wurden die drei Verzahnungen in der FE-basierten Zahnkontaktanalyse abgebildet. Die berechnete Zahnfußspannung $\sigma_{F,1}$ und die wirkende Zahnnormalkraft am Grundkreis F_{bN} werden im Einzeleingriffsgebiet am Durchmesser der Pulsatorberührlinie ausgewertet. Unter der Annahme eines linear-elastischen Materialverhaltens kann die notwendige Zahnnormalkraft zur Erzeugung der maximal ertragbaren Zahnfußspannung $\sigma_{F,max,1}$ = 1.400 N/mm² bei einer Krafteinleitung an der Pulsatorberührlinie berechnet werden. Die dauerfeste Pulsatorkraft $F_{Puls,df}$ ist die notwendige Kraft zur Erzeugung einer Zahnfußspannung von $\sigma_{F,max,1}$ = 1.400 N/mm². Die zeitfeste Pulsatorkraft $F_{Puls,zf}$ ist 40 % höher gewählt, um einerseits höhere Lasten bei der Ermittlung der Dauerfestigkeit durch die Versuchsstreuung zu berücksichtigen. Andererseits sind unter dieser Annahme Versuche im Zeitfestigkeitsbereich möglich.

Tabelle 7-2: Daten der Prüfverzahnungen
Data of the Test Gears

	PV-1	PV-2	PV-3
m_n / *mm*	1	2	4,5
z_1 / -	99	45	16
b_1 / *mm*	7	16,5	14
α_n / °	20	20	20
$d_{b,1}$ / *mm*	93,03	84,57	67,66
$d_{a,1}$ / *mm*	100	92,8	82,45
z_{Puls} / -	12	6	3
d_{Puls} / *mm*	99,38	90,89	76,06
$F_{Puls,df}$ / *kN*	3,06	14,37	29,28
$F_{Puls,zf}$ / *kN*	4,28	20,12	40,99

Neben den Prüfkräften sind für die Prüfanforderungen ebenfalls die zu erwartenden Steifigkeiten der Verzahnungen bzw. die Verformungen im Versuch notwendig. Dazu wurden die drei vorgestellten Prüfverzahnungen auf einem hydraulischen Pulsatorprüfstand Instron 8802 H2012 mit kalibrierter Weg- und Kraftmesseinrichtung hinsichtlich ihres Verformungsverhaltens untersucht. Zur Korrektur der Verformungskurven über der Pulsatorkraft wurde vor den Untersuchungen eine Verformungskurve ohne eingespannte Verzahnung aufgenommen. Die gemessenen Verformungen der Prüfmaschine werden von den gemessenen Werten der Prüfverzahnungen subtrahiert. In **Bild 7-1** sind die korrigierten Verformungskurven der drei Prüfverzahnungen dargestellt. Als Maximallast der Prüfverzahnung wird die jeweilige zeitfeste Pulsatorkraft $F_{Puls,zf}$ aus Tabelle 7-2 verwendet. Die Minimalkraft beträgt für alle Messungen $F_{Puls,min}$ = 1 kN, um eine sichere Klemmung der Verzahnungen im Prüfstand zu gewährleisten. Die Kraft- und Wegmesseinrichtungen sind nach DIN EN ISO 9513:2013-05 und nach DIN EN ISO 7500-1:2018-06 kalibriert und weisen jeweils einen maximalen Fehler von < 0,5 % auf [DIN13, DIN18]. Für jede Verzahnung wurde die Verformung bei ansteigender und abfallender Kraft gemessen, um den Einfluss der Hysterese auf das Messergebnis zu bewerten. Darüber hinaus ist für jede Verformungskurve das Bestimmtheitsmaß R^2 für eine lineare Regression angegeben. Das Bestimmtheitsmaß beträgt für alle Messungen R^2 > 99 %. Damit wird die Annahme eines linear-elastischen Materialverhaltens für den betrachteten Kraft-Verformungsbereich bestätigt. Die geringste Steifigkeit bzw. die größte Verformung weist die Verzahnung PV-1 mit einem Modul von m_n = 1 mm auf. Die größte Steifigkeit zeigt die Verzahnung PV-3 mit einem Modul von m_n = 4,5 mm. Dies war zu erwarten, da die Biegesteifigkeit eines Zahnes maßgeblich durch das Flächenträgheitsmoment im Zahnfuß und damit durch den Modul bestimmt wird. Das größere Flächenträgheitsmoment erfordert jedoch eine größere Pulsatorkraft, um die kritische Zahnfußspannung $\sigma_{F,max,1}$ = 1.400 N/mm² zu erreichen. Daraus resultieren signifikant größere Verformungen der Verzahnungen PV-2 und PV-3 bei der Prüfung im Pulsator.

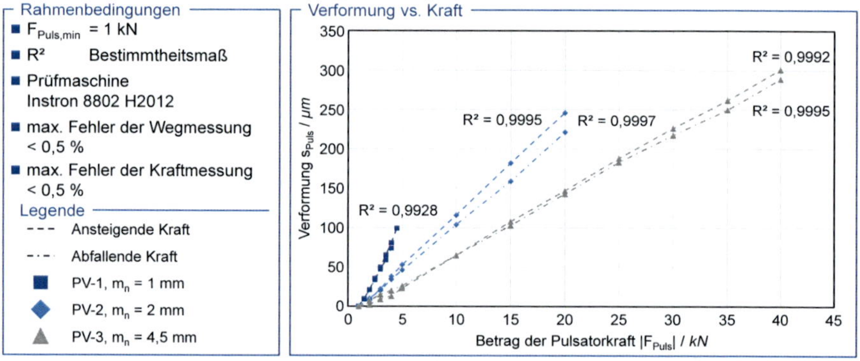

Bild 7-1: Verformungsverhalten der Prüfverzahnungen im Pulsatorversuch

Deformation Behavior of the Test Gears in the Pulsator Test

Die Steifigkeiten der Verzahnungen liegen in einem Bereich von 3,8 N/(mm µm) < c_{Vz} < 9,3 N/(mm µm). Nach NIEMANN/WINTER beträgt die Einzelfedersteifigkeit im Stirnschnitt c' = 14 N/(mm µm) [NIEM03]. Die geringere Steifigkeit im Pulsatorversuch ergibt sich einerseits aus der Tatsache, dass zwei Zähne eingespannt werden. Andererseits liegt die Berührlinie im Pulsatorversuch nicht zwingend im mittleren Bereich des Eingriffsgebietes, in dem die Einzelfedersteifigkeit bestimmt wird. Da für die Konzeption des Prüfkonzeptes sowohl die Steifigkeit als auch die Verformung wichtig sind, werden zwei Fälle unterschieden, siehe **Tabelle 7-3**. Die Verformungen sind größer als in Bild 7-1 und entsprechen einer Abschätzung zur sicheren Seite. Im ersten Fall wird eine Verzahnung mit kleinem Modul untersucht. Hierbei ist zwar die Steifigkeit gering, gleichzeitig ist aber auch eine geringe Prüfkraft notwendig und es ergibt sich eine geringe maximale Verformung. Im zweiten Fall soll eine Verzahnung mit einem großen Modul und entsprechend großer Steifigkeit untersucht werden, bei der die maximalen Prüfkräfte und Verformungen größer sind. Die Prüffrequenzen werden in drei Abstufungen gewählt. Die untere Frequenz f_{Puls} = 1.500 Hz entspricht näherungsweise einer Drehzahl von n_1 = 10.000 min^{-1} und die obere Frequenz f_{Puls} = 4.500 Hz einer Drehzahl von n_1 = 30.000 min^{-1}.

Tabelle 7-3: Prüfanforderungen
Test Requirements

	Fall 1 – Geringer Modul	Fall 2 – Großer Modul
Maximalkraft $F_{Puls,max}$ / *kN*	5	41
Steifigkeit c_{Vz} / *N/µm*	30	130
Max. Verformung $s_{Puls,max}$ / *µm*	166,67	315,4
Prüffrequenz f_{Puls} / *Hz*	1.500 | 3.000 | 4.500	1.500 | 3.000 | 4.500

7.2 Analyse bestehender Konzepte zur Schwingfestigkeitsprüfung

Analysis of Existing Concepts for Fatigue Strength Testing

Die Prüfung von Verzahnungen im Pulsatorversuch erfolgt in der Regel auf Universalprüfmaschinen, die auch zur Untersuchung der Schwingfestigkeit von Standardproben im Zug-, Druck- sowie im Biegeversuch verwendet werden. Im Folgenden werden daher die heute üblichen Konzepte zur Erzeugung der Prüfkräfte von Universalprüfmaschinen vorgestellt und die Eignung zur Untersuchung des Dehnrateneinflusses bewertet. In **Bild 7-2** sind die jeweiligen Konzepte dargestellt.

Generell kann zwischen Resonanzmaschinen und frei-verfahrbaren Prüfmaschinen unterschieden werden. Bei Resonanzmaschinen ist die eingespannte Probe Teil eines mechanischen Schwingkreises. Die Prüffrequenz hängt bei diesen Systemen einerseits von der Gesamtsteifigkeit und damit von der eingespannten Probe ab, andererseits kann die Prüffrequenz durch die Erreger- und Schwingmassen beeinflusst werden. Eine Verringerung der Erregermasse bewirkt z.B. eine Steigerung der Prüffrequenz, wobei die maximal erreichbaren Prüfkräfte sinken. [FISC17]

Resonanzmaschinen arbeiten unterhalb der Eigenfrequenz des Schwingkreises und haben eine vergleichsweise geringe Leistungsaufnahme. Die Erregung der Resonanzmaschinen kann in Unwuchterregung, Magneterregung und Piezoerregung unterteilt werden. Bei der Unwuchterregung wird der Schwingkreis durch eine rotierende Unwucht angeregt. Die Anregungskräfte sind durch die maximale Unwuchtmasse begrenzt. Daraus resultieren eine geringere Gesamtsteifigkeit und entsprechend geringere Prüffrequenzen im Vergleich zu magneterregten Prüfmaschinen. Bei der Magneterregung wird der Schwingkreis durch einen Magnet angeregt. Diese Antriebsvariante hat sich insbesondere für höherfrequente Versuche durchgesetzt, da aufgrund der höheren Gesamtsteifigkeit Prüffrequenzen von f_{Puls} = 50 – 200 Hz erreicht werden können [FISC17]. Bei sehr hohen Probensteifigkeiten können hochdynamische magneterregte Resonanzprüfmaschinen Prüffrequenzen von f_{Puls} = 400 – 1000 Hz erreichen [FISC17, RUSS24]. Unwuchterregte Prüfmaschinen erreichen üblicherweise Prüffrequenzen von f_{Puls} < 50 Hz.

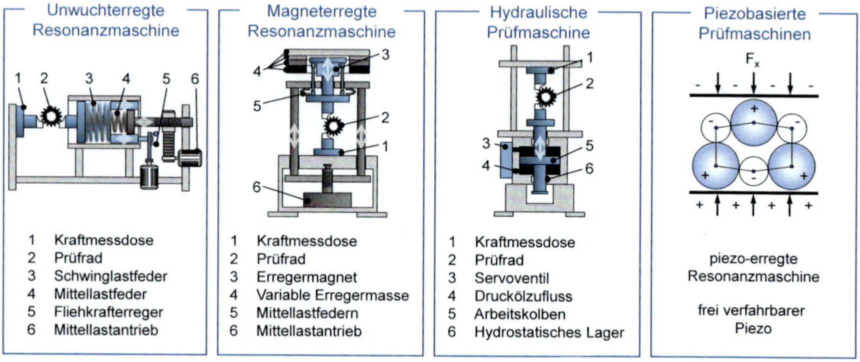

Bild 7-2: Konzepte zur Erzeugung der Prüfkraft im Pulsatorversuch

Concepts of Force Generation in the Pulsator Test

Darüber hinaus existieren piezobasierte Resonanzmaschinen, die stetig weiterentwickelt werden. Die sogenannten Ultraschallschwingfestigkeitsprüfstände haben die folgenden Komponenten gemein [FISC17]:

- Transformator zur Umformung der Netzfrequenz (i.d.R. 50 Hz) in ein sinusförmiges 20 kHz Ultraschallsignal
- Piezoelektrischer oder magnetostriktiver Schwinger zur Umwandlung des Spannungssignals in eine mechanische Vibration, um Ultraschallwellen mit 20 kHz zu erzeugen
- Horn zur Verstärkung der Amplituden des Schwingers

Die Probengeometrie wird bei diesen Maschinen so optimiert, dass die Eigenfrequenz der fest verbundenen Einheit von Horn und Probe bei 18 – 21,5 kHz liegt. Die Probe ist nur einseitig eingespannt und wird so ausgelegt, dass sich ein Lastverhältnis von R=-1 bei sinusförmiger Anregung ergibt. Die Kräfte können bei diesem Aufbau nicht mittels Kraftmessdose gemessen werden. Daher werden die resultierenden Dehnungen in Kräfte umgerechnet. Die erreichbaren Kräfte dieser Prüfmaschinen liegen im Bereich von wenigen Newton.

Frei-verfahrbare Prüfmaschinen basieren nicht auf der Anregung eines Schwingkreises, sondern erzeugen die Prüfkraft direkt durch einen Aktor. Servo-hydraulische Prüfmaschinen nutzen hierzu einen Hydraulikzylinder, der über Servoventile angesteuert wird. Die Regelung der Servoventile ermöglicht frei definierbare Weg- und Kraftverläufe [KLOC17]. Die erreichbaren Kräfte hängen maßgeblich von der Größe des Hydraulikzylinders ab und können mehr als F_{Puls} = 5.000 kN betragen. Die erreichbaren Frequenzen liegen in der Regel bei f_{Puls} = 20 – 50 Hz [STAN14]. Da Öldruck und -volumen für jedes Schwingspiel neu erzeugt werden, weisen diese Prüfmaschinen einen hohen Antriebs- und Kühlleistungsbedarf auf [STAN14]. Für die Prüfung hoher Lastwechsel wurden spezielle Servo-hydraulische Prüfmaschinen mit Prüffrequenzen von f_{Puls} = 1.000 Hz entwickelt. Hierbei können Verformungen von s_{Puls} = ±0,1 mm und Prüfkräfte von F_{Puls} = ±20 kN erreicht werden [STAN14]. Darüber hinaus gibt es Prüfmaschinen mit piezobasierten Aktuatoren, die die Prüfkraft direkt erzeugen [FISC12, STAN14]. In diesem Fall wird ein niederfrequenter Aktuator (z.B. Hydraulikzylinder) zur Erzeugung der Mittellast und ein hochfrequenter Piezo-Aktuator zur Erzeugung der oszillierenden Prüfkraft verwendet. Entsprechende Prüfmaschinen erreichen Prüffrequenzen von f_{Puls} = 1.000 Hz und Prüfkräfte von F_{Puls} = 10 kN bei einem frei einstellbaren Kraftverlauf [FISC12].

In **Tabelle 7-4** sind die Eckdaten der oben beschriebenen Konzepte aufgelistet. Insbesondere für die maximalen Verformungen finden sich selten Werte in der Literatur. Ein Vergleich der maximal möglichen Prüffrequenzen mit den Anforderungen aus Kapitel 7.1 zeigt, dass nur piezoerregte Resonanzmaschinen bzw. Ultraschallschwingfestigkeitsprüfstände die geforderten Frequenzen erreichen. Diese Prüfstände sind aufgrund der individuellen Anpassung der Probengeometrie allerdings nicht für die Prüfung von Verzahnungen geeignet. Daraus leitet sich die Fragestellung ab, ob für die oben definierten Anforderungen zur Prüfung der Zahnfußtragfähigkeit im Pulsatorversuch ein Prüfkonzept entwickelt werden kann. Die Machbarkeit wird im Folgenden analysiert und bewertet.

Tabelle 7-4: Eckdaten bestehender Universalprüfmaschinen
Key Data of Existing Universal Testing Machines

	Resonanzmaschinen			Frei-verfahrbare Maschinen	
	Unwucht	Magnet	Piezo	Hydraulisch	Piezo-hydr.
Maximalkraft $F_{Puls,max}$ / *kN*	> 200	> 200		> 5.000	10
Max. Prüffrequenz $f_{Prüf,max}$ / *Hz*	30 – 50	< 1.000	20.000	20 – 50 (1.000)	1.000
Max. Weg $s_{Puls,max}$ / *mm*				± 50 – 100 (0,1)	

7.3 Bewertung der Machbarkeit eines Analogieversuchs zur Untersuchung des Dehnrateneinflusses

Evaluation of the Feasibility of an Analogy Test for the Investigation of the Strain Rate Influence

Die Bewertung der Machbarkeit eines Analogieversuchs mit hohen Prüffrequenzen zur Untersuchung des Dehnrateneinflusses erfolgt anhand einer Abschätzung der erforderlichen Energien und Leistungen. Dazu werden im ersten Schritt die Gleichungen zur Beschreibung der zeitabhängigen Verformungen aufgestellt. In **Bild 7-3** sind die hierzu getroffenen Annahmen dargestellt. Wie oben beschrieben, wird eine harmonische Schwingung in Form einer Sinusfunktion angestrebt. Für frei-verfahrbare Prüfmaschinen ist diese Form am einfachsten durch die Regelung abbildbar. Resonanzmaschinen weisen immer eine harmonische Schwingung auf. Die Verformung der Verzahnung entspricht dem Weg der schwingenden Pulsatorbacke. Die Prüfung der Zahnfußtragfähigkeit im Pulsator erfolgt im Druckbereich und damit bei negativen Kräften und Verformungen. Zur Vereinfachung wird die Verformung im Folgenden positiv angenommen. Für die sichere Klemmung der Verzahnung zwischen den Pulsatorbacken ist eine Klemmkraft F_0 notwendig, die eine Verformung s_0 bedingt. Die Energie im Pulsatorversuch setzt sich aus der kinetischen Energie der beweglichen Pulsatorbacke und der Federenergie der Verzahnung zusammen. Zur Berechnung der kinetischen Energie ist zusätzlich zu den bereits bekannten Größen die Masse der bewegten Pulsatorbacke im Versuchsaufbau notwendig. Der Energiezustand hat drei charakteristische Punkte. Zum Zeitpunkt t = 0 (I) ist die kinetische Energie im Wendepunkt der Sinusfunktion maximal. Zum Zeitpunkt t = $T_{Puls}/2$ (II) erreicht die Federenergie der Verzahnung ihr Maximum im oberen Umkehrpunkt. Gleichzeitig ist die kinetische Energie null. Am unteren Umkehrpunkt (III) ist die Federenergie minimal und die kinetische Energie null.

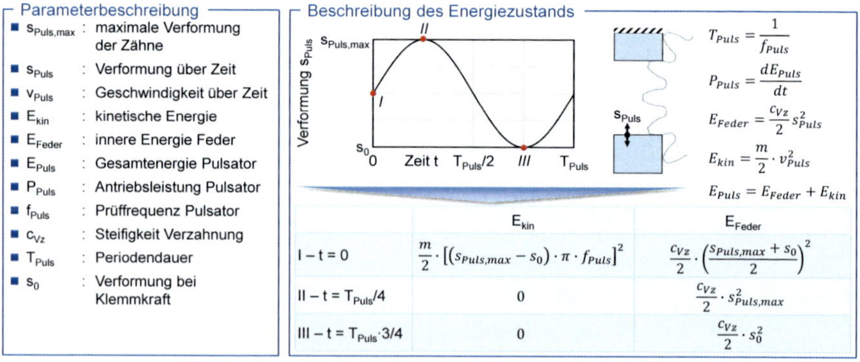

Bild 7-3: Verlauf von Kraft- und Verformung im Pulsatorversuch
Force and Displacement in the Pulsator Test

In **Formel (7-2)** ist die zeitabhängige periodische Verformung im Pulsatorversuch in Abhängigkeit von der Zeit dargestellt. Die maximale Verformung $s_{Puls,max}$ kann den

Messungen aus Kapitel 7.2 entnommen werden. Die Klemmkraft F_0 sollte nach WEIGAND zwischen 3 – 7,5 % der Maximallast betragen [WEIG99]. Für diesen Bereich ist der Einfluss der Mittelspannungsverschiebung auf die Ermüdungsfestigkeit vernachlässigbar. Die entsprechende Verformung s_0 ergibt sich aus der Verzahnungssteifigkeit. Die Ableitung der Verformung nach der Zeit ergibt die Geschwindigkeit der Pulsatorbacke v_{Puls} in **Formel (7-3)** und die Beschleunigung a_{Puls} in **Formel (7-4)**. Die **Formeln (7-5)** und **(7-6)** beschreiben die kinetische Energie und die Federenergie in Abhängigkeit von der Zeit. Die zeitliche Ableitung der Energien liefert die **Formeln (7-7)** und **(7-8)** zur Beschreibung der erforderlichen Leistungen zum Betrieb des Pulsatorversuchs.

$$s_{Puls}(t) = \frac{s_{Puls,max} - s_0}{2} \cdot sin(2\pi f_{Puls} t) + \frac{s_{Puls,max} + s_0}{2} \quad \textbf{(7-2)}$$

$$v_{Puls}(t) = \dot{s}_{Puls}(t) = (s_{Puls,max} - s_0) \cdot \pi \cdot f_{Puls} \cdot cos(2\pi f_{Puls} t) \quad \textbf{(7-3)}$$

$$\begin{aligned} a_{Puls}(t) &= \dot{v}_{Puls}(t) \\ &= -(s_{Puls,max} - s_0) \cdot \pi^2 \cdot f_{Puls}^2 \cdot 2 \cdot sin(2\pi f_{Puls} t) \end{aligned} \quad \textbf{(7-4)}$$

$$E_{kin}(t) = \frac{m}{2} \cdot \left[(s_{Puls,max} - s_0) \cdot \pi \cdot f_{Puls} \cdot cos\,(2\pi f_{Puls} t) \right]^2 \quad \textbf{(7-5)}$$

$$\begin{aligned} &E_{Feder}(t) = \\ &\frac{c_{Vz}}{2} \cdot \left[\frac{s_{Puls,max} + s_0}{2} + \frac{s_{Puls,max} - s_0}{2} \cdot sin(2\pi f_{Puls} t) \right]^2 \end{aligned} \quad \textbf{(7-6)}$$

$$\begin{aligned} P_{kin}(t) = &-m \cdot 2 \cdot (\pi f_{Puls})^3 \cdot (s_{Puls,max} - s_0)^2 \cdot cos\,(2\pi f_{Puls} t) \\ &\cdot sin\,(2\pi f_{Puls} t) \end{aligned} \quad \textbf{(7-7)}$$

$$\begin{aligned} P_{Feder}(t) = c_{Vz} &\cdot (s_{Puls,max} - s_0) \cdot \pi \cdot f_{Puls} \cdot cos\,(2\pi f_{Puls} t) \\ &\cdot \left[\frac{s_{Puls,max} - s_0}{2} + \frac{s_{Puls,max} - s_0}{2} \cdot sin(2\pi f_{Puls} t) \right] \end{aligned} \quad \textbf{(7-8)}$$

In **Bild 7-4** sind die Maximalwerte der kinetischen und der Federenergie bzw. der entsprechenden Leistungen sowie der resultierenden Beschleunigungen dargestellt. Für alle Berechnungen wird eine zu beschleunigende Masse von $m_{Beschl.}$ = 1 kg angenommen. Die tatsächliche Masse hängt von der Prüfmaschine ab (Pulsatorbacke und Vorrichtung) und kann je nach Aufbau signifikant abweichen. Die maximale Gesamtleistung $P_{Ges,max}$ wird sowohl durch die auftretende Verformung als auch durch die Prüffrequenz beeinflusst, wobei die Prüffrequenz den größeren Einfluss hat. Für den Fall 1 ergeben sich je nach Prüffrequenz Leistungen von $P_{Ges,max,Fall\,1}$ = 1,7 – 68,1 kW. Für den Fall 2 steigen die Leistungen auf $P_{Ges,max,Fall\,2}$ = 27,3 – 258,3 kW an. Bei frei-verfahrbaren Prüfmaschinen muss diese Leistung zur Versuchsdurchführung bereitgestellt werden. In Resonanzmaschinen erfolgt eine Umwandlung der Energie, sodass nur die reibungsbedingten Verluste aufgebracht werden müssen. Unter der Annahme von Reibungsverlusten in Höhe von 1 % wären im zweiten Fall maximal $P_{Antrieb,Fall\,2}$ = 2,6 kW notwendig. Die Antriebsleistung von Resonanzprüfmaschinen erscheint damit unter den getroffenen Annahmen beherrschbar. Für große Prüffrequenzen und große Prüfkräfte kann der resultierende Leistungsbedarf in diesem Beispiel nicht durch frei-verfahrbare Prüfmaschinen erzeugt werden. Für Prüfanwendungen mit kleinem Modul wären die Kräfte und Verformungen in einem Bereich, der durch die oben beschriebenen modernen Resonanzprüfmaschinen abgedeckt werden kann. Allerdings ist die Prüffrequenz hier auf f_{Puls} = 1.000 Hz begrenzt.

Die maximale Gesamtenergie im Pulsatorversuch wird primär durch die maximale Verformung und die daraus resultierende Federenergie bestimmt. Die Frequenzabhängigkeit der Gesamtenergie resultiert aus der kinetischen Energie. Der Unterschied zwischen den Fällen 1 und 2 resultiert überwiegend aus der größeren Federenergie in Fall 2 aufgrund der größeren Kräfte und Verformungen. Für den Fall 2 und eine Prüffrequenz von f_{Puls} = 4.500 Hz ergibt sich eine maximale Gesamtenergie von $E_{Ges,max}$ = 10,7 J. Die Gesamtenergie innerhalb einer Periode scheint für die betrachteten Beispiele beherrschbar.

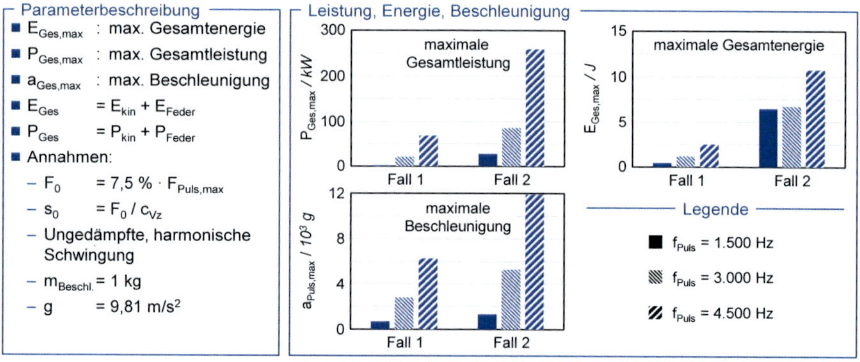

Bild 7-4: Leistung, Energie und Beschleunigung im Pulsatorversuch
Power, Energy and Acceleration in the Pulsator Test

Neben dem Leistungsbedarf kann auch eine Bewertung der Machbarkeit anhand der notwendigen Beschleunigungen erfolgen. Die Beschleunigung wird durch Formel (7-4) beschrieben. In Bild 7-4 sind die maximalen Beschleunigungen der bewegten Pulsatorbacke in Abhängigkeit der Prüffrequenz für die beiden betrachteten Fälle als Vielfaches der Erdbeschleunigung g = 9,81 m/s² dargestellt. Die maximale Beschleunigung wird, wie die maximale Leistung, primär durch die Prüffrequenz bestimmt. Für die hohe Prüffrequenz von f_{Puls} = 4.500 Hz ergibt sich im Fall 2 eine maximale Beschleunigung von $a_{Puls,max}$ = 11.886 g. In Abhängigkeit der bewegten Masse (Vorrichtungen & Pulsatorbacke) können aus diesen Beschleunigungen Kräfte resultieren, die die Prüfkräfte weit überschreiten. Eine Steigerung der Prüffrequenz von Resonanzprüfmaschinen ist nur durch eine Steigerung der Steifigkeit des Zweimassenschwingers möglich, da nur so die Eigenfrequenz des Prüfsystems angehoben und die Kräfte zur Beschleunigung der bewegten Massen erzeugt werden können. In diesem Fall sinkt allerdings der maximale Weg des Schwingsystems, was wiederum die Prüfung von Verzahnungen einschränkt.

Neben der Erzeugung des gewünschten Verformung-Zeit-Verlaufs bestimmen die Eigenfrequenzen des Zahnrades bzw. eines Zahnes die maximal erzielbare Pulsatorfrequenz, da im Bereich der Eigenfrequenz zwischen Anregung (Weg) und Systemantwort (Kraft) ein nicht vernachlässigbarer Phasenversatz auftritt und die Regelung der Pulsatorkraft erschwert. Im Pulsatorversuch wird vor allem die Biegeeigenfrequenz eines Zahnes angeregt. Diese kann mithilfe der gemessenen Steifigkeit c_{Vz} und der Masse eines Zahns berechnet werden. Die gemessenen Steifigkeiten gelten für die Reihenschaltung von zwei Zähnen und müssen daher im Folgenden halbiert werden. Für den Fall 1 ergibt sich mit einer Zahnmasse von $m_{Zahn,1}$ = 0,22475 g und einer Steifigkeit $c_{Vz,1}$ = 15 N/µm eine Eigenfrequenz von $f_{e,1}$ = 41.116,5 Hz. Im Fall 2 beträgt die Eigenfrequenz $f_{e,2}$ = 13.449,6 Hz bei einer Zahnmasse von $m_{Zahn,2}$ = 9,102 g und einer Steifigkeit von $c_{Vz,2}$ = 65 N/µm. Die Berechnung der Zahnmasse erfolgt anhand der Querschnittsfläche im Stirnschnitt, wobei der Zahn nach unten durch die Fußkreisdurchmesser d_f begrenzt wird. Unter den getroffenen Annahmen sind die Prüffrequenzen signifikant kleiner als die Biegeeigenfrequenzen der Prüfverzahnungen. Für eine detaillierte Bewertung ist allerdings eine umfangreiche simulative Eigenfrequenzanalyse notwendig.

Über die genannten Punkte hinaus, ist fraglich, ob eine rein kraftschlüssige Einspannung der Verzahnung zwischen den Pulsatorbacken eine ausreichende Fixierung der Verzahnung während der Prüfung mit hohen Prüffrequenzen gewährleistet. Für hochfrequente Versuche an Verzahnungen ist daher eine Einspannung der Verzahnung über die Bohrung vorteilhaft. Dadurch kann die Verformung reduziert werden, da nur ein Zahn belastet wird und gleichzeitig eine sichere Einspannung gewährleistet werden. Außerdem können durch die Einspannung der Bohrung Eigenfrequenzen des Zahnrades unterdrückt werden. Im Hinblick auf die in Kapitel 7.1 definierten Anforderungen ist festzuhalten, dass mit den derzeit verfügbaren Prüfmaschinen und –konzepten keine Untersuchung von praxisnahen Dehnraten im Zahnfuß möglich ist. Aus den Ergebnissen kann abgeleitet werden, dass eine Prüfverzahnung für hohe Frequenzen im Pulsatorversuch eine möglichst große Steifigkeit haben sollte, um die Verformungen zu minimieren und eine möglichst hohe Biegeeigenfrequenz der Zähne zu erreichen.

7.4 Zwischenfazit

Interim Conclusion

Die umfangreiche und isolierte Untersuchung des Dehnrateneinflusses bei Stirnrädern ist am einfachsten im Pulsatorversuch möglich. Die Ergebnisse aus Kapitel 4.4 zeigen, dass die üblichen Prüffrequenzen von f_{Puls} = 50-150 Hz nicht ausreichen, um die Dehnraten im Zahnfuß aus der realen Anwendung im Pulsatorversuch abzubilden. Daher wird die Machbarkeit eines Pulsatorversuchs mit erhöhter Prüffrequenz analysiert.

Die zentralen Anforderungsgrößen des Pulsatorversuchs sind die maximale Pulsator- bzw. Zahnnormalkraft, die Prüffrequenz, die Verformung und die Steifigkeit der Verzahnung. Die Zielfrequenzen f_{Puls} = 1.500, 3.000 & 4.500 Hz ergeben sich aus der mittleren Dehnrate einer beispielhaften Verzahnung aus dem E-Fahrzeugbereich. Die maximalen Zahnnormalkräfte werden für drei beispielhafte Prüfverzahnungen im Modulbereich von m_n = 1 – 4,5 mm abgeschätzt und betragen $F_{Puls,max}$ = 5 – 41 kN. Die Steifigkeiten der drei Prüfverzahnungen werden aus Verformungsmessungen abgeleitet und komplettieren das Anforderungsprofil.

Heute übliche Universalprüfmaschinen können in frei-verfahrbare und Resonanzprüfmaschinen unterteilt werden. In beiden Fällen sind die höchsten Prüffrequenzen mit piezo-basierten Konzepten erreichbar. Keine der analysierten Prüfmaschinen aus der Recherche erfüllt alle vorher definierten Anforderungen bzgl. Verformungsweg, Kraft und Frequenz.

Die generelle Machbarkeit der Untersuchung der Zahnfußtragfähigkeit bei hohen Prüffrequenzen erfolgt anhand der Verformungsfunktion. Die zeitabhängige Gesamtenergie und Gesamtleistung des Schwingsystems kann mithilfe der Verformungsfunktion beschrieben werden. Die Gesamtenergie im Pulsatorversuch wird zum überwiegenden Teil durch die maximale Verformung bestimmt. Dementgegen wird die Leistung primär durch die Prüffrequenz bestimmt. Für den *Fall 2 – großer Modul* ergibt sich ein maximaler Leistungsbedarf von $P_{Ges,Fall\,2}$ = 258,26 kW bei der höchsten Prüffrequenz. Für den *Fall 2 – geringer Modul* beträgt der maximale Leistungsbedarf $P_{Ges,Fall\,1}$ = 68,13 kW. In beiden Fällen liegt der Leistungsbedarf deutlich über den Leistungsdaten bisher verfügbarer frei-verfahrbarer Prüfmaschinen. Dementsprechend erscheint eine Realisierung von hohen Prüffrequenzen nur mit Resonanzprüfmaschinen möglich. Hier sind insbesondere die hohen Beschleunigungen der bewegten Masse ein begrenzender Faktor. Bei den betrachteten Prüffrequenzen und Verzahnungsfällen treten Beschleunigungen von a_{Puls} = 697,97 – 11.886,88 g auf.

Abschließend ist festzuhalten, dass der Pulsatorversuch als Analogieversuch derzeit nicht zur Untersuchung des Dehnrateneffektes geeignet ist. Die Kombination aus großen Prüfkräften und großen Verformungen ist durch bestehende Prüfsysteme nicht bei den geforderten Prüffrequenzen realisierbar. Daraus folgt, dass der Einfluss der Dehnrate auf die Zahnfußtragfähigkeit derzeit im Laufversuch untersucht werden muss. Die generelle Machbarkeit eines Pulsatorversuchs zur Untersuchung der Zahnfußtragfähigkeit mit hohen Prüffrequenzen erscheint nur mit Resonanzprüfmaschinen möglich. Hierzu muss einerseits die Prüftechnik weiterentwickelt werden. Andererseits ist eine Optimierung der Prüfverzahnung hinsichtlich minimaler Verformung bei gleichzeitig minimaler Prüfkraft notwendig, um die Anforderungen an die Prüftechnik soweit wie möglich zu reduzieren.

8 Zusammenfassung und Ausblick

Summary and Outlook

Die Erweiterung der Materialkennwerte auf den VHCF- und UHCF-Bereich erfordert die Entwicklung von Prüfständen mit höheren Drehzahlen bzw. Prüffrequenzen. Dabei muss der Einfluss der Drehzahl bzw. Dehnrate auf die Zahnfußtragfähigkeit bekannt sein und berücksichtigt werden, um belastbare Auslegungskennwerte zu erzeugen. Da bislang keine Methoden zur Abschätzung der Dehnrate im Zahnfuß von Stirnradverzahnungen existieren, war das Ziel der Arbeit eine validierte Methode zur Berechnung der lokalen und zeitlichen Beanspruchung sowie der Dehnrate im Zahnfuß für schnelldrehende Antriebsstränge. Die Berechnung der dynamischen Zahnfußspannung und die Bestimmung der Dehnrate im Zahnfuß mit der WZLGEARFORCE6D User Force in der Mehrkörpersimulation (MKS) SIMPACK wurde erfolgreich anhand von DMS-Messungen der dynamischen Zahnfußspannung validiert. Das Vorgehen zur Umrechnung zwischen Eingriffszeit und Wälzwinkel wird auf eine praxisnahe Schrägverzahnung angewendet. Darüber hinaus wird die Zahnfußspannung im Pulsatorversuch und im realen Zahneingriff verglichen. Dabei zeigt sich, dass die üblichen Pulsatorfrequenzen keine Prüfung bei zum realen Betrieb äquivalenten Dehnraten zulassen. Es wird ein vereinfachtes Berechnungsvorgehen zur Bestimmung der dehnratenäquivalenten Pulsatorfrequenz entwickelt und validiert. Die aus den Ergebnissen abgeleiteten Dehnraten zeigen, dass Verzahnungen bei bisherigen Betriebsbereichen im unteren Bereich bisher untersuchter Dehnraten aus dem Stand der Technik liegen. Eine Steigerung der Antriebsdrehzahl führt zu Werten, die nach dem Stand der Technik kritisch bezüglich Dehnrateneffekten auf die Tragfähigkeit sind.

Auf Basis der Berechnungsmethode wird eine zahnfußkritische Prüfverzahnung zur Untersuchung des Dehnrateneinflusses ausgelegt und ein Hochdrehzahl-Verspannungsprüfstand zur Untersuchung der Zahnfußtragfähigkeit bei $n_1 = 12.000\ min^{-1}$ entwickelt und aufgebaut. Die Prüfverzahnung mit einem Normalmodul von $m_n = 1$ mm und einem Achsabstand von $a = 99{,}5$ mm ist bei $M_1 = 120$ Nm zahnfußbruchkritisch. Die hohen Zähnezahlen von $z_1 = 99$ und $z_2 = 102$ führen zu Dehnraten von $\dot{\varepsilon}_{MW} = 133{,}54\ s^{-1}$ bei einer Drehzahl von $n_1 = 12.000\ min^{-1}$. Die Inbetriebnahme des Prüfstands zeigt, dass eine wiederholgenaue Detektion von Zahnfußbrüchen mithilfe des Körperschalls möglich ist. Die Betriebsdrehzahl des Prüfstands weist eine vernachlässigbare Schwankung von $\Delta n_2 < 0{,}68$ % auf. Die Schwankung des Drehmoments liegt mit $\Delta M_2 = +/-\ 10$ % im erwarteten Bereich.

Mithilfe des neuartigen Hochdrehzahl-Verspannungsprüfstands und einem 3-Wellen-Verspannungsprüfstand wird die Zahnfußtragfähigkeit im VHCF-Bereich bei $n_1 = 3.000\ min^{-1}$ und $n_1 = 12.000\ min^{-1}$ untersucht. Aufgrund der höheren statistischen Aussagekraft werden die Versuche im VHCF-Zeitfestigkeitsbereich nach dem Horizonten- und Perlschnurverfahren durchgeführt. Da der Einfluss der Dehnrate laut dem Stand der Technik von der Härte abhängt, werden zwei Varianten (VA & VB) mit unterschiedlicher Einsatzhärtetiefe untersucht. Der Unterschied wird durch das Schleifaufmaß vor der Wärmebehandlung definiert. Die umfassende Charakterisierung der

Prüfverzahnungen erfolgt hinsichtlich Zahnflanken- und Zahnfußgeometrie, Rauheit und Metallographie. Die Einflüsse aus Fertigungsabweichungen auf die Zahnfußspannung beeinflussen die Vergleichbarkeit der Varianten nicht. Die umfassende Analyse der Einflussfaktoren auf die Zahnfußspannung zeigt signifikante Unterschiede in Abhängigkeit des Prüfstands und der Drehzahl, die beim Vergleich der Versuchsergebnisse berücksichtigt werden müssen. Die Ergebnisse der Tragfähigkeitsuntersuchungen bei unterschiedlichen Drehzahlen zeigen einen erkennbaren Einfluss der Drehzahl bzw. der Dehnrate auf die kritische Schadensart, die Rissinitiierung, die Versuchsstreuung sowie die Bruchlastspielzahl. Bei geringer Härte (Variante VB) steigt die mittlere Bruchlastspielzahl durch die Dehnrate unter Berücksichtigung der Konfidenzintervalle signifikant um ca. 78 % an. Darüber hinaus wandert die Rissinitiierung bei dieser Variante unter der Oberfläche und führt vermehrt zu Zahnflankenbrüchen. Bei hoher Härte (Variante VA) ist kein Einfluss auf die mittlere Bruchlastspielzahl erkennbar. Allerdings steigt auch bei dieser Variante die Versuchsstreuung und es treten vermehrt Flankenbrüche auf. Anhand der Bruchflächenanalyse wird ein Einfluss der Drehzahl auf die Höhe der Rissinitiierung in Profilrichtung für Variante VB nachgewiesen. Für Variante VA ist kein Einfluss feststellbar, allerdings liegen hier bei hoher Dehnrate zusätzlich Bruchlinsen an den Gewaltbruchflächen nachfolgender Zähne vor. Dementgegen ist bei geringer Dehnrate nur die zuerst auftretende Bruchfläche durch eine Bruchlinse gekennzeichnet. Der Einfluss der dynamischen Lasten bzw. des veränderten Kraft-Zeit-Verlaufs im Zahnkontakt auf die sinkende Zahnflankenbruchtragfähigkeit bei erhöhter Drehzahl kann aktuell weder durch normbasierte noch höherwertige Berechnungsverfahren abgebildet werden. Die Streuung der Bruchlastspielzahlen auf dem 3-Wellen-Prüfstand von $s_{log,3W\text{-}VA} = 0{,}08$ und $s_{log,3W\text{-}VB} = 0{,}06$ ist im Vergleich zu Standardproben gering ($s_{log} = 0{,}1 - 0{,}3$). Dieser Unterschied kann nicht durch das hochbeanspruchte Volumen erklärt werden, da dieses bei Standardproben signifikant größer ist als am Zahnrad. Zur weitergehenden Analyse ist hier die Berechnung des hochangestrengten Volumens unter Berücksichtigung der Fliehkraft sowie der dynamischen Zusatzkräfte erforderlich.

Der Vergleich der dehnratenäquivalenten Pulsatorfrequenz mit üblichen Prüffrequenzen belegt, dass eine Untersuchung von realen Dehnraten im Zahnfuß eine Steigerung der Prüffrequenz um den Faktor 10 oder mehr erfordert. Die Bewertung der Machbarkeit eines Pulsatorversuchs mit erhöhter Prüffrequenz erfolgt unter Berücksichtigung von gemessenen Steifigkeiten und Verformungen üblicher Prüfverzahnungen. Die Analyse bestehender Prüfkonzepte zeigt, dass die höchsten Prüffrequenzen derzeit mit piezo-basierten Konzepten erreichbar sind. Keine der Prüfmaschinen aus der Recherche erfüllt die definierten Anforderungen. Der Grund hierfür ist die relativ geringe Steifigkeit der Verzahnung. Die Gesamtenergie im Pulsatorversuch wird zum überwiegenden Teil durch die maximale Verformung bestimmt. Dementgegen wird die Leistung primär durch die Prüffrequenz bestimmt. Für die betrachteten Prüfverzahnungen liegt der Leistungsbedarf deutlich über den Leistungsdaten bisher verfügbarer Prüfmaschinen. Dementsprechend kann der Einfluss der Dehnrate auf die Zahnfußtragfähigkeit aktuell nur im Laufversuch untersucht werden.

Summary and Outlook

The extension of the material characteristics to the VHCF and UHCF range requires the development of test rigs with higher speeds and test frequencies. The influence of the speed or strain rate on the tooth root strength must be known and taken into account in order to generate reliable design parameters. As no methods for estimating the strain rate in the tooth root of spur gears exist to date, the aim of the work was to develop a validated method for calculating the local and temporal stress as well as the strain rate in the tooth root for high-speed drive trains. The calculation of the dynamic tooth root stress and the determination of the strain rate in the tooth root with the WZLGEARFORCE6D User Force in the multi-body simulation (MBS) SIMPACK was successfully validated using strain gauge measurements of the dynamic tooth root stress. The procedure for converting meshing time and rolling angle is applied to a practical helical gear. In addition, the tooth root stress is compared in the pulsator test and in real operation. This shows that the usual pulsator frequencies do not permit testing at strain rates equivalent to real operation. A simplified calculation procedure for determining the strain rate-equivalent pulsator frequency is developed and validated. The strain rates derived from the results show that gears in previous operating ranges are in the lower range of previously investigated strain rates from the state of the art. An increase in the drive speed leads to values that are critical in terms of strain rate effects on the tooth root strength according to the state of the art.

Based on the calculation method, a tooth root-critical test gear is designed to investigate the influence of the strain rate and a high-speed test rig is developed and constructed to investigate the tooth root strength at n_1 = 12000 min^{-1}. The test gear with a normal module of m_n = 1 mm and a center distance of a = 99.5 mm is critical for tooth root fracture at M_1 = 120 Nm. The high number of teeth of z_1 = 99 and z_2 = 102 lead to strain rates of $\dot{\varepsilon}_{Mean}$ = 133.54 s^{-1} at a speed of n_1 = 12000 min^{-1}. The commissioning of the test rig shows that it is possible to detect tooth root fractures with repeatable accuracy using a structure-borne noise sensor. The operating speed of the test rig has a negligible fluctuation of $\Delta n_2 < 0.68$ %. The torque fluctuation of ΔM_2 = +/- 10 % is within the expected range.

The tooth root strength in the VHCF range at n_1 = 3000 min^{-1} and n_1 = 12000 min^{-1} is analyzed using the high-speed test rig and a 3-shaft test rig. Due to the higher statistical significance, the tests in the VHCF fatigue strength range are carried out according to the horizon and string of pearls method. As the influence of the strain rate depends on the hardness according to the state of the art, two variants (VA & VB) with different case hardening depths are analyzed. The difference is defined by the grinding allowance before heat treatment. The comprehensive characterization of the test gears is carried out with regard to tooth flank and tooth root geometry, roughness and metallography. The influences of manufacturing deviations on the tooth root stress do not affect the comparability of the variants. The comprehensive analysis of the factors influencing the tooth root stress shows significant differences depending on the test rig and the rotational speed, which must be taken into account when comparing the test results. The results of the load capacity tests at different speeds show a recognizable influence of the speed or strain rate on the critical damage type, crack initiation, test scatter and the number of load cycles at break. At low hardness (variant VB), the mean number of cycles to failure increases significantly by approx. 78 % due to the strain rate, taking into account the confidence intervals. In addition, the crack initiation moves below the surface and leads to increased tooth flank fractures. With high hardness (variant VA), there is no recognizable influence on the mean number of fracture load cycles. However, the test scatter also increases with this variant and more flank fractures occur. Based on the fracture surface analysis, an influence of the speed on the level of crack initiation in the profile direction is demonstrated for variant VB. No influence can be determined for variant VA, although additional fracture lenses are present on the forced fracture surfaces of subsequent teeth at high strain rates. In contrast, at low strain rates, only the first fracture surface is characterized by a fracture lens. The influence of the dynamic loads or the changed force-time curve in the tooth contact on the decreasing tooth flank fracture strength at increased speed cannot currently be modelled by standard-based or higher-grade calculation methods. The scatter of the number of breaking load cycles on the 3-shaft test rig of $s_{log,3W-VA} = 0.08$ and $s_{log,3W-VB} = 0.06$ is low compared to standard specimens ($s_{log} = 0.1 - 0.3$). This difference cannot be explained by the highly stressed volume, as this is significantly larger in standard specimens than on the gear. For further analysis, it is necessary to calculate the highly stressed volume taking into account the centrifugal force and the additional dynamic forces.

The comparison of the strain rate-equivalent pulsator frequency with standard test frequencies shows that an investigation of real strain rates in the tooth root requires an increase in the test frequency by a factor of 10 or more. The feasibility of a pulsator test with an increased test frequency is assessed taking into account the measured stiffnesses and deformations of standard test gear. The analysis of existing test concepts shows that the highest test frequencies can currently be achieved with piezo-based concepts. None of the testing machines from the research fulfils the defined requirements. The reason for this is the relatively low stiffness of the teeth. The total energy in the pulsator test is largely determined by the maximum deformation. In contrast, the power is primarily determined by the test frequency. For the test gears under consideration, the power requirement is significantly higher than the power data of previously available testing machines. Accordingly, the influence of the strain rate on the tooth root strength can currently only be investigated in a running test.

9 Literaturverzeichnis

References

[ADEN01] Adenstedt, R.:
Streuung der Schwingfestigkeit.
Diss. TU Clausthal, 2001

[AGMA04] Norm AGMA 2101-D04 (Dezember 2004)
Fundamental rating factors and calculation methods for involute spur and helical gear teeth.

[ANZI91] Anzinger, M.:
Werkstoff- und Fertigungseinflüsse auf die Zahnfusstragfähigkeit, insbesondere im hohen Zeitfestigkeitsgebiet.
Diss. TU München, 1991

[BATH05] Bathias, C.; Paris, P.:
Gigacycle fatigue in mechanical practice.
New York: Marcel Dekker, 2005

[BATH13] Bathias, C.:
Fatigue Limit.
In: Wang, Q. Jane; Chung, Y.-W. (Hrsg.): Encyclopedia of Tribology.
Boston, MA: Springer US, 2013, S. 1041–1052

[BAUD02] Baud, S.; Velex, P.:
Static and Dynamic Tooth Loading in Spur and Helical Geared Systems-Experiments and Model Validation.
In: J. Mech. Des., 124. Jg., 2002, Nr. 2, S. 334–346

[BAUE17] Bauer, C.:
Untersuchungen der Tragfähigkeit von Verzahnungen bezüglich zahninternen Versagens.
Diss. Technische Universität Dresden, 2017

[BAXM07] Baxmann, M.:
Entwicklung einer Methode zur funktionsorientierten Auslegung und Tolerierung von Kegelradverzahnungen.
Diss. RWTH Aachen University, 2007

[BOIA15] Boiadjiev, I.; Witzig, J.; Tobie, T.; Stahl, K.:
Tooth Flank Fracture – Basic Principles and Calculation Model for a Sub-Surface-Initiated Fatigue Failure Mode of Case-Hardened Gears.
In: Gear Technol., 32. Jg., 2015, Nr. 8, S. 58–64

[BOSC65] Bosch, M.:
Über das dynamische Verhalten von Stirnradgetrieben unter besonderer Berücksichtigung der Verzahnungsgenauigkeit.
Diss. RWTH Aachen University, 1965

[BREC16] Brecher, C.; Rieg, F.:
Z88 STIRAK. Realitätsnahe Berücksichtigung des elastischen Umfeldes auf den Zahneingriff mittels FEM.
Abschlussbericht zum Forschungsvorhaben Nr. 484 IV, Heft 1196, Forschungsvereinigung Antriebstechnik e.V., Frankfurt a.M., 2016

[BREC18] Brecher, C.; Stahl, K.; Löpenhaus, C.; Tobie, T.; Pollascheck, J.; Weber, C.:
Lokale Zahnfußtragfähigkeit von Stirnrädern bei Biegewechsellast.
Abschlussbericht zum FVA Forschungsvorhaben Nr. 718 I, Heft 1280, Forschungsvereinigung Antriebstechnik e.V., Frankfurt am Main, 2018

[BREC19] Brecher, C.; Brimmers, J.; Westphal, C.:
Einfluss der dynamischen Lastverteilung in Zahnkontakten auf das Systemverhalten.
In: Tagungsband zum Dresdner Maschinenelemente Kolloquium DMK 2019 Dresdner Maschinenelemente Kolloquium DMK 2019. Dresden, 26.-27. November 2019, 2019, S. 353–372

[BREC21] Brecher, C.; Rieg, F.:
Berechnungsmodul zur Berücksichtigung von Volumenkräften (Eigengewicht, Fliehkräfte) elastischer FE-Strukturen.
Abschlussbericht zum Forschungsvorhaben NR 896 I, Heft 1441, Forschungsvereinigung Antriebstechnik e.V., Frankfurt a.M., 2021

[BRET11] Bretl, N.:
Einflüsse auf die Zahnfußtragfähigkeit einsatzgehärteter Zahnräder im Bereich hoher Lastspielzahlen.
Diss. TU München, 2010

[BRIM20] Brimmers, J.:
Funktionsorientierte Auslegung topologischer Zahnflankenmodifikationen für Beveloidverzahnungen.
Diss. RWTH Aachen, 2020

[BRIN89] Brinck, P.:
Zahnfußtragfähigkeit oberflächengehärteter Stirnräder bei Lastrichtungsumkehr.
Diss. TU München, 1989

[BRÖM05] Brömsen, O.:
Steigerung der Zahnfusstragfähigkeit von einsatzgehärteten Stirnrädern durch rechnerische Zahnfussoptimierung.
Diss. RWTH Aachen University, 2005

[BRUC06] Bruckmeier, S.:
Flankenbruch bei Stirnradgetrieben.
Diss. TU München, 2006

[BÜßE99] Büßenschütt, A.:
Gestaltoptimierung zur funktions- und gußgerechten Auslegung komplexer Bauteile.
Bd. Nr. Bd. 99,12, Aachen: Shaker, 1999

[CAME23] Cameron, Z.; Tallerico, T.:
A Novel Ultrasonic Fully Reversible Bending Fatigue Test Specimen for Simulated Gear Tooth Bending Fatigue ASME 2023 International Design Engineering Technical Conferences and Computers and Information in Engineering Conference. Boston, Massachusetts, USA, 20.08.2023 - 23.08.2023: American Society of Mechanical Engineers, 2023

[CAO02] Cao, J.:
Anforderungs- und fertigungsgerechte Auslegung von Stirnradverzahnungen durch Zahnkontaktanalyse mit Hilfe der FEM.
Diss. RWTH Aachen University, 2002

[CARL14] Carl, C.:
Gehörbezogene Analyse und Synthese der vibroakustischen Geräuschanregung von Verzahnungen.
Diss. RWTH Aachen University, 2014

[CIUL19] Ciulli, E.:
Experimental rigs for testing components of advanced industrial applications.
In: Friction, 7. Jg., 2019, Nr. 1, S. 59–73

[DAI16] Dai, X.; Cooley, C.; Parker, R.:
Dynamic tooth root strains and experimental correlations in spur gear pairs.
In: Mech. Mach. Theo., 101. Jg., 2016, S. 60–74

[DIN06] Norm DIN 14635-1 (2006)
Zahnräder - FZG-Prüfverfahren - Teil 1.

[DIN13] Norm DIN EN ISO 9513 (Mai 2013)
Metallische Werkstoffe – Kalibrierung von Längenänderungs-Messeinrichtungen für die Prüfung mit einachsiger Beanspruchung.

[DIN18] Norm DIN EN ISO 7500-1 (Juni 2018)
Metallische Werkstoffe – Kalibrierung und Überprüfung von statischen einachsigen Prüfmaschinen - Teil 1: Zug- und Druckprüfmaschinen – Kalibrierung und Überprüfung der Kraftmesseinrichtung.

[DIN79] Norm DIN 3979 (Juli 1979)
Zahnschäden an Zahnradgetrieben. Bezeichnung, Merkmale, Ursachen.

[DIN86] Norm DIN 50322 (März 1986)
Kategorien der Verschleißprüfung.

[DIN87] Norm DIN 3990 Teil 1 (Dezember 1987)
Tragfähigkeitsberechnung von Stirnrädern. Einführung und allgemeine Einflußfaktoren.

[DONA83] Donath, B.:
Berechnung der inneren dynamischen Zahnkräfte ein- und zweiflankiger Zylinderradgetriebe mit Schrägverzahnung.
Diss. TU Dresden, 1983

[EBER11] Eberhard, P.; Ziegler, P.:
Rädertriebsimulation II. Berechnung von dynamischen Spannungen und Kontaktkräften in Zahnradstufen bei stoßartigen Belastungen unter Verwendung elastischer Ansätze.
Abschlussbericht zum FVV Forschungsvorhaben Nr. 950, Heft 927, Forschungsvereinigung Verbrennungskraftmaschinen e.V., Frankfurt a.M., 2011

[EMDE09] Emde, T.:
Mechanisches Verhalten metallischer Werkstoffe über weite Bereiche der Dehnung, der Dehnrate und der Temperatur.
Diss. RWTH Aachen University, 2009

[FISC12] Fischer, C.; Wagener, R.; Friedmann, A.; Axt, C.; Matthias, M.; Melz, T.; Kaufmann, H.:
Piezoelectric Driven Testing Facilities to Research the Very High Cycle Fatigue Regime *.
In: Materials testing, 54. Jg., 2012, Nr. 11-12, S. 746–749

[FISC17] Fischer, C.:
Einfluss der Versuchsfrequenz auf die Wöhlerlinie der Aluminiumknetlegierung EN AW-6060.
Diss. TU Darmstadt, 2017

[FITZ21] Fitzka, M.; Schönbauer, B.; Rhein, R.; Sanaei, N.; Zekriardehani, S.; Tekalur, S.; Carroll, J.; Mayer, H.:
Usability of Ultrasonic Frequency Testing for Rapid Generation of High and Very High Cycle Fatigue Data.
In: Materials, 14. Jg., 2021, Nr. 9

[FKM03] Richtlinie FKM (2003)
Rechnerischer Festigkeitsnachweis für Maschinenbauteile.

[FÖRT88] Förtsch, F.:
Entwicklung und Anwendung von Methoden zur Optimierung des mechanischen Verhaltens von Bauteilen.
Bd. Nr. 166, Als Ms. gedr. Aufl. Düsseldorf: VDI-Verl., 1988

[FRÜH08] Früh, P.:
Dynamik von Zahnradgetrieben. Modellbildung, Simulation und experimentelle Analyse.
Diss. Universität Rostock, 2008

[FRÜH12] Frühe, T.:
Berechnung und Minimierung der Zahnfußspannung von Standard- und LowLoss-Verzahnungen.
Diss. TU München, 2012

[FUCH23] Fuchs, D.:
Einfluss mikroskopischer Fehlstellen auf die Zahnfußtragfähigkeit.
Diss. TU München, 2023

[FVA22] Forschungsvereinigung Antriebstechnik e.V.:
Abschlussbericht FVA 835 I - Eigenspannungsverläufe Flankenbruch. Erweiterte Berechnung der Flankenbruchgefährdung einsatzgehärteter Zahnräder unter besonderer Berücksichtigung des Eigenspannungszustands in größerer Werkstofftiefe, Heft 1507, Forschungsvereinigung Antriebstechnik e.V., Frankfurt am Main, 2022

[GEIL20] Geilen, M.; Schönherr, J.; Klein, M.; Leininger, D.; Giertler, A.; Krupp, U.; Oechsner, M.:
On the Influence of Control Type and Strain Rate on the Lifetime of 50CrMo4.
In: Metals, 10. Jg., 2020, Nr. 11

[GEIS02] Geiser, H.:
Grundlagen zur Beurteilung des Schwingungsverhaltens von Stirnrädern.
Diss. TU München, 2002

[GERA19] Gerardts, P.:
Geräuschoptimierung geschliffener Kegelräder.
Diss. RWTH Aachen, 2019

[GERB84] Gerber, H.:
Innere dynamische Zusatzkräfte bei Stirnradgetrieben. Modellbildung, Innere Anregung und Dämpfung.
Diss. TU München, 1984

[GOER23] Goergen, F.:
Analogieversuch zur Erzeugung von Zahnflankenbrüchen an Stirnrädern ; 1. Auflage.
Diss. RWTH Aachen University, 2023

[GOLD79] Gold, P.:
Statisches und dynamisches Verhalten mehrstufiger Zahnradgetriebe.
Diss. RWTH Aachen University, 1979

[HAIB06] Haibach, E.:
Betriebsfestigkeit. Verfahren und Daten zur Bauteilberechnung.
3. Aufl. Berlin: Springer, 2006

[HAIB89] Haibach, E.:
Betriebsfestigkeit. Verfahren und Daten zur Bauteilberechnung.
Düsseldorf: VDI, 1989

[HECK75] Heckel, K.; Köhler, J.; München, T.:
Experimentelle Untersuchung des statistischen Größeneinflusses im Dauerschwingversuch an ungekerbten Stahlproben.
Weinheim: WILEY-VCH Verlag GmbH, 1975

[HEID12] Heider, M.:
Schwingungsverhalten von Zahnradgetrieben. Beurteilung und Optimierung des Schwingungsverhaltens von Stirnrad und Planetengetrieben.
Diss. TU München, 2012

[HEMM07] Hemmelmann, J.:
Simulation des lastfreien und belasteten Zahneingriffs zur Analyse

der Drehübertragung von Zahnradgetrieben.
Diss. RWTH Aachen University, 2007

[HENS15] Henser, J.:
Berechnung der Zahnfußtragfähigkeit von Beveloidverzahnungen.
Diss. RWTH Aachen University, 2015

[HÖHN97] Höhn, B.-R.; Winter, H.; Oster, P.; Schedl, U.:
Pittingtest. Einfluss des Schmierstoffes auf die Grübchenlebensdauer einsatzgehärteter Zahnräder im Einstufen- und Lastkollektivversuch.
Abschlussbericht zum FVA Forschungsvorhaben Nr. 2/IV, Heft 530, Forschungsvereinigung Antriebstechnik e.V., Frankfurt a.M., 1997

[HÖHN99] Höhn, B.-R.; Winter, H.; Michaelis, K.; Stahl, K.:
Lebensdauerstatistik.
Abschlussbericht zum FVA Forschungsvorhaben Nr. 304, Heft 580, Forschungsvereinigung Antriebstechnik e.V., Frankfurt am Main, 1999

[HOTA13] Hotait, M.; Kahraman, A.:
Experiments on the relationship between the dynamic transmission error and the dynamic stress factor of spur gear pairs.
In: Mech. Mach. Theo., 70. Jg., 2013, S. 116–128

[HÜCK83] Hück, M.:
Ein verbessertes Verfahren für die Auswertung von Treppenstufen-versuchen.
In: Werkstattstech. online, 24. Jg., 1983, S. 406–417

[ISO06] Norm DIN ISO 14635 Teil 1 (Mai 2006)
Zahnräder. FZG-Prüfverfahren. FZG-Prüfverfahren A/8,3/90 zur Bestimmung der relativen Fresstragfähigkeit von Schmierölen.

[ISO08] Norm ISO/TS 16281 (2008)
Rolling bearings — Methods for calculating the modified reference rating life for universally loaded bearings.

[ISO13] Norm ISO 1328-1 (September 2013)
Definitions and allowable values of deviations relevant to flanks of gear teeth.

[ISO16] Norm ISO 6336 Teil 5 (August 2016)
Calculation of load capacity of spur and helical gears.

[ISO19a] Norm ISO 6336 Teil 3 (November 2019)
Calculation of load capacity of spur and helical gears.

[ISO19b] Norm ISO/TS 6336-4 (July 2019)
Calculation of load capacity of spur and helical gears - Part 4: Calculation of tooth flank fracture load capacity.

[ISO19c] Norm ISO 6336 Teil 1 (November 2019)
Calculation of load capacity of spur and helical gears.

[ISO19d] Norm ISO 6336 Teil 2 (November 2019)
Calculation of load capacity of spur and helical gears.

[ISO20a] Norm ISO 21920-2 (Dezember 2021)
Geometrical product specifications (GPS) - Surface texture: Profile - Part 2: terms, definitions and surface texture parameters.

[ISO20b] Norm DIN EN ISO 6892-1 (Juni 2020)
Metallische Werkstoffe - Zugversuch. Teil 1, Prüfverfahren bei Raumtemperatur.

[JOOP18] Joop, M.:
Die Fresstragfähigkeit von Stirnrädern bei hohen Umfangsgeschwindigkeiten bis 100 m/s.
Diss. Ruhr-Universität Bochum, 2018

[KAPE09] Kapelevich, A.; Shekhtman, Y.:
Tooth Fillet Profile Optimization for Gears with Symmetric and Asymmetric Teeth.
In: Gear Technol., September 2009. Jg., 2009

[KLOC17] Klocke, F.; Brecher, C.:
Zahnrad- und Getriebetechnik. Auslegung - Herstellung - Untersuchung - Simulation.
1. Aufl. München: Hanser, 2017

[KONO18] Konowalczyk, P.:
Grübchen- und Zahnflankenbruchtragfähigkeit großmoduliger Stirnräder.
Diss. RWTH Aachen University, 2018

[LANG88] Lang, O.-R.:
Berechnung und Auslegung induktiv randschichtgehärteter Bauteile
AWT-Fachtagung Induktives Randschichthärten. Darmstadt, 23.-25.03.1988, 1988, S. 332–349

[LINK10] Linke, H.:
Stirnradverzahnung. Berechnung - Werkstoffe - Fertigung.
2. Aufl. München: Hanser, 2010

[LINK69] Linke, H.:
Untersuchungen zur Ermittlung dynamischer Zahnkräfte von einstufigen Stirnradgetrieben mit Geradverzahnung.
Diss. TU Dresden, 1969

[LOEV20] Loevenich, J.; Trippe, M.; Brimmers, J.; Brecher, C.; Stark, S.; Krueger, D.:
Design and Manufacturing Strategy of a Back-to-Back Test Rig for Investigation of Ultra High Cycle Fatigue Strength Regarding Tooth Root Strength in Aerospace Applications.
In: SSRN Journal, 2020

[LÖPE15] Löpenhaus, C.:
Untersuchung und Berechnung der Wälzfestigkeit im Scheiben- und Zahnflankenkontakt.
Diss. RWTH Aachen University, 2015

[MACK02] MackAldener, M.; Olsson, M.:
Analysis of crack propagation during tooth interior fatigue fracture.
In: Engineering Fracture Mechanics, 2002, Nr. 69, S. 2147–2162

[MAEN77] Maennig, W.-W.:
Das Abgrenzungsverfahren, eine kostensparende Methode zur Ermittlung von Schwingfestigkeitswerten — Theorie, Praxis und Erfahrungen.
In: Materials testing, 19. Jg., 1977, Nr. 8, S. 280–289

[MARI03] MARINES, I.; Bin, X.; Bathias, C.:
An understanding of very high cycle fatigue of metals.
In: Int. J. Fatigue, 25. Jg., 2003, Nr. 9-11, S. 1101–1107

[MART11a] Martin, A.; Hinkelmann, K.; Esderts, A.:
Zur Auswertung von Schwingfestigkeitsversuchen im Zeitfestigkeitsbereich. Teil 1: Wie zuverlässig können 50%-Wöhlerlinien aus experimentellen Daten geschätzt werden?
In: Materials testing, 2011

[MART11b] Martin, A.; Hinkelmann, K.; Esderts, A.:
Zur Auswertung von Schwingfestigkeitsversuchen im Zeitfestigkeitsbereich. Teil 2: Wie zuverlässig kann die Standardabweichung aus experimentellen Daten geschätzt werden?
In: Materials testing, 2011

[MAYE99] Mayer, H.:
Fatigue crack growth and threshold measurements at very high frequencies.
In: Int. Mater. Rev., 44. Jg., 1999, Nr. 1, S. 1–34

[MÖLL82] Möllers, W.:
Parametererregte Schwingungen in einstufigen Zylinderradgetrieben. Einfluß von Verzahnungsabweichungen und Verzahnungssteifigkeitsspektren.
Diss. RWTH Aachen University, 1982

[MUGH99] Mughrabi:
On the life-controlling microstructural fatigue mechanisms in ductile metals and alloys in the gigacycle regime.
In: Fatigue Fract. Eng. Mater. Struct., 22. Jg., 1999, Nr. 7, S. 633–641

[MÜLL15] Müller, C.:
Zur statistischen Auswertung experimenteller Wöhlerlinien.
Diss. TU Clausthal, 2015

[MÜLL91] Müller, R.:
Schwingungs- und Geräuschanregung bei Stirnradgetrieben.
Diss. TU München, 1991

[MURA00] Murakami, Y.; Nomoto, T.; Ueda, T.:
On the mechanism of fatigue failure in the superlong life regime (N>107 cycles). Part 1: influence of hydrogen trapped by inclusions.
In: Fatigue Fract. Eng. Mater. Struct., 23. Jg., 2000, Nr. 11, S. 893–902

[MURA19] Murakami, Y.:
Metal Fatigue: Effects of Small Defects and Nonmetallic Inclusions.
2. Aufl. London: Elsevier Ltd., 2019

[NAIT84] Naito, T.; Ueda, H.; Kikuchi, M.:
Fatigue behavior of carburized steel with internal oxides and nonmartensitic microstructure near the surface.
In: MTA, 15. Jg., 1984, Nr. 7, S. 1431–1436

[NAUN19] Naunheimer, H.; Bertsche, B.; Ryborz, J.; Novak, W.; Fietkau, P.:
Fahrzeuggetriebe.
Berlin, Heidelberg: Springer Berlin Heidelberg, 2019

[NEUP83] Neupert, B.:
Berechnung der Zahnkräfte Pressungen und Spannungen von Stirn-

und Kegelradgetrieben.
Diss. RWTH Aachen University, 1983

[NIEM01] Niemann, G.; Winter, H.; Höhn, B.-R.:
Maschinenelemente. Band 1: Konstruktion und Berechnung von Verbindungen, Lagern, Wellen.
Bd. Nr. 1, 3. Aufl. Berlin: Springer, 2001

[NIEM03] Niemann, G.; Winter, H.:
Maschinenelemente. Band 2: Getriebe allgemein, Zahnradgetriebe - Grundlagen, Stirnradgetriebe.
Bd. Nr. 2, 2. Aufl. Berlin: Springer, 2003

[NISH99] Nishijima; Kanazawa:
Stepwise S-N curve and fish-eye failure in gigacycle fatigue.
In: Fatigue Fract. Eng. Mater. Struct., 22. Jg., 1999, Nr. 7, S. 601–607

[NONA13] Nonaka, I.; Setowaki, S.; Ichikawa, Y.:
Effect of load frequency on high cycle fatigue strength of bullet train axle steel.
In: Int. J. Fatigue, 60. Jg., 2013, S. 43–47

[OSMA10] Osman, T.; Velex, P.:
A model for the simulation of the interactions between dynamic tooth loads and contact fatigue in spur gears.
In: Proceedings of International Conference on Gears. Garching, 4. - 6. Oktober 2010. Düsseldorf: VDI, 2010

[PAOL14] Paolino, D.; Tridello, A.; Geng, H.; Chiandussi, G.; Rossetto, M.:
Duplex S-N fatigue curves: statistical distribution of the transition fatigue life.
In: Frattura ed Integrità Strutturale, 8. Jg., 2014, Nr. 30, S. 417–423

[PIEL20] Piel, D.:
Methode zur Beschreibung und Optimierung des Anregungsverhaltens von Planetengetrieben.
Diss. RWTH Aachen, 2020

[POLL20] Pollaschek, J.:
Fertigungsgerechte Zahnfußoptimierung von Stirnrädern.
Diss. RWTH Aachen University, 2020

[PYTT11] Pyttel, B.; Schwerdt, D.; Berger, C.:
Very high cycle fatigue – Is there a fatigue limit?
In: Int. J. Fatigue, 33. Jg., 2011, Nr. 1, S. 49–58

[RADA07] Radaj, D.:
Ermüdungsfestigkeit. Grundlagen für Ingenieure.
3., neubearbeitete und erweiterte Auflage. Aufl. Berlin, Heidelberg: Springer, 2007

[RAZI67] Razim, C.:
Einfluß von Restaustenit und netzförmigen Karbiden auf die Neigung zur Grübchenbildung in einsatzgehärteten Stählen.
Diss. Universität Stuttgart, 1967

[RETT57] Rettig, H.:
Dynamische Zahnkraft.
Diss. TU München, 1957

[ROES12] Rösler, J.; Harders, H.; Bäker, M.:
Mechanisches Verhalten der Werkstoffe.
Wiesbaden: Springer Fachmedien Wiesbaden, 2012

[ROSS64] Rossow, E.:
Eine einfache Rechenschiebernäherung an die den normal scores entsprechenden Prozentpunkte.
In: Z. wirt. Fert., 59. Jg., 1964, Nr. 12, S. 146–147

[ROTH13] Roth, M.; Paetzold, K.; Roth, Z.:
Development and experimental investigation of a bionic tooth contur.
In: Proceedings of International Conference on Gears. Garching, 7.-9. Oktober 2013. München: VDI, 2013, S. 1315–1326

[RÜNG21] Rüngeler, M.:
Analyse der Übertragbarkeit des Schrägverzahnungspulsens auf den Laufversuch.
Diss. RWTH Aachen University, 2021

[RUSS24] Russenberger Prüfmaschinen AG:
Rumul Gigaforte 50.
https://www.rumul.ch/index.php[Stand: 02.05.2024]

[SAKA09] Sakai, T.:
Review and Prospects for Current Studies on Very High Cycle Fatigue of Metallic Materials for Machine Structural Use.
In: JMMP, 3. Jg., 2009, Nr. 3, S. 425–439

[SAKA10] Sakai, T.; Lian, B.; Takeda, M.; Shiozawa, K.; Oguma, N.; Ochi, Y.; Nakajima, M.; Nakamura, T.:

Statistical duplex S–N characteristics of high carbon chromium bearing steel in rotating bending in very high cycle regime.
In: Int. J. Fatigue, 32. Jg., 2010, Nr. 3, S. 497–504

[SALJ87] Saljé, H.:
Optimierung des Laufverhaltens Evolventischer Zylinderrad-Leistungsgetriebe. Einfluß der Verzahnungsgeometrie auf Geräuschemission und Tragfähigkeit.
Diss. RWTH Aachen University, 1987

[SCHÄ08] Schäfer, J.:
Erweiterung des Linienkontaktmodells für die Finite-Elemente-basierte Zahnkontaktanalyse von Stirnradverzahnungen.
Diss. RWTH Aachen University, 2008

[SCHI02] Schinagl, S.:
Zahnfußtragfähigkeit schrägverzahnter Stirnräder unter Berücksichtigung der Lastverteilung.
Diss. TU München, 2002

[SCHL10] Schlecht, B.; Schaefer, S.; Hutschenreiter, B.:
BECAL - Programm zur Berechnung der Zahnflanken- und Zahnfußbeanspruchung an Kegel- und Hypoidgetrieben bei Berücksichtigung von Relativlage und Flankenmodifikationen.
Benutzeranleitung und Programmdokumentation zum Forschungsvorhaben Nr. 223, Forschungsvereinigung Antriebstechnik e.V., Frankfurt a.M., 2010

[SCHN14] Schneider, N.; Pyttel, B.; Berger, C.; Oechsner, M.:
Influence of Frequency and Testing Technique on the Fatigue Behaviour of Quenched and Tempered Steel in the VHCF-Regime.
In: Adv. Mater. Res., 891-892. Jg., 2014, S. 1430–1435

[SCHN16] Schneider, N.; Bödecker, J.; Berger, C.; Oechsner, M.:
Frequency effect and influence of testing technique on the fatigue behaviour of quenched and tempered steel and aluminium alloy.
In: Int. J. Fatigue, 93. Jg., 2016, S. 224–231

[SCHU16] Schurer, S.:
Einfluss nichtmetallischer Einschlüsse in hochreinen Werkstoffen auf die Zahnfußtragfähigkeit.
Diss. TU München, 2016

[STAH12] Stahl, K.; Tobie, T.; Matt, P.:
Empfehlungen zur Vereinheitlichung von Tragfähigkeitsversuchen an vergüteten und gehärteten Zylinderrädern.

FVA-Richtlinie Nr. 563/I, Forschungsvereinigung Antriebstechnik e.V., Frankfurt a.M., 2012

[STAN14] Stanzl-Tschegg, S.:
Very high cycle fatigue measuring techniques.
In: Int. J. Fatigue, 60. Jg., 2014, S. 2–17

[STEN07] Stenico, A.:
Werkstoffmechanische Untersuchung zur Zahnfußtragfähigkeit einsatzgehärteter Zahnräder.
Diss. TU München, 2007

[STRA84] Straßer, H.:
Einflüsse von Verzahnungsgeometrie, Werkstoff und Wärmebehandlung auf die Zahnfußtragfähigkeit.
Diss. TU München, 1984

[TALL19] Tallerico, T.; Cameron, Z.:
Ultrasonic Gear Steel Fatigue at NASA.
In: Proceedings of 2019 International Power Transmission and Gearing Conference. Anaheim, 19 August 2019, 2019

[THOM98] Thomas, J.:
Flankentragfähigkeit und Laufverhalten von hart-feinbearbeiteten Kegelrädern.
Diss. TU München, 1998

[TIPL15] Tipler, P.; Mosca, G.; Wagner, J.:
Physik.
Berlin, Heidelberg: Springer Berlin Heidelberg, 2015

[TRIP19] Trippe, M.; Löpenhaus, C.; Brecher, C.; Kamjou, L.; Löthman, E.:
Tooth Root Testing of Steels with High Cleanliness.
In: Proceedings of 2019 Fall Technical Meeting. Detroit, 14-16.10.2019. Alexandria: American Gear Manufacturers Association, 2019

[TRIP21] Trippe, M.; Lövenich, J.; Malinowski, O.; Brecher, C.; Brimmers, J.; Neus, S.:
Untersuchungskonzept zum Einfluss hoher Dehnraten auf die Zahnfußtragfähigkeit.
In: Forsch. Ingenieurwes., 85. Jg., 2021, S. 501–516

[UELP19] Uelpenich, R.; Tenberge, P.:
Fast tooth root load capacity optimization based on improved design

of hob geometry.
In: MATEC Web Conf., 287. Jg., 2019, S. 1011

[VULL20] Vullo, V.:
Gears. Volume 2: Analysis of Load Carrying Capacity and Strength Design.
Bd. Nr. 11, 1st ed. 2020. Aufl. Cham: Springer International Publishing; Imprint Springer, 2020

[WALT94] Walton, J., JR.; Ku, C.-P.; Lund, J.:
An investigation of angular stiffness and damping coefficients of an axial spline coupling in high-speed rotating machinery, 1994

[WANG12] Wang, Q.; Khan, M.; Bathias, C.:
Current understanding of ultra-high cycle fatigue.
In: Theoretical and Applied Mechanics Letters, 2. Jg., 2012, Nr. 3

[WEBE15] Weber, R.:
Auslegungskonzept gegen Volumenversagen bei einsatzgehärteten Stirnrädern.
Diss. Universität Kassel, 2015

[WECK75] Weck, M.; Winter, H.; Winkler, A.; Rettig, H.:
Innere dynamische Zusatzkräfte an Zahngetrieben.
1. Abschlussbericht zum Forschungsvorhaben FVA-Nr. 7, Heft 22, Forschungsvereinigung Antriebstechnik e.V., Frankfurt a.M., 1975

[WECK92] Weck, M.:
Moderne Leistungsgetriebe. Verzahnungsauslegung und Betriebsverhalten.
Berlin: Springer, 1992

[WECK96] Weck, M.; Beulker H.:
Optimierung der Werkzeug- und Maschinenparameter bei der Erzeugung von Zahnflankenkorrekturen.
Abschlussbericht zum Forschungsvorhaben Nr. 249, Heft 493, Forschungsvereinigung Antriebstechnik e.V., Frankfurt a.M., 1996

[WEIG99] Weigand, U.:
Werkstoff- und Wärmebehandlungseinflüsse auf die Zahnfußtragfähigkeit.
Diss. TU München, 1999

[WICK17] Wickborn, C.:
Erweiterung der Flankentragfähigkeitsberechnung von Stirnrädern in

der Werkstofftiefe - Einfluss von Werkstoffeigenschaften und Werkstoffdefekten.
Diss. TU München, 2017

[WINK19] Winkler, K.:
Einflüsse angeschliffener Zahnfußrundungen auf die Zahnfußtragfähigkeit einsatzgehärteter Stirnräder Informationstagung. Würzburg, 4./5.12.2019. Frankfurt am Main, 2019

[WINK75] Winkler, A.:
Über das dynamische Verhalten schnellaufender Zylinderradgetriebe.
Diss. RWTH Aachen University, 1975

[WIRT08] Wirth, C.:
Zur Tragfähigkeit von Kegelrad- und Hypoidgetrieben.
Diss. TU München, 2008

[WIRT77] Wirth, X.:
Über den Einfluss von Schleifkerben oberflächengehärteter Zahnräder auf die Dauerfestigkeit und die Lebensdauer im Zweistufenversuch.
Diss. TU München, 1977

[WITZ12] Witzig, J.:
Flankenbruch - eine Grenze der Zahnradtragfähigkeit in der Werkstofftiefe.
Diss. TU München, 2012

[ZALF22] Zalfen, M.; Lövenich, J.; Malinowski, O.; Brecher, C.; Brimmers, J.; Neus, S.; Stark, S.; Krueger, D.:
Test Rig Concept for High Power VHCF Gear Testing International Conference on Gears 2022. Garching bei München, 12-14 September 2022, 2022

[ZENN99] Zenner, H.; Mauch, H.:
Statistische Methoden zur Beurteilung von Bauteillebensdauer und Zuverlässigkeit und ihre beispielhafte Anwendung auf Zahnräder.
Abschlussbericht zum Forschungsvorhaben FVA-Nr. 304, Heft 591, Forschungsvereinigung Antriebstechnik e.V., Frankfurt a.M., 1999

[ZHAO12] Zhao, A.; Xie, J.; Sun, C.; Lei, Z.; Hong, Y.:
Effects of strength level and loading frequency on very-high-cycle fatigue behavior for a bearing steel.
In: Int. J. Fatigue, 38. Jg., 2012, S. 46–56

[ZIEB77] Ziebart, W.; Heckel, K.:
Ein Ansatz zur Berücksichtigung der Bauteilform und Bauteilgröße bei Lebensdauervorhersagen.
Weinheim: WILEY-VCH Verlag GmbH, 1977

[ZUBE08] Zuber, D.:
Fußtragfähigkeit einsatzgehärteter Zahnräder unter Berücksichtigung lokaler Materialeigenschaften.
Diss. RWTH Aachen University, 2008

10 Anhang

Appendix

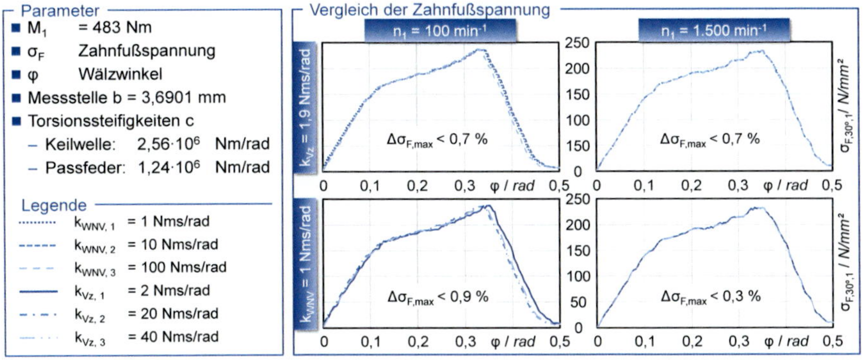

Bild 10-1: Einfluss der Dämpfungsparameter auf die dynamische Zahnfußspannung
Influence of the Damping Parameters on the Dynamic Tooth Root Stress

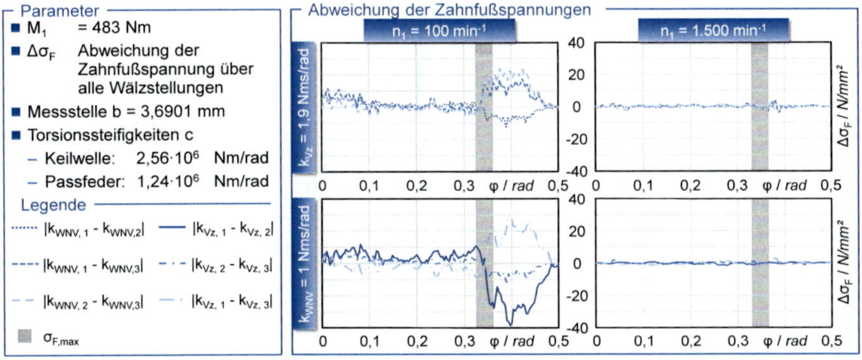

Bild 10-2: Analyse des Dämpfungseinflusses über der Zahnbreite bei M_1 = 483 Nm
Analysis of the Damping Influence over the Tooth Width at M_1 = 483 Nm

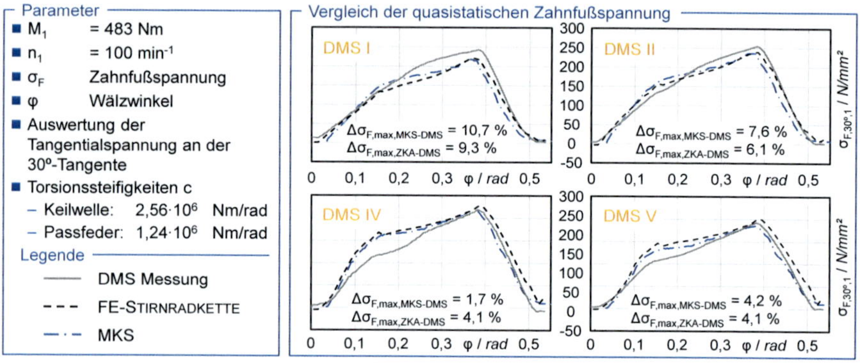

Bild 10-3: Gemessene und berechnete Zahnfußspannung in der Quasistatik – M_1 = 483 Nm
Measured and Calculated Tooth Root Stress in Quasi-statics – M_1 = 483 Nm

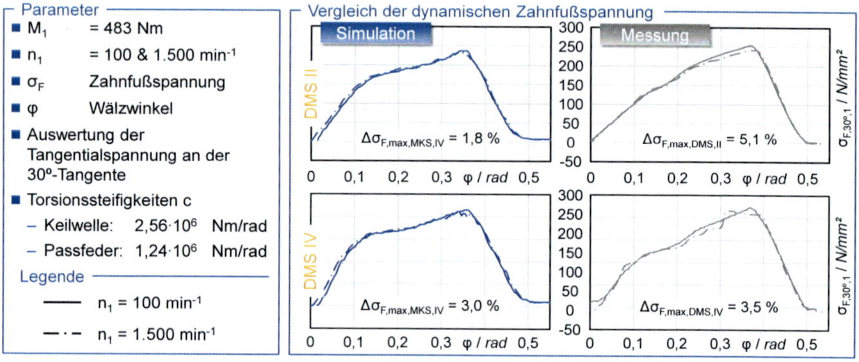

Bild 10-4: Gemessene und berechnete Zahnfußspannung in der Dynamik – M_1 = 483 Nm
Measured and Calculated Tooth Root Stress in Dynamics – M_1 = 483 Nm

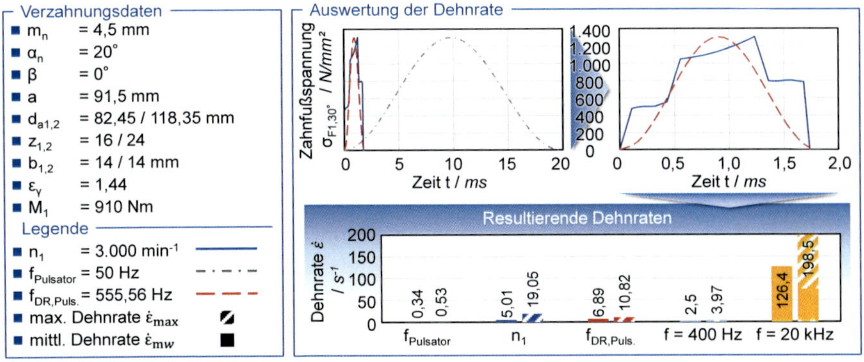

Bild 10-5: Berechnung der Dehnrate aus dem Zahnfußspannungsverlauf

Calculation of the Strain Rate from the Tooth Root Stress Curve

In der Reihe **Ergebnisse aus der Produktionstechnik** zuletzt erschienen:

Zalfen, Moritz:
Einfluss der Dehnrate auf die Zahnfußtragfähigkeit schnelllaufender Zahnradgetriebe
ISBN: 978-3-98555-308-2
Erscheinungsdatum: 03.11.2025

Schäfer, Niklas:
Regelbasierte Planungsautomatisierung für die Digitale Fabrik
ISBN: 978-3-98555-304-4
Erscheinungsdatum: 29.09.2025

Trisjono, Julian Andreas:
Methodik zur Einführung datengetriebener Geschäftsmodelle im Werkzeugbau
ISBN: 978-3-98555-298-6
Erscheinungsdatum: 02.09.2025

Schollemann, Alexander:
Strategische Ausrichtung nachhaltiger Produktionsnetzwerke
ISBN: 978-3-98555-293-1
Erscheinungsdatum: 15.07.2025

Spindler, Sarah:
Multi-Source Energy Harvesting for Wireless IIoT Sensors
ISBN: 978-3-98555-285-6
Erscheinungsdatum: 02.06.2025

Mendl-Heinisch, Michael:
Bewertung technischer Produktänderungen mittels prädiktiver Datenanalyse
ISBN: 978-3-98555-267-2
Erscheinungsdatum: 24.03.2025

Lossie, Karl:
Decision Model for Performance-Driven Prioritization of Operational Decisions on the Manufacturing Shop Floor
ISBN: 978-3-98555-305-1
Erscheinungsdatum: 29.09.2025

Klee, Lukas:
Auslegung des Druckprozesses beim Binder Jetting zur Herstellung von Verzahnungen mit hoher Zahnfußtragfähigkeit
ISBN: 978-3-98555-299-3
Erscheinungsdatum: 02.09.2025

Lee, Tae Hun:
Messung und Modellierung der thermo-elastischen Abweichungen von fünfachsigen Werkzeugmaschinen
ISBN: 978-3-98555-294-8
Erscheinungsdatum: 12.08.2025

Welschof, Lukas:
Ermüdungsfestigkeit drahtfunkenerodierter Nickelbasiswerkstoffe für Triebwerksanwendungen
ISBN: 978-3-98555-287-0
Erscheinungsdatum: 10.06.2025

Chhor, Jimmy:
Cyclic Procedure Model for the Continuous Optimization of Digital Business Processes
ISBN: 978-3-98555-271-9
Erscheinungsdatum: 24.03.2025

Pullen, Thomas Wilhelm:
Überwachung des Verschleißzustandes von Bohrwerkzeugen mithilfe von Körperschallsignalen
ISBN: 978-3-98555-268-9
Erscheinungsdatum: 04.03.2025

Edition Wissenschaft
Apprimus

Lauf, Hendrik:
Identifizierung von Innovationspotenzialen durch die semantische Modellierung des Produktumfelds
ISBN: 978-3-98555-251-1
Erscheinungsdatum: 24.02.2025

Sohnius, Felix:
Integriertes Qualitäts- und Nachhaltigkeitsmanagement im Aachener Qualitätsmanagement Modell
ISBN: 978-3-98555-257-3
Erscheinungsdatum: 03.02.2025

Küpper, Ugur:
Data-driven Model for Process Evaluation in Wire EDM
ISBN: 978-3-98555-260-3
Erscheinungsdatum: 27.01.2025

Krug, Marius:
Reduzierung der Fertigungsprogrammvarianz mittels datenbasierter Ähnlichkeitsanalyse
ISBN: 978-3-98555-253-5
Erscheinungsdatum: 20.01.2025

Schlosser, Tino X.:
Gestaltung des Zentralisierungsgrads im Produktionsmanagement globaler Produktionsnetzwerke
ISBN: 978-3-98555-248-1
Erscheinungsdatum: 17.12.2024

Mueller, Aleksandra:
Assistenzsystem zur wissensbasierten Steuerungsrekonfiguration für robotergestützte Automatisierungsprozesse
ISBN: 978-3-98555-244-3
Erscheinungsdatum: 28.10.2024

Adlon, Katharina:
Montageplanung für Verlagerungen unter Berücksichtigung kulturbedingter Unterschiede
ISBN: 978-3-98555-256-6
Erscheinungsdatum: 03.02.2025

Kunze, Rouwen Elia:
Low Coherence Interferometry for Depth Monitoring in Water Jet Guided Laser Micro Machining
ISBN: 978-3-98555-247-4
Erscheinungsdatum: 27.01.2025

Haase, Bernd:
Datenbasierte Werkzeuglebenszykluskostenanalyse
ISBN: 978-3-98555-255-9
Erscheinungsdatum: 20.01.2025

Ruschitzka, Christina:
Funktionsorientierte Ökologieanalyse im Maschinen- und Anlagenbau
ISBN: 978-3-98555-252-8
Erscheinungsdatum: 08.01.2025

Steinert, Alexander:
Modellprädiktive Regelung aktiver Kühlsysteme von Werkzeugmaschinen zur Kompensation thermo-elastischer Verlagerungen
ISBN: 978-3-98555-245-0
Erscheinungsdatum: 26.11.2024

Voet, Henning:
Ermittlung der Qualitätskosten bei Bauteilen mit unsicherheitsbehafteten geometrischen Merkmalen durch additiv gefertigte Prozessprototypen in Kleinserien
ISBN: 978-3-98555-242-9
Erscheinungsdatum: 17.10.2024

Edition Wissenschaft
Apprimus

Kolibri 360 GmbH
Ferdinand-Jühlke-Straße 7
99095 Erfurt, Deutschland
produktsicherheit@kolibri360.de